中国高等教育学会工程教育专业委员会新工科

U0603646

# 仿生土木工程

## 案例、原理与应用

**BIO-INSPIRED CIVIL ENGINEERING**

CASE DEMONSTRATION,
PRINCIPLES AND APPLICATIONS

仉文岗　刘汉龙◎主编

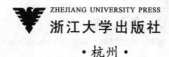

ZHEJIANG UNIVERSITY PRESS
浙江大学出版社
·杭州·

图书在版编目（CIP）数据

仿生土木工程 : 案例、原理与应用 / 仉文岗，刘汉
龙主编. --杭州 : 浙江大学出版社，2025. 3
ISBN 978-7-308-24734-4

Ⅰ. ①仿… Ⅱ. ①仉… ②王… Ⅲ. ①仿生－应用－
土木工程－教材 Ⅳ. ①TU

中国国家版本馆CIP数据核字（2024）第053896号

**仿生土木工程：案例、原理与应用**

主 编 仉文岗 刘汉龙

| | |
|---|---|
| **责任编辑** | 吴昌雷 |
| **责任校对** | 王 波 |
| **封面设计** | 周 灵 |
| **出版发行** | 浙江大学出版社 |
| | （杭州市天目山路148号 邮政编码310007） |
| | （网址：http://www.zjupress.com） |
| **排 版** | 杭州晨特广告有限公司 |
| **印 刷** | 杭州高腾印务有限公司 |
| **开 本** | 787mm×1092mm 1/16 |
| **印 张** | 17 |
| **字 数** | 371千 |
| **版 印 次** | 2025年3月第1版 2025年3月第1次印刷 |
| **书 号** | ISBN 978-7-308-24734-4 |
| **定 价** | 56.00元 |

**版权所有 侵权必究 印装差错 负责调换**

浙江大学出版社市场运营中心联系方式：0571-88925591；http://zjdxcbs.tmall.com

# 序　言

挖土为穴，构木为巢，我们的祖先就这样度过了远古时期。随着生产力水平的不断发展，人们对居住环境的要求也越来越高，华夏先民逐渐抛弃树巢和地穴，开始打造地面上的建筑，于是便产生了"宫室"。到了秦汉时期，为了区别尊卑，宫、室分家，"宫"便由一般住房变为帝王居所的专有名词，而一般平民居住的房子称为"室"。宫、室、秦直道以及后来的长城、大运河、明城墙等均属于古代的基础设施。

自古以来，基础设施就是国民经济和社会发展的基石，加大土建基础设施投资建设力度是拉动国家经济发展的重要抓手。2020年3月，中共中央政治局常务委员会召开会议并明确指出要推动基础设施高质量发展和可持续发展。党的二十大报告提出，"优化基础设施布局、结构、功能和系统集成，构建现代化基础设施体系"。新中国成立以来，党中央一直高度重视推动基础设施建设，传统基础设施建设取得举世瞩目的成就。但与现代化强国建设要求相比，我国基础设施还存在体系性不强、融合度不高、可持续性不足等问题。基础设施是经济社会发展的重要支撑，我们要统筹发展和保障安全，优化基础设施布局、结构、功能和发展模式，构建现代化基础设施体系，为全面建设社会主义现代化国家打下坚实基础。此外，碳达峰-碳中和（简称"双碳"）既是环保战略，更是经济战略。土木工程行业是终端能源消费和二氧化碳排放的重要领域。随着城镇化水平不断提升，我国每年新增建筑面积约20亿 $m^2$，对实现"双碳"目标构成巨大挑战。经过数百万年的进化和自然选择，自然界中的生物发展出了非凡的材料、结构和形态，以增强其适应性和生存能力，这些适应性发展为人类工程设计、研究和开发提供了新的概念、理论和方法。目前，仿生学在结构与建筑工程领域已经得到了广泛的应用，而在岩土工程领域，加强仿生科学与技术研究对提高岩土体材料性能、研究更高效的开挖掘进方法、开发更精密的测试仪器、创新岩土工程理论和技术要求以及加快构建集约高效、经济适用、智能绿色、安全可靠的现代化岩土基础设施体系具有极为重要的决定性意义。

本书系统讲述了土木工程仿生科学与技术及其重要应用，这些仿生科学与技术包括土木工程仿生材料、仿生特种结构构件以及土木工程仿生构筑物等内容。本书分类讲述了贻贝、藤壶、沙堡蠕虫、珍珠母、荷叶、股骨、龙虾壳、蜻蜓、蛏子、蛇皮、龟壳、船蛆、竹子、蚁巢、树根、沙蜥和蚯蚓等大自然杰作对土木工程规划、设计、建造、施工以及运维等工程活动的启发。随着社会生产力的提高，我国建筑业的生产方式不断进步。在全球气候变化的大背景下，国家提出"双碳"目标。当前及今后很长一段时间内，应对快速的城市化进程以及自然环境的复杂变化和工程场地的多重约束，土木工程必须面向信息化、智能化、生态化和高速化转型。每一个研究领域内基于仿生学灵感而迸发出的新原理和新技术都有可能极大地推动土木工程发展。

编者要感谢以下人员对本书出版的巨大帮助和无私奉献：

张艳梅副教授、孙伟鑫博士生、黄睿杰硕士生、向佳颖硕士生以及何祥嵘、冉博、严玉苗、卢望、叶文煜、胡鑫芸、邓惠文、孟轩宇等硕士生，进行了部分章节的内容撰写与文字校对；相关章节内容涉及的学术论文作者，提供了深入的行业洞察和科教融合的机会，对本书的框架和内容产生了深远的影响。

编 者

2024 年 1 月

# 目　录

# 第1章 概 论

　　仿生学是运用生物界中所发现的机理和规律，来解决实际复杂工程问题的一门综合性交叉学科，是一门既古老又年轻的学科，具有相似性、多样性、创新性等特征。自古以来，自然界就是人类各种科学技术原理及重大发明的源泉。生物界有着种类繁多的动植物及物质存在，它们在漫长的进化过程中，为了求得生存与发展，逐渐具备了适应自然界变化的本领。人类生活在自然界中，与周围的生物做"邻居"，这些生物所拥有的各种各样的奇异本领，吸引着人们去想象和模仿。人类运用观察、思维和设计能力，进行对生物的模仿，并通过创造性的劳动，制造出简单的工具，增强了自己适应自然而生存和发展的本领和能力。

　　仿生学的概念正式诞生于1960年9月，其梗概为：人们研究生物体结构与功能的工作原理，并根据这些原理发明出新的设备和工具，创造出适用于生产、学习和生活的先进技术[1]。仿生学的主要研究思路就是提出生物或者物理模型，进行模拟。其研究过程大概可以分为以下三个阶段[2]：

　　(1)对生物原型的研究。根据实际目标问题提出具体课题，将研究所得的生物资料予以简化，吸收对技术要求有益的内容，剔除与目标要求无关的因素，得到一个生物模型。

　　(2)对生物模型抽象化并翻译成数学模型将生物模型提供的资料进行数学分析，并使其内在的联系抽象化，用数学语言把生物模型"翻译"成具有一定意义的数学模型。

　　(3)依据数学模型进行带入实际目标问题的研究。

　　仿生学源于自然，但绝不是简单的拿来主义，更不是机械地对自然进行抄袭和复制。仿生学的研究内容主要有形态仿生、结构仿生、功能仿生、材料仿生、控制仿生以及群体仿生等。

　　1.形态仿生

　　从蒲公英到世博会英国馆(见图1.1)、从鹦鹉螺到斐波那契楼梯(见图1.2)，形态仿生是仿生设计中最为常见的一种仿生形式，它源自于设计师对生物形态的模拟应用，在对动物、植物、微生物、人类等所具有的典型外部形态的认知基础上，寻求对产品形态的突破与创新，强调对生物外部形态美感特征的抽取整理，重视对生物外部形态美感特征与人类审美需求的表现。

仿生形态既有一般形态的组织结构和功能要素，同时又区别于一般形态，它来自设计师对生物形态、结构的模拟应用，是受大自然启示的结果。尤其是在当今的信息时代，人们对产品设计的要求不同于过去，不仅注意功能的优异领先，还追求清新、淳朴，注重返璞归真和探讨个性的自律。提倡仿生设计，让设计回归自然，赋予设计形态以生命的象征是人类对精神需求所达到的共识。

图1.1 蒲公英与世博会英国馆

图1.2 鹦鹉螺与斐波那契楼梯

2.结构仿生

在结构仿生方面，建筑师从一滴水珠和一个蛋壳看到了其自由抛物线形曲面的张力与薄壁高强度的性能，从一片树叶的叶脉发现了其交叉网状的支撑组织机理，所有这些现象都会对结构的创新设计有十分有益的启示（见图1.3-1.5）。工程师们在近几年来应用现代技术创造了一系列崭新的仿生结构体系，取得了非凡的成就。正如海洋动物仿生基于生物独特的形体结构和运动方式[3]；蛇类动物仿生基于生物具有高冗余自由度[4]；变形虫仿生基于其形体的几何可变性[5]；人体仿生基于其高度灵活性和功能复杂性[6]。

图1.3 树排与里斯本东方火车站

图1.4 天鹅与里昂国际机场

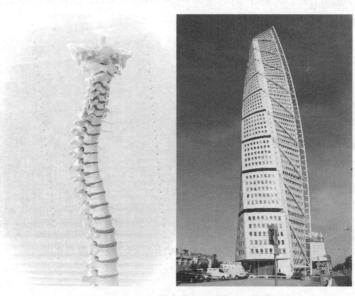

图1.5 人体脊柱与马尔默扭转大厦

结构仿生在土木建筑领域的应用尤其广泛。任何建筑物的结构形式都可以归纳为三种最基本的类型，即实体结构、骨架结构和面系结构。实体结构是最为直观醒目的结构形式，贯穿人类建筑历史的各个阶段，如最为原始、典型的原始人类洞穴和某些地区居民的窑洞等。组成骨架结构的元件是长度远大于其截面尺寸的细长杆件，如梁、柱和拉压杆等组成的杆系结构。面系结构出现于近代晚期，它非体非杆，而是介于体杆之间的一种新的结构形式，最主要的面系结构有壳和板等。这些结构都可以在大自然的生物结构中找到它们的原型，自然界早就大量存在着各种各样的结构类型。自然界不仅存在着明显的梁、柱、拱等基本构件的结构，还隐含着现代结构的雏形。人们已经发现，传统建筑的梁板支撑体系实际上是一种不经济的结构形式，而且也不能满足现代社会对大跨度空间的要求。因此，从仿生学的角度研究和发展结构形式，其合理性和简洁性不言而喻。

3.功能仿生

功能仿生是研究和分析自然生物的功能与构造关系并与自然生物形态相结合的一种综合的设计思维与方法。功能仿生具有极强的目的性，它是根据生物系统的某些优异的特性来捕捉设计灵感，通过技术上的模拟，将生物的某种卓越功能的实现原理进行提炼加工并最终应用到相关领域，使产品拥有优越的性能。尤其在最近几十年，科技的高速发展赋予了人类实现更多仿生功能的能力，从蝙蝠到雷达，从猪鼻到防毒面具，小至微型传感器，大至巨型机械与高层建筑(见图1.6、图1.7)，都显示出功能仿生对于人类社会的启发。

在众多功能仿生领域中，建筑师和工程师们以仿生学理论为指导，系统地探索生物体的功能在建筑中的应用，除了沉醉于生物生命结构的奇妙探索，土建功能仿生也逐渐成为仿生学新的研究方向。

高浓度

低浓度

氧气渗透
血液循环

图1.6　皮肤呼吸机理与RWE AG大厦双层幕墙系统

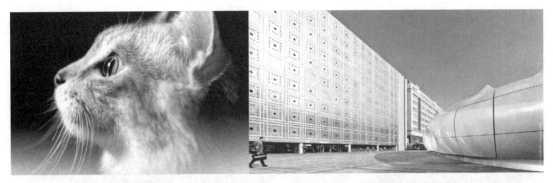

图1.7 动物瞳孔与巴黎阿拉伯文化中心幕墙系统

**4.材料仿生**

仿生材料是指模仿生物的各种特点或特性而研制开发的材料,例如受蛛丝启发的高强度缆索(见图1.8)。通常把仿照生命系统的运行模式和生物材料的结构规律而设计制造的人工材料称为仿生材料。

仿生材料的最大特点是可设计性。运用仿生的手段可以将自然界生物材料的结构及功能赋予人工制造的智能化材料。其主要包括:仿生建筑结构材料、仿生智能修复材料、仿生节能减阻材料、仿生智能医学材料。它们在建筑行业、生物医疗、信息通信、节能减排等领域已经得到了较为广泛的应用。在材料仿生学研究过程中,明确生物的宏观以及微观结构和特性是研发仿生材料的必经之路,其难点在于了解被模仿生物系统的内在运行机制。如今仿生新材料在建筑行业、生物医疗、信息通信、节能减排等领域已经得到了较为广泛的应用。

图1.8 蛛丝与高强度缆索

**5.控制仿生**

生物有着任何产品都无法比拟的稳定性与灵活性,这得益于其在漫长的进化过程中形成的合理精妙的控制机理,因此借鉴生物控制机理对人类社会科技进步有着十分重要的意义。控制仿生也称神经仿生,指的是研究与模拟在感觉器官(见图1.9)、神经元与神经网络以及高级中枢的智能活动等方面生物体中的信息处理过程。它包括高级神经系统仿生、低级神经系统仿生、进化机制的仿生(遗传算法)。

图1.9　青蛙与电子蛙眼

6.群体仿生

自然界中的生物群体通过个体自主决策和简单信息交互,经过演化,使整个群体宏观上"涌现"出自组织性、协作性、稳定性以及对环境的适应性,这种特征被称为群体智能。其本质是通过群体内的个体对目标及环境进行探测、认知、自主决策并与其他个体信息交互,经过演化,使整体上能够表现出自组织性、协作性、稳定性、灵活性和对环境适应性的一项技术。群体智能也是人工智能很重要的研究分支,生物界那些个体较弱却依靠群体生存繁殖的智慧值得深入研究。通过对以蚂蚁、蜜蜂等为代表的社会性生物的研究,粒子群算法、猫群算法、蚁群算法、鱼群算法、猴群算法、蜂群算法等基于自然界动物群体行为的算法相继衍生。

仿生设计的方法倚重于模仿,即将生物灵感转化为最终设计的一部分,以某种方式复制生物的形态或功能。其中,著名的案例之一是钩子和环扣,其广泛用于商业产品(即Velcro)。这一设计灵感源于发明家德·曼斯特哈(George de Mestral)观察到的现象,当他试图除去狗身上黏附的牛蒡毛刺时,他发现牛蒡毛刺的尖端呈钩状,并与狗的毛发缠绕在一起。德·曼斯特哈将这一生物特性转化为他的钩环扣,仿效牛蒡毛刺的形态和功能。另一个广受认可的生物灵感案例是蜜蜂算法,其纯粹模仿了蜜蜂的行为。佐治亚理工学院的一个研究小组设计了蜜蜂算法。受蜜蜂群体如何最有效地分配蜜蜂以采集蜂蜜的启发,他们将这一行为模式应用于网络服务器的资源分配中[7],以提高效率。同时,仿生设计还涵盖了形式或形状的模仿。例如,由景观设计师奥姆斯特德(Frederick Law Olmsted)和建筑师沃克斯(Calvert Vaux)分别设计的美国纽约中央公园的路径,其形态在视觉上让人联想到人体的循环系统,充分展现了仿生设计原则(见图1.10)。

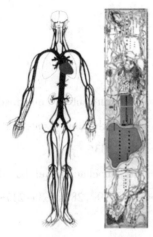

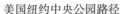

美国纽约中央公园路径　　　　　钩子和环扣　　　　　　　　蜜蜂算法

**图1.10　仿生设计著名案例**[8]

随着仿生学研究的深入,不断涌现出各种方法和工具,如 TRIZ、SAPPhIRE、AskNature、DANE 以及功能或问题分解等[9-12]。认知科学家将仿生学比作类比设计过程,深入研究了生物启发设计所涉及的认知机制[9,11,12]。生物启发设计可以从两个主要角度进行:一个是问题驱动方法,研究者首先确定问题,然后寻找生物学原理来解决问题;另一个是基于解决方案的方法,研究者首先确定感兴趣的生物学原理,然后针对可以从灵感中解决的问题。仿生学是一个充满创意和潜力的领域,它挖掘了自然界的奥秘,将生物的精妙之处与人类创新相结合,为解决各种问题和应用领域提供了新的途径。在仿生学的实践中,灵感的抽象与批判性思维相结合,多次迭代是创新设计的精髓。通过仿生学,人们能够从自然界汲取宝贵的经验教训,为未来的科学、技术和设计开辟新的前沿。[13,14]

总的来说,仿生学是一门古老而年轻的学科,人们研究生物体结构与功能的工作原理,并根据这些原理发明出新的设备和工具,创造出适用于生产、学习和生活的先进技术。当前,仿生学已成为活力最强、发展最快、应用最广的交叉学科之一。其创新潜力巨大,发展势头迅猛,产业前景广阔,在生物医疗、航空航天、智能制造等领域都有广泛应用,其创新、高效、低耗、绿色和可持续的理念也将为人类社会提供更可靠、更灵活、更高效、更经济的接近于生物系统的技术系统,为人类更加美好的生活提供无限遐想。同样,伴随着城市化进程的推进,人们对高层建筑和地下空间的需求日益增长,对坚固的土木建筑材料、高效的开挖方法、精确的测试仪器以及创新的土木工程理论和技术的需求也与日俱增。通过研究自然界中的强化和增韧、憎水和憎冰、摩擦各向异性以及钻探和挖掘等现象,研究人员发现生物具有独特的外部形态和组织。通过模仿生物的外部形态、结构特征或运动机理,也可以为土木工程的创新和可持续发展提供新思路、新原理和创新理论。

【参考文献】

［1］岑海堂,陈五一.仿生学概念及其演变[J].机械设计,2007(7):1-2+66.

［2］杜家纬.仿生梦幻[M].郑州:河南科学技术出版社,2000.

［3］Babenko V,Korobov V,Moroz V.Bionics principles in hydrodynamics of automotive unmanned underwater vehicles[A].In:OCEANS 2000 MTS/IEEE Conference and Exhibition Conference Proceedings (Cat No 00CH37158)[C].Providence:IEEE,2000,2031-2036.

［4］Yokoi H,Yu W,Hakura J.Morpho-functional machine:design of an amoebae model based on the vibrating potential method[J].Robotics & Autonomous Systems,1999,28(s2-3):217-236.

［5］郑浩峻.可重构多机器人移动系统结构及运动学研究[D].北京:清华大学,1999.

［6］张秀丽,郑浩峻,陈恳,等.机器人仿生学研究综述[J].机器人,2002,24(2):188-192.

［7］Nakrani S,Tovey C.On honey bees and dynamic server allocation in internet hosting centers [J].Adaptive behavior,Sage Publications Sage CA:Thousand Oaks,CA,2004,12(3-4):223-240.

［8］Mallett S.Mechanical behavior of fibrous root-inspired anchorage systems[D].Atlanta:Georgia institute of Technology,2019.

［9］Helms M,Vattam S S,Goel A K.Biologically inspired design:process and products[J].Design studies,2009,30(5):606-622.

［10］Chakrabarti A,Sarkar P,Leelavathamma B,et al.A functional representation for aiding biomimetic and artificial inspiration of new ideas[J].Ai Edam,2005,19(2):113-32.

［11］Vincent J F,Mann D L.Systematic technology transfer from biology to engineering[J]. Philosophical Transactions of the Royal Society of London.Series A:Mathematical,Physical and Engineering Sciences,The Royal Society,2002,360(1791):159-173.

［12］Deldin J-M,Schuknecht M.The Asknature database:enabling solutions in biomimetic design [M].Biologically inspired design:computational methods and tools.Springer,2013:17-27.

［13］Zhang W,Huang R,Xiang J,et al.Recent advances in bio-inspired geotechnics:From burrowing strategy to underground structures[J].Gondwana Research,2024,130:1-17.

［14］Zhang W,Xiang J,Huang R,et al.A review of bio-inspired geotechnics-perspectives from geomaterials,geo-components,and drilling & excavation strategies[J].Biogeotechnics,2023, 1(3),100025.

他山之石

**蔻享学术 仿生土木工程科普**

本视频重点讲述仿生土木工程原理及其重要应用,主要包括:土木工程仿生材料、仿生特种结构构件以及土木工程仿生建构筑物/设备等。

**International workshop on Bio-and Intelligent Geotechnics(20220822)**

国内外八位在岩土工程仿生领域享有盛名的专家学者作的主题报告,分别介绍相关方向中的最新研究进展与应用情况。

# 第 2 章 仿生土木工程材料

## 2.1 生物仿生水下黏合剂

海洋是地球生命的摇篮,广阔而又深远。无数的海洋生物,经过亿万年的精雕细琢,形成了许多特殊的结构,锤炼出了奇妙各异的功能。它们是人类的良师益友,给予人类创造的灵感:人们受海豚启发而发明声呐(见图2.1.1);仿造海洋动物形体而发明潜艇(见图2.1.2);将龟壳结构应用到穹顶式建筑设计中……随着人们不断探索与创新,诸多海洋仿生成果应运而生。除了仿生结构与仿生技能的研究,获得高效、低能耗、环境和谐且快速智能应变的新材料,并研究其新性质,研发高性能的仿生智能材料是仿生学发展进程中的又一个永恒课题[1]。

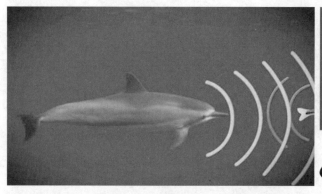

图2.1.1 海豚与声呐

图2.1.2 鲸与潜艇

在土木建筑领域,海洋仿生材料的出现成为工程材料发展历史的又一座里程碑[2]。仿生材料作为一种新型的功能材料,是建立在自然界原有材料、人工合成材料、有机高分子材料基础上的可设计智能材料。其设计基于自然生物、合成材料和有机聚合物。仿生材料的独特之处在于其可设计性,这使得我们可以从大自然中提取生物原型,探索其功能原理,并应用这些原理设计出能够感知和快速响应外部环境刺激的新型功能材料。如今,仿生材料在土木工程中有着非常广泛的应用,这些材料的存在有助于建造更安全、更稳定的土木工程结构。

黏合剂技术广泛应用于日常生活和工业生产中。但是目前市面上的大多数黏合剂都与水不相容,随着科技发展与工程建设的需要,越来越多的领域中存在水下黏合的需求,因此,水下黏合剂具有十分广阔的应用前景。为了研制可靠的水下黏合剂,科研人员将目光投向了海洋。

海洋中生活着众多无脊椎动物,由于海水的高流动性,这些无脊椎动物很难选择适宜的定居环境。为了克服海水的高流动性,海洋无脊椎动物通过一种特殊的能力将自己附着在水中的各种物体上,这种生物黏附行为往往是其在长期进化过程中获得的一种特殊功能或者生存能力,通常具有动态、自适应特性[3]。海洋环境中有各种各样的固着生物,而对这些生物来说,附着于基质是必不可少的,这有助于它们获取维持生命所需的资源、免受捕食者的威胁以及利于生育繁殖。这种附着与其他生理功能密切相关,如变态、蜕皮和生物矿化。它们所使用的黏合剂是一种天然生物分子,在大多数情况下是多蛋白复合物。与合成聚合物相比,这种生物分子是在水环境中生物合成的,因此水是此类分子的基本成分。这样来看,海洋生物的固着系统与人工合成聚合物之间的基本区别在于,前者能够实现水下附着,后者往往不能。

贻贝用"一种神奇的黏线"附着在岩石上,来抵消坚硬的岩石和柔软的无脊椎动物身体之间的不匹配;藤壶将石灰质底板粘在岩石、桩基和船底,每年全球航运业不得不为此付出巨大的清理成本;沙堡蠕虫生活在由沙子、贝壳碎片和水下蛋白胶点组成的管子里;还有其他不计其数的、未被发掘的生物能产生天然的水下黏附物;所有这些生物都为其特定的水下黏附要求进化出了独特的工作方案[4]。研究人员从中得到启示,深入研究海洋生物的黏附机理,在海洋生物仿生黏附领域可取得许多重要研究预期,并可研发出各类仿生黏合剂。

本章将分别介绍海洋固着生物贻贝、藤壶、沙堡蠕虫各自独特的黏附技能与原理,以及它们在建筑行业、生物医疗等方面的应用。

### 2.1.1　固着生物种类

#### 2.1.1.1　贻贝

贻贝(Mussel),无脊椎动物,软体动物门,双壳纲翼形亚纲贻贝目1科,俗称海虹或淡菜,如图2.1.3所示。其分布广,全球各海域均有不同种类的贻贝出现,仅在中国就约有50余种。分布在热带和亚热带的翡翠贻贝和在寒带和温带的贻贝及厚壳贻贝,是世界各国重要的养殖和捕捞对象。贻贝腹缘较直,多数种呈楔状。其壳表面呈黑褐、绿褐色,光滑,生长纹细密,有的具有各种细放射肋或放射纹,有的壳后端具细黄毛,前闭壳肌小或缺,后闭壳肌大。由于附着生活,足退化而足丝收缩肌发达。外套缘为一点愈合,肛水孔呈圆孔状,无鳃水孔。多数种海生,栖息于潮间带和潮下带的浅海底,极少数生活在淡水湖泊和江河中。以足丝附着在岩石、码头、船底、浮标等物体上,少数种穴居于石灰石或泥沙中。

彩图效果

图2.1.3 贻贝

有学者在1910年就观察到,贻贝在复杂的潮湿环境中(如高湿、碱性和高离子浓度的环境中),能利用其末端带有黏性的纤维附着在基质上。由于贻贝分泌的贻贝足蛋白质会形成附着物和斑块,使贻贝能够附着在基质表面[5],因此贻贝几乎可以附着在任何表面,甚至是水下。经研究发现,这种出色的黏附性能力与黏附蛋白的分子特征有关。图2.1.4显示了贻贝的主要贻贝足蛋白(Mfps)的分布状态。

彩图效果

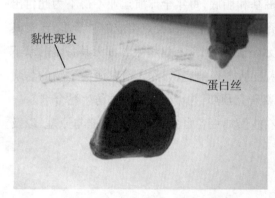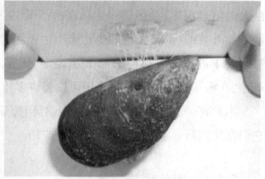

图2.1.4 附着在玻璃板(左)和聚四氟乙烯(右)上的贻贝[5]

Mefp-1是第一个被发现并研究的贻贝蛋白,它具有高度正电荷,儿茶酚氨基酸-3,4-二羟基苯丙氨酸(DOPA)含量高达13%,表现出良好的界面结合能力和交联特性[6],同时具有良好的耐腐蚀性[7],DOPA中的邻苯二甲酸基团在一系列分子间相互作用(包括氢键、金属配位、π-π相互作用、阳离子π相互作用和范德华力)的促进下表现出内聚特性。这些相互作用共同促成了黏合材料的固化和黏合过程[8]。位于接触界面的Mfp-3和Mfp-5被认为是负责对不同基材进行界面黏附的关键成分。图2.1.5(b)显示了Mfp-5的序列,包括阳离子、芳香族、DOPA基和阴离子的片段。图2.1.5(c)显示了Mfp-6的序列,包括大量的Cys(C)、Arg

（R）和Lys（K），Gly（G）和Tyr（Y）。相应地，DOPA被认为是改善贻贝湿黏性的关键物质，而Mfp-6中的半胱氨酸硫醇可以防止DOPA醌的转化[9]。

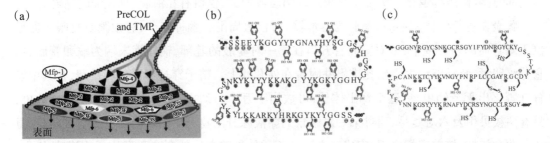

**图2.1.5** 贻贝典型湿黏附机制以及相应的蛋白质序列[10]：（a）贻贝贝氏菌斑示意图，显示主要贻贝足蛋白的分布；（b）贻贝Mfp-5基因序列分析；（c）贻贝Mfp-6基因序列分析。

#### 2.1.1.2 藤壶

藤壶（Balanus），俗称"触""马牙"等，是一种附着于海边岩石上的有着石灰质外壳的节肢动物，常形成密集的群落，如图2.1.6所示。藤壶属于节肢动物门甲壳纲，蔓足亚纲，藤壶亚目，迄今共记录有8科约541种，我国约有110种。

藤壶是雌雄同体，大多行异体受精，生殖期间用能伸缩的细管将精子送入别的藤壶中使卵受精。藤壶属于变态发育，变态发育是指藤壶在成长中每一个时期，体形结构和生活习性在短时间内发生显著变化。在热带海区，该类生物一年四季均可繁殖附着，且种类和数量随着离岸距离增加而下降。一般适合藤壶生活的地方是水流缓慢，基质粗糙的岩石以及生物表面，其附着在沿岸码头、船底、海底电缆等处，往往会造成很大的危害，例如固着在船体的藤壶会使航行速度大大降低。

彩图效果

**图2.1.6** 藤壶

藤壶口前部直接附着在基底上形成宽阔的附着面，组成特质为钙质或膜质。顶端形成一圈骨板，或连接，或重叠排列，或完全闭合，因种而不同，其中包括峰板、喙板、侧板及侧峰板。在这一圈骨板的中央顶端是成对的可动的背板与楯板,两侧的背板与楯板之间有裂缝状开口,蔓肢由此伸出。骨板与外套之内为仰卧状的身体,蔓肢向上,身体向腹面弯曲,可分为头部与胸部,腹部退化。头部小触角用以附着或消失,仅留有黏液腺,具很强的黏着力。

藤壶在进行气体交换时,颚腺为排泄器官,食道周围有脑神经节,有中眼及复眼。卵巢位于附着面的外套壁中,一对输卵管开口在第一对蔓肢的基部,输卵管末端为输卵管腺,由它分泌卵囊,装满卵后由生殖孔排出并附着在外套壁上。精子穿过卵囊使卵受精,在其中发育并孵化出无节幼虫,后逐个释出体外,可放出上万个。幼虫经5次蜕皮后变成腺介幼虫,具有两枚贝甲及六对蔓足,通过第一对触角的黏液腺分泌物开始附着。附着后蔓肢延长,身体弯曲和旋转,接着壳板出现,完成变态。几丁质外骨骼裹住外套壁及附肢,也周期性蜕皮,而外套壁向外分泌的钙质板不脱落并不断增长,一般成体寿命2~6年。

藤壶的黏附原理如下:

### 1.介形虫幼虫的暂时黏附

介形虫幼虫在固定前是用触角附着器官接触表面,这种黏附可以使大的幼虫保持在表面,以防被流动海水冲走,同时还能在表面移动,其黏附定义为暂时黏附,但这并不仅仅是吸住,因为从岩石上移走幼虫需要 $0.2\sim0.3MN/m^2$ 的拉伸张力,相当于2~3个大气压。研究发现,附着基表面很可能存在着分泌物,因为在触角内发现了单细胞腺细胞,并对其表面是开放的。附着基的作用就像胶黏剂垫,产生胶黏剂是为了暂时的黏附。当幼虫走过玻璃表面时,一些胶黏剂会以脚印的方式留下并污染表面。借助于高功率显微镜,可以发现脚印处有一环状物质,该位置正是触角腺外层开放区,该腺体可分离出胶黏剂(见图2.1.7),中间清楚区域可由轴向感觉(化学感受)器官从基材表面得到信息。

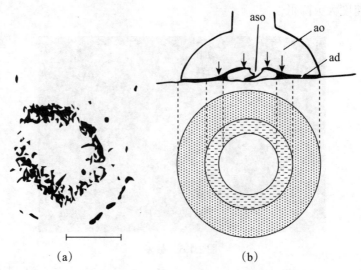

**图2.1.7 介虫形幼虫的暂时黏附:(a)行走的介形虫留下的污点脚印的光显微镜照片;(b)脚印是如何形成的(箭头所示附着器官上的触角腺外开放位置,这些腺体的分泌物形成脚印)**

**2.介形虫永久性黏接**

身体内胶腺的分泌物通过在触角附着基上向外开口的胶导管流出,堆积在附着器官周围,形成了介形虫胶。该胶无法铺展,因为其质量半径只有 $150\mu m$,会全部根植于远端的附着器官上,这些器官都紧闭而形成单质胶。胶腺由两类细胞组成,胶在附着基下分泌出时是液体,在形成稳定的机械键前,借助于表面细微结构,吸收或排水以利于对基材的成功黏接,与海水介面形成交联膜。研究还发现,与基材的实际黏接有时间依赖性,因为从固定的开始时间,胶黏力有一个渐进增长的过程,每单位面积胶的力在2小时内可达到 $0.9MN/m^2$(起始为 $0.2MN/m^2$,对岩石),还观察到分离时是胶破坏,基材间很少或无残留胶,钟形的附着器官和横向多孔的第四段与胶形成了较好的机械连接,使得触角很少从胶上拉出。在2~3年生藤壶下,可发现完整的介形虫胶,表明其具有非生物降解性。分子交联使得生化稳定,且与起初液体物质有不可分割性。介形虫胶不受强酸碱影响,只溶于饱和的次氯酸钠,因为次氯酸钠可快速溶解各种醌-单宁蛋白质,而介形虫胶的主要成分就是醌-单宁蛋白质。

**3.幼体藤壶黏接**

幼体藤壶可在岩石上完成固定2周内黏接,且其黏接力是渐进增长的。两周期间用溴酚蓝涂污藤壶和基材,可见介形虫胶周围幼体胶的区域。幼体胶面积与除去幼体所需的力成正比,每单位面积的力要比介形虫胶($0.17N/m^2$)少1/4,幼体胶是从基体本身的细胞层分泌出的,这有助于成长中的动物与基材保持紧密接触。

**4.成体藤壶的黏接**

成体藤壶的黏接体系由巨大的分泌细胞所组成,该细胞由导管所交联。在藤壶中,成体的胶在定居后约40天分离到基材上,并且随着动物的增长,胶体与动物基体的增大保持一致。在基底下,成体胶不会形成连续层,而是在个别的同心环上发生,这可能与生长增量有关,在装置环和剥离的胶之间会发生交联。藤壶刚分离出的胶是透明的、无黏性流体,在6小时内逐渐聚合成不透明的橡胶块。经过研究发现,这种胶块的主要成分为蛋白质(>70%),有少量的碳水化合物(<3%)和灰尘。各种藤壶胶的氨基酸种类基本相同[11]。

当比较藤壶胶和商业胶时,实验测出藤壶胶的拉伸强度为 $0.93MN/m^2$,远大于商业胶水。藤壶成体黏接与黏接面的比表面能有关,在高能表面更大,在氟化和其他低能表面更低。

### 2.1.1.3 沙堡蠕虫(Sandcastle Worm)

沙堡蠕虫学名为加州沼虾(Phragmatopoma californica),通常也被称为沙堡虫、蜂巢虫或蜂巢管虫,是一种形成珊瑚礁的海洋多毛类蠕虫,属于Sabellariidac科。它颜色为深棕,有一个淡紫色的触角冠,长度约为7.5cm,栖息在美国加利福尼亚海岸的潮间带,如图2.1.8所示。

沙堡虫群居,建造有点类似沙堡的管状礁石(因此而得名),在中、低潮的岩石海滩上经常可以看到。这种管状礁的外观像蜂巢一样,可以覆盖边长达2m的区域。它们可以与贻贝共享区域,并在任何能提供庇护的地方被发现,如岩壁、悬崖和凹陷的海岸线。

沙堡蠕虫拥有淡紫色触角冠和深棕色身体,在管状礁内,可以保护自己免受沿海恶劣环境的影响。这些蠕虫大部分时间留在它们的管子里,其真身很少被发现。在退潮时,当管状礁高于水面时,它们用深色刚毛制成的盾牌状厣关闭其管道的入口。当管状礁被淹没时,它们将触角伸出管外,捕捉食物颗粒和沙粒。这些沙粒被分类,最好的沙粒用来维持管状结构,其余的则被弹出[12]。

图2.1.8　沙虫城堡及其礁石建筑的照片[11]:(A)由沙堡蠕虫建造的带有蜂窝状外部附属物的礁石建筑;
(B)近距离观察沙堡蠕虫群落;(C)沙堡蠕虫进出它们的蠕虫管,较长的箭头表示沙堡蠕虫的建筑器官,而较短的箭头指示其胸部。

沙堡蠕虫通过分泌一种独特的胶水并收集沙粒和贝壳等矿物成分来建造城堡。这种胶水是从它们的胸部分泌的,位置是前三个胸旁节段。分泌的胶水在海水中牢固、快速且不可逆地黏附在各种潮湿材料上,硬化时间约为30秒。

沙堡蠕虫的黏附原理如图2.1.9所示。

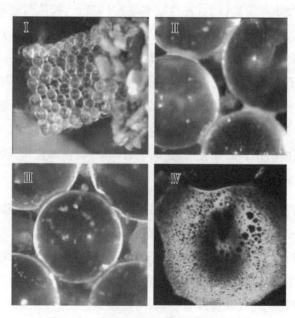

图2.1.9　沙堡蠕虫保护壳的建造过程[14]

沙堡蠕虫胶凝材料的结构和组成已被广泛研究。这种胶水的主要成分是蛋白质,还含有大量的磷酸盐、钙和镁。

第一类蛋白质主要是Pc-1(膜糖蛋白-1)和Pc-2(膜糖蛋白-2)。Pc-1和Pc-2都带正电,这是因为它们含有大量碱性Lys氨基酸残基。Pc-1和Pc-2的等电点(pI)值分别为9.7和9.9。通过对Pc-1的三个变体进行测序可知,这三种变体的分子量都在18kDa左右,它们的序列具有高度重复性,包含15个一致的GGG单元重复。它们主要由三种氨基酸组成,即Lys、Gly和Tyr,其中Tyr被广泛翻译为3,4-二羟基苯基-L-丙氨酸(Dopa)。与Pc-1类似,Pc-2中的大部分酪氨酸残基在成熟蛋白质中以DOPA形式存在[13]。

带正电荷的Pc蛋白与其他海洋黏附蛋白有一些相似之处。其中一个主要的相似之处是Pc-1和Pc-2中的多巴和赖氨酸水平很高,几乎与所有贻贝黏附蛋白一样。像一些贻贝黏附蛋白一样,Pc-1也富含甘氨酸。

为了解释沙堡蠕虫在潮湿表面上惊人的砌筑能力,研究人员提出了一个基于复杂凝聚的机理模型。复杂凝聚模型总结为四步过程:第一步是分泌Pc蛋白。前体蛋白Pc-1、Pc-2和Pc-3是酸性环境中的水溶性聚电解质。当Pc蛋白从沙堡蠕虫的腺体分泌到海水中时,带相反电荷的聚电解质从初始均质溶液中分离成两个不同的液相,称为凝聚相和平衡相。第二步是当蛋白质(pH 5.5)通过分泌进入海水(pH 8.2)时,分离过程由pH触发并由电荷中和驱动。含有浓缩蛋白质的凝聚相具有更高的密度,不会分散在水介质中。这些特性使凝聚体可以理想地分布在大多数表面上。第三步是凝胶化。在扩散到表面后,二价离子,主要是$Mg^{2+}$和$Ca^{2+}$有助于平衡电荷并调节凝聚相的溶解性。在凝胶化过程中,来自Pc-3的磷酸基团与$Mg^{2+}$或$Ca^{2+}$相互作用,凝聚物的黏度增加。凝胶化后,发生硬化(固化)步骤,并基于分子间交联,利用来自Pc-1和Pc-2的DOPA侧链。第四步,邻苯二酚多巴侧链可以与氧化物表面形成稳定的相互作用,以稳定凝聚物。通过胶水水解物的质谱分析,已经获得了DOPA和Cys亲核硫醇侧链之间偶联的直接证据[15]。

## 2.1.2 固着生物的仿生应用

### 2.1.2.1 基于DOPA的合成水下黏合剂设计

研究人员在海洋物种的多组分黏附蛋白残基中发现了DOPA独特的工作机理,自此DOPA基团经常用于合成具有显著水下黏合韧性的功能性湿黏合剂。具体而言,仿生合成黏合剂的设计大多侧重于含多巴或含多巴类似物的共聚物、肽和重组蛋白质。在合成共聚物中,含有DOPA基团的黏合剂比对照聚合物具有更好的界面黏结性,因此最受化学家青睐。例如,Jenkins等人[16]的研究通过苯乙烯和3,4-二甲氧基苯乙烯共聚制备了聚[(3,4-二羟基苯乙烯)-共苯乙烯],含邻苯二酚的共聚物黏合剂。在剪切模式下使用铝作为相互作用基材时,聚邻苯二酚-苯乙烯黏合剂显示出良好的界面黏合强度,为0~5.5MPa。同时,发现黏合强度与共聚物的邻苯二酚含量、交联度和分子量密切相关。令人惊讶的是，这种共聚物在存在金属离子或氧化时交联后的黏合强度可达11MPa，其黏合性能在目前的仿生黏合系统中是最高的，可以与商业产品竞争。研究者们探讨了仿贻贝聚合物的体积附着力如何随分子量的变化而变化。在氧化交联剂存在和不存在的情况下，进行了系统的结构–功能研究。在没有交联的情况下，分子量越大，附着力越强。当加入$[N(C_4H_9)_4](IO_4)$交联剂时，附着力在分子量为50000~65000g/mol时达到峰值[17]。这些数据有助于说明内聚与黏附平衡的变化如何影响键合。贻贝黏附斑块通过结合几种分子量在6000~11000g/mol的蛋白质来达到这种平衡。为了模拟这些不同的蛋白质，人们制作了一种含有不同分子量的聚合物的混合物。有趣的是，当与$[N(C_4H_9)_4](IO_4)$交联时，这种共混物的黏附性比任何单独的聚合物都强。

此外，受mfp-5薄膜强湿黏附机制和mfp-3凝聚过程的启发，Ahn等人[18]通过用邻苯二酚基团修饰带电两性表面活性剂合成了低分子量邻苯二酚两性离子分子。所合成的mfp模拟两性离子黏合剂同系物表现出非常强的自发性，能结合到各种表面，并且可以自组装成超薄的胶层。表面活性剂表现出非常强的附着力，可达$50MJ/m^2$，并保持凝聚能力。作为纳米级黏合剂，它们表现出重要的应用潜力。当前分子的设计有助于理解天然贻贝蛋白质的协同工作机制，并通过结合邻苯二酚化学、疏水和静电相互作用，为开发高性能的仿生合成湿黏合剂提供启发。

高强度贻贝丝启发的新型胶水用于水下黏附

#### 2.1.2.2　生物启发多级钢

科学家们还从贻贝身上发现了一种珍珠质（nacre，由贝壳硬蛋白黏合在一起的文石和方解石混合物）的生物材料[19]，珍珠质连接的足丝（以壳基质为主要成分的硬蛋白强韧性纤维束）十分特别，其抗拉强度约为120MPa[20]，且具有足够的延展性和伸长率（均匀伸长率约为80%），它能将珍珠质层固定在岩石上，以保护其免受海浪的冲刷。这种材料经过数千年的洗礼，在大自然中不断进化，拥有很高的强度和韧性。与大多数天然材料类似，基材螺纹的优越机械性能组合源于其分层和分级的超微结构，如图2.1.10（a）所示。每个层次的结构是由两种不同交联密度的蛋白质复合物组成的。特别是，颗粒中集中的交联提供了硬度，而交联较少的基质提供了延展性。

科研人员将这种"足丝"应用在了经过表面机械研磨处理（Surface Mechanical Attrition Treatment，SMAT）的钢材上，被称为"生物启发多级钢"（Bio-inspired Hierarchical Steels）。

其主要是通过设计一个微尺度的三明治结构,以受益于在多个长度尺度上创造的关键结构特征[21,22]。具体来说,就是采用了一种廉价且轻质的奥氏体不锈钢,并通过加工控制纳米结构,在亚晶粒水平上引入了马氏体和奥氏体的纳米级双相结构(类似于足丝中的$Fe^{3+}$和DOPA[23],对样品进行退火,然后进行精心控制的表面纳米结晶(SNC)技术。这些精细控制的处理导致多层钢具有两个特定特征的有效组合:多尺度三明治结构和纳米级双相层状结构,如图2.1.10(b)所示。

这种钢材料在机械性能上具有非凡的优势。从结构上来讲,这种材料具有交错双相超级纳米多级结构,它们在钢的每个晶粒内以5~6nm厚的交替片层状分布,与大自然中的多级材料不谋而合,从某种程度上这也首次证明了仿生材料工业应用的可靠性;同时,这种特殊结构对材料宏观力学性能研究的唯一性和独特性贡献,为科学家们后续研究仿生结构材料奠定了基础。

彩图效果

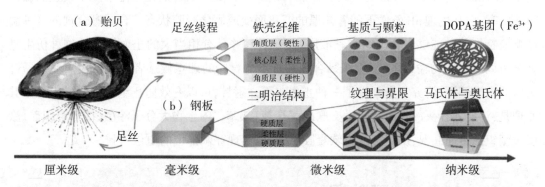

**图2.1.10 多级钢结构的整体结构:(a)贻贝足丝与(b)多级钢的夹层结构[18]**

### 2.1.2.3 可逆湿式黏合剂

研究人员在海洋生物湿黏附机制方面取得了巨大进展,并通过模仿天然儿茶酚化学开发了一系列仿生合成水下黏合剂。但是大多黏合剂通常是永久的和不可逆的,因此,在某些情况下,我们通常希望按照不同黏附表面以及使用需求进行灵活分配。因此,问题是如何设计出在潮湿环境中具有超越自然界的可切换的黏合能力的智能材料。这意味着我们迫切需要具有动态黏合和脱黏能力的新型非地下水湿式黏合剂材料。目前,国外的实验室正在合成贻贝黏附蛋白的模拟物,用DOPA或类似的分子从聚合物链上垂下。在某些情况下,这样可获得可观的大块黏合效果,其强度与商用胶水一样高[24]。

在湿黏合剂系统中,对温度敏感的湿黏合剂受到了广泛关注。研究人员发明了一种制备仿生水下黏合剂的新方法,该方法能够可逆、可调和快速调节不同表面上的湿黏附。通过结合贻贝螺旋邻苯二酚化学、分子组装机制和响应性聚合物合成可逆湿黏合剂,通过按需改变液体温度来调节界面水合程度。这种可逆黏附力坚固耐用,尤其适用于复杂的液体环境,如金属离子溶液、盐溶液和各种pH介质等。

国内科学家合成了一种聚热响应共聚物黏合剂,然后将其装饰到结构化聚(二甲基硅氧烷)柱阵列上,设计出了一种新型水下热响应类壁虎黏合剂(TRGA)[25]。TRGA可应用于各种基材,尤其是粗糙表面,实现稳健和可逆的黏合循环。随后,通过将$Fe_3O_4$纳米颗粒原位整合到柱中,可以很好地设计智能TRGA感知到近红外激光辐射。智能TRGA可以成功地用于快速、可逆地黏附远程控制,从而捕获和释放水下重物。

#### 2.1.2.4 生物止血剂

人工合成黏合剂还被发现可以用作止血剂,这种止血材料中最具代表性的主要成分就是壳聚糖邻苯二酚。

例如,Ryu等人[26]开发了可注射的热敏壳聚糖/透明质酸复合水凝胶,用于组织湿黏合剂和止血材料。在典型情况下,壳聚糖共轭邻苯二酚侧链作为主链与透明质酸F-127共聚物交联,以控制温度,是一种最先进的合成黏合剂。所合成的黏合剂在室温下处于典型的黏性溶液状态,但在生理pH条件下随着体温的变化而变成固化凝胶状态。合成黏合剂的这种温度响应特性使其能够与软组织和黏液层紧密结合,并具有相当大的止血性能。这种仿生黏合剂可以作为药物输送系统、组织黏合剂和抗出血材料的理想候选者。至于拔出注射器针头后的出血问题,研究人员开发了一种止血皮下注射针,可以有效防止组织穿刺后出血。其原理是,注射器针头的表面有轻微交联的壳聚糖-邻苯二酚生物大分子涂层,插入组织后,涂层被组织液迅速润湿,从固态变为软凝胶状态,以实现穿刺部位的原位密封。

贻贝通过丝状纤维附着在岩石上

总的来说,在土木工程领域,贻贝的仿生应用已经取得了一系列令人振奋的成果,特别是在提高土壤、岩石和混凝土的黏合性能方面。然而,这仅仅是一个崭露头角的领域,未来的研究和发展将进一步拓宽这一领域的应用范围。以下将讨论未来可能的发展方向,以及如何将贻贝启发材料用于土木工程,以实现更大的可持续发展和环境保护。

(1)土壤侵蚀控制和土地管理:一个潜在的研究方向是将贻贝仿生材料用于土壤侵蚀控制和土地管理。土壤侵蚀是全球性的环境问题,其会导致土地贫瘠和生态系统受损。贻贝的黏附机制可以启发新型土壤保护和稳定化材料的开发。这些材料可以用于建造具有出色抗侵蚀性能的堤坝、堤防和道路边坡。通过模仿贻贝的方式,这些材料可以抵御雨水和水流的冲刷,减缓土壤侵蚀速度,有助于土地的可持续管理。

(2)岩土结构和地基工程:在土木工程中,稳定的岩土结构和地基是至关重要的。未来的研究可以探索将贻贝启发材料用于岩土结构和地基工程。这包括使用仿生黏合剂来增强土壤和岩石的黏附性能,从而提高土地开发项目的稳定性。此外,可以研究将仿生多级钢等新型材料应用于地基桩、支撑墙和地下结构,以提高它们的耐久性和抗震性。这将有助于确保基础设施的长期稳定性,减少维护成本。

(3)绿色建筑和可持续发展:贻贝仿生应用材料也可以在绿色建筑和可持续发展领域发挥关键作用。这些材料的环保特性和可持续性将使其成为未来建筑工程的理想选择。例如,可逆湿式黏合剂可以用于建筑外立面的维护和修复,同时也可以减少浪费和资源消耗。此外,这些材料还可以用于城市绿化项目,增加城市绿地的稳定性和持久性。

(4)新材料的创新:未来的研究将继续推动贻贝仿生应用材料的创新。科学家和工程师可以进一步改进这些材料的性能,使其更加适用于各种应用。这可能包括开发更多种类的仿生黏合剂,探索新的生物材料来源,以及优化制备工艺,以减少成本并提高效率。

总之,继续研究土木工程中的贻贝仿生启发材料将有望推动该领域的可持续发展和环境保护。这些材料在土壤保护、岩土工程、绿色建筑和其他领域的广泛应用,将有助于减少资源浪费、提高工程项目的稳定性,并促进更可持续的土地管理和建设。未来的合作和创新将继续推动这一领域的发展,带来更多令人振奋的成果。

【思考题】

1.简述沙堡蠕虫的黏附技能及其在自然界中的作用。

2.请以藤壶为例,详细描述其从幼虫到成体的黏附过程,分析这种多阶段黏附过程对于仿生水下黏合剂设计的启示。

3.结合具体案例,讨论可逆湿式黏合剂在实际应用中的优缺点,并提出可能的改进方向。

【参考文献】

[1]王女,赵勇,江雷.受生物启发的多尺度微/纳米结构材料[J].高等学校化学学报,2011,32(3):421-428.

[2]王博,张雷鹏,徐高平,等.仿生新材料的应用及展望[J].科技导报,2019,37(12):74-78.

[3]彭宪宇,马传栋,纪佳馨,等.海洋生物水下粘附机理及仿生研究[J].摩擦学报,2020,40(6):816-830.

[4]Stewart R J,Ransom T C,Hlady V.Natural underwater adhesives[J].Journal of Polymer Science Part B:Polymer Physics,Wiley Online Library,2011,49(11):757-771.

[5]Wilker J J.Marine bioinorganic materials:mussels pumping iron[J].Current opinion in chemical biology,Elsevier,2010,14(2):276-283.

[6]Waite J H.Adhesion a la moule[J].Integrative and comparative biology,Oxford University Press,2002,42(6):1172-1180.

[7]Zhang F,Pan J,Claesson P M.Electrochemical and AFM studies of mussel adhesive protein（Mefp-1）as corrosion inhibitor for carbon steel[J].Electrochimica Acta,Elsevier,2011,56（3）:1636-1645.

[8]Hofman A H,van Hees I A,Yang J,et al.Bioinspired Underwater Adhesives by Using the Supramolecular Toolbox[J].Advanced Materials,2018,30(19):1704640.

[9]Yu M,Deming T J.Synthetic polypeptide mimics of marine adhesives[J].Macromolecules,ACS Publications,1998,31(15):4739-4745.

[10]Ma S,Wu Y,Zhou F.Bioinspired synthetic wet adhesives:from permanent bonding to reversible regulation[J].Current Opinion in Colloid & Interface Science,Elsevier,2020,47:84-98.

[11]Walker G.Marine organisms and their adhesion[J].Synthetic adhesives and sealants,John Wiley & Sons,1987:112-125.

[12]Stewart R J,Wang C S,Shao H.Complex coacervates as a foundation for synthetic underwater adhesives[J].Advances in colloid and interface science,Elsevier,2011,167(1):85-93.

[13]Zhao H,Sun C,Stewart R J,et al.Cement proteins of the tube-building polychaete Phragmatopoma californica[J].Journal of Biological Chemistry,ASBMB,2005,280(52):42938-42944.

[14]Hofman A H,van Hees I A,Yang J,et al.Bioinspired underwater adhesives by using the supramolecular toolbox[J].Advanced materials,Wiley Online Library,2018,30(19):1704640.

[15]Boffardi B P.The chemistry of polyphosphate[J].Materials performance,1993,32(8):50-53.

[16]Jenkins C L,Meredith H J,Wilker J J.Molecular weight effects upon the adhesive bonding of a mussel mimetic polymer[J].ACS applied materials & interfaces,ACS Publications,2013,5(11):5091-5096.

[17]Jenkins C L,Meredith H J,Wilker J J.Molecular Weight Effects upon the Adhesive Bonding of a Mussel Mimetic Polymer[J].ACS Applied Materials & Interfaces,American Chemical Society,2013,5(11):5091-5096.

[18]Ahn B K,Das S,Linstadt R,et al.High-performance mussel-inspired adhesives of reduced complexity[J].Nature communications,Nature Publishing Group UK London,2015,6(1):8663.

[19]Ritchie R O.The conflicts between strength and toughness[J].Nature materials,Nature Publishing Group UK London,2011,10(11):817-822.

[20]Bouhlel Z,Genard B,Ibrahim N,et al.Interspecies comparison of the mechanical properties and biochemical composition of byssal threads[J].Journal of Experimental Biology,The Company of Biologists Ltd,2017,220(6):984-994.

[21]Wu X,Yang M,Yuan F,et al.Heterogeneous lamella structure unites ultrafine-grain strength

with coarse-grain ductility［J］.Proceedings of the National Academy of Sciences,National Acad Sciences,2015,112(47):14501-14505.

［22］Lu K.Gradient nanostructured materials［J］.Acta Metall Sin,2015,51(1):1-10.

［23］Kou H,Lu J,Li Y.High-strength and high-ductility nanostructured and amorphous metallic materials［J］.Advanced Materials,Wiley Online Library,2014,26(31):5518-5524.

［24］Cao S C,Liu J,Zhu L,et al.Nature-Inspired Hierarchical Steels［J］.Scientific Reports,2018, 8(1):5088.

［25］Ma Y,Ma S,Wu Y,et al.Remote control over underwater dynamic attachment/detachment and locomotion［J］.Advanced Materials,Wiley Online Library,2018,30(30):1801595.

［26］Ryu J H,Lee Y,Kong W H,et al.Catechol-functionalized chitosan/pluronic hydrogels for tissue adhesives and hemostatic materials［J］.Biomacromolecules,ACS Publications,2011, 12(7):2653-2659

## 2.2　珍珠母仿生复合材料

### 2.2.1　概述

贝壳珍珠母作为仿生材料设计研究中的热点,是一种片状陶瓷材料,主要存在于软体动物的中层(见图2.2.1)。它由文石($CaCO_3$的一种结晶形式)和有机成分组成。值得注意的是,珍珠质具有超强的断裂韧性,比脆性文石的断裂韧性高出几个数量级[1,2]。珍珠母是贝壳中的内层材料,通常含有95%以上的碳酸钙以及不到5%的几丁质和蚕丝蛋白等有机物。微观尺度上,它具有砌墙式的砖泥结构,其中"砖"是碳酸钙薄片,"泥"是几丁质等有机物。由于其具有超乎想象的机械强度和韧性,通过仿生技术手段,合成性能优异的新型建筑材料,在土木工程领域有很好的发展前景。

彩图效果

图2.2.1　贝壳

### 2.2.1.1 贝壳的结构和组成

软体动物门是动物界的第二大门，仅次于节肢动物门，至今已记载的约有13万种。大多数软体动物体外覆盖有各种各样的贝壳，被称为贝类。贝类有8个纲：无板纲、多板纲、单板纲、掘足纲、瓣鳃纲、喙壳纲、腹足纲和头足纲。其中瓣鳃纲具有2片贝壳，也称为"双壳类"。在这8类贝壳中，双壳类和腹足纲较为常见，也是目前被研究得最多的两类贝壳[3]。

贝壳由95%左右的矿物质和5%左右的有机质组成。矿物质主要为碳酸钙，以方解石和文石形态分布在贝壳的不同结构中。贝壳的形状多样，表面形貌千差万别，色彩多变。从贝壳的纵切面上看，贝壳由外向里依次为角质层、棱柱层和珍珠母层（简称珍珠层或珠层），如图2.2.2所示[4]。最外的角质层的成分为不溶性壳质蛋白，它很薄但可以承受酸的腐蚀，为贝壳的生物矿化提供有利的环境。棱柱层又称为"中间层"，如图2.2.3所示[5]，其紧贴于角质层内侧，是相对较厚的一层。棱柱层的成分是大量平行排列的柱状方解石晶体，其横截面呈多边形，每个多边形的柱状晶体都被一层有机质包围，棱柱层保证了贝壳的硬度，并使得贝壳具有耐溶蚀性。珍珠母层在贝壳的内层，因具有彩色光泽而得名，如图2.2.4所示[6]。珍珠母层由文石晶体沉积而成，电镜下可以看到文石晶体板块按层状紧密排列，单个的文石板块约厚0.4~0.5μm、宽5~10μm，具有"砖-泥"形式的微结构。文石晶体之间是指导矿化的有机物，在有机物中含有垂直于上下两层晶片的、引导晶片层生长的矿物桥，矿物桥由直径约43~49nm的文石晶须构成，每个矿物桥与有机层层厚相同，位置则随机出现，矿物桥提高了相邻晶片间的滑移阻力，并对珍珠母这种生物复合材料的高韧性有重要影响[7]。

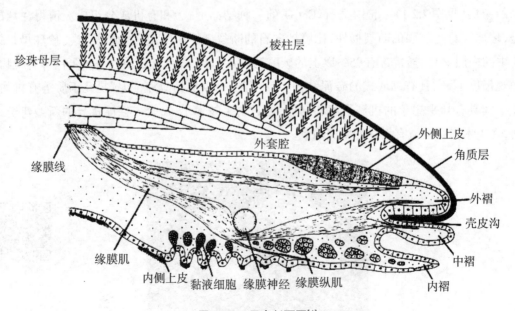

图2.2.2　贝壳剖面图[4]

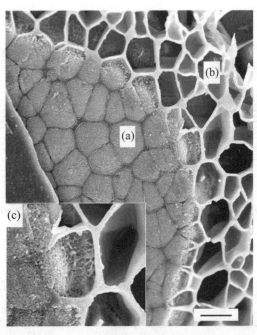

图2.2.3　棱柱层:(a)未脱钙区;(b)全部脱钙区;(c)过渡区[5]

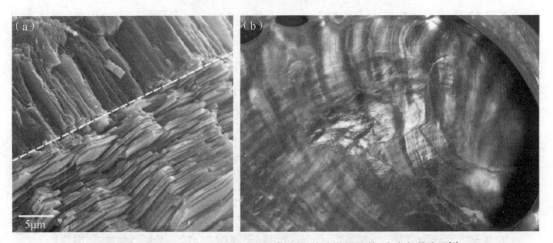

图2.2.4　珍珠母层的微观结构和光学外观:(a)微观结构;(b)光学外观[6]

#### 2.2.1.2　珍珠母的种类

珍珠母有两种不同的矿化类型[8]。微观尺度下,珍珠母分别为柱状珍珠层和片状珍珠层,这两种珍珠层中的文石片层的堆叠方式不同,如图2.2.5所示。通常,柱状珍珠层结构多存在于腹足类(如鲍鱼),文石片层大小相对一致,以一种柱状方式相互交错堆叠。因此,任取一个横截面,都可以观察到文石片层之间的连接处整齐划一地排列在另一层上。片状珍珠层则多发现于双壳类,此类珍珠层中文石片层的堆叠方式是随机的,并不像在柱状珍珠层中有规律的堆叠。此外,在柱状珍珠层中,文石片层之间相互重叠约1/3,而在片状珍珠层中则没有观察到这种现象[9]。

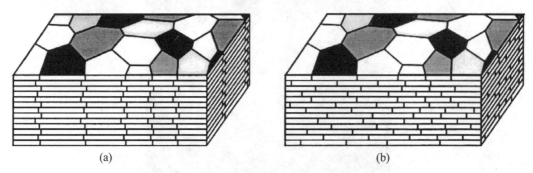

图2.2.5 柱状珍珠母和片状珍珠母示意图:(a)柱状珍珠母;(b)片状珍珠母[10]

### 2.2.2 珍珠母仿生材料特性及原理

#### 2.2.2.1 珍珠母的结构特性

珍珠层比贝壳外壳有更加精细的结构,并且能够产生相对较大的非弹性变形,且能够通过非弹性变形耗散机械能。珍珠层是由文石片层和薄的生物有机夹层构成的层次化结构材料,如图2.2.6所示。每片层由直径约5~8μm、厚度约0.5μm的多角形文石片组成;相邻片间距约为5nm。此外,相邻层中的片略微错开,而不是随机堆叠或精确堆叠。透射电子显微镜(TEM)分析表明,文石片表面不平坦,但有明显的波浪形,当片的平均厚度为450nm时,其粗糙度可达200nm以上,且波浪形度高,使相邻层片剂完美贴合在一起[9]。在纳米尺度上,有机中间层厚度约为20~50nm,具有孔径约为50nm的多孔结构。文石桥通过层间的[11]连接文石片层,而片表面的文石突起(图2.2.6(c))形成了直径约30~100nm,振幅约10nm,间隔60~120nm的纳米级岛屿。此外,在一些片的外围,可以在珍珠层[12]的二维截面上观察到由界面波浪形产生的燕尾状特征。此外,Li等人利用原位动态原子力显微镜(AFM)在文石片中发现了平均粒径为32nm的旋转纳米颗粒。

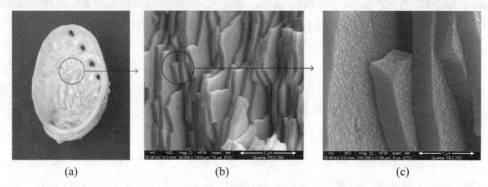

图2.2.6 不同长度尺度下的珍珠母结构[13]:(a)珍珠母内部视图;(b)珍珠母断裂表面的SEM图像;(c)文石片表面的凹凸不平图像

### 2.2.2.2 珍珠母的力学性能

珍珠母层是贝壳防御系统的重要组成部分,保护自身不受到捕食者或其他外力的伤害,因此应会更加坚固。然而,无机矿物(通常是碳酸钙,磷酸钙和无定形氧化硅)和一小部分的生物高分子(典型的是角蛋白、胶原蛋白、甲壳素)是珍珠母的主要成分,这两类物质自身强度并不高。作为最天然的结构材料,珍珠母的层状结构对其力学性能的增强起了关键作用[14]。

贝类的多尺度结构和珍珠层多级结构见图2.2.7。宏观上,贝壳的大小能达到厘米尺度(图2.2.7(a))。贝壳纵断面(图2.2.7(b))展现了两层不同的微观结构,即一个棱镜方解石层和一个内部珍珠霰石层。方解石层硬度高,但很脆,容易被破坏。珍珠层是柔软的,能承受较大的弹性变形,并可分散较多的机械能。在微米尺度上,珍珠层的结构像一个三维的城墙,"砖"是被一层20~30nm厚的有机物质(图2.2.7(c-e))密集连接的微观多边形霰石层片(直径约5~8μm,厚度约0.4μm)。这种"砖-泥"结构,使得珍珠层有着卓越的力学性能。珍珠层最小的结构特征可以在纳米尺度找到(图2.2.7(f-h)),这些片状结构主要由单一霰石颗粒组成。图2.2.7(f)是霰石层片的电子显微照片,展示了层状结构中的纳米颗粒。可以观察到霰石层片间的20~30nm的界面间隙(图2.2.7(h))和霰石层片表面的微凸(图2.2.7(g))[14]。

Currey等[15]对珍珠母的力学性能进行了测试,研究种类包含了双壳类、腹足类和头足类,得到了弯曲破坏强度在56至116MPa之间,也展示出珍珠母结构的良好性能,并指出文石片层的几何形状和规则的排列是珍珠母在力学性能和能量吸收方面不断进化和优化的结果。Jackson等[16]测出珍珠母在干燥状态下的杨氏模量为70GPa,湿润状态下为60GPa,其拉伸强度在干燥状态下为170MPa,湿润状态为140MPa。断裂功取决于试样的跨深比及水化程度,范围为350~1240J/m²。同时干燥状态下的珍珠母的韧性仅仅是湿润状态下的三分之一,水分引入塑性功来增加珍珠层的延性,使其韧性提高近十倍。所以,水分可以降低有机质基体的剪切模量和抗剪强度来影响珍珠母的杨氏模量和拉伸强度。Barthelat等[8]观察到的珍珠母中的另一种次级微结构——霰石晶片表面的微米波纹,对贝壳珍珠母的拉伸性能做了进一步的研究。采用控制应变微量增长的加载方式,通过分别对干湿两种状态的试样进行拉伸实验。得出材料在干燥状态下基本保持线弹性,在湿态下经过弹性区段后会有一个很长的塑性段,平均极限应变可达到0.01。Menig等[17]将鲍鱼贝壳珍珠母制成立方体试样进行测试,测得珍珠母平均剪切强度为29.0±7.1MPa,最大剪切应变为0.45。其剪切曲线可以分为两个阶段:第1阶段为线弹性阶段;第2阶段为线性硬化阶段。对于准静态和动态压缩实验,载荷与片层方向垂直时准静态和动态实验的抗压强度分别为540MPa和735MPa,载荷与片层方向平行时准静态和动态实验的抗压强度分别为235MPa和548MPa,可以看出动态强度要比准静态时高出50%。周武[18]对珍珠的表面和截面分别进行了纳米压痕实验。

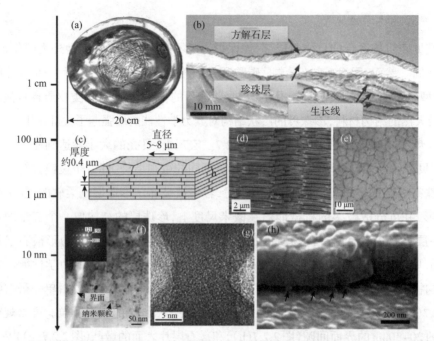

彩图效果

图2.2.7　珍珠层的多尺度结构[14]：(a)红鲍鱼壳的内在珍珠层；(b)贝壳纵断面的典型排列；(c)珍珠层中片层的排列原理；(d)珍珠层断裂表面的扫描电镜(SEM)图像；(e)珍珠层中纳米片的俯视图片；(f)珍珠层纳米片的透射电镜(TEM)图片，显示纳米颗粒；(g)界面之间连接两块纳米片的霰石高分辨率透射电镜(HRTEM)图片；(h)砖层间矿物桥联的SEM照片

虽然不同研究者在进行实验时由于实验室设备或标本的不同而略有甚至显著不同，但仍然可以发现一些一致性：①珠层的力学响应是各向异性的，这取决于相对于文石片表面施加的力的方向；②在拉伸和剪切载荷作用下，鲍鱼珠层在破裂前表现出较大的非弹性变形；③考虑到软夹层的低杨氏模量($2.84\pm0.27\mathrm{GPa}$[19])，线弹性响应($E=10\sim80\mathrm{GPa}$)是显著的。

**1.剪切机制**

珍珠母的抗剪强度远低于抗压强度和抗拉强度，但伴随着较大的非弹性变形。片间界面的剪切作用主导了珍珠母的剪切抗力和变形机制。在剪切荷载作用下，界面首先屈服，其次是片层相对滑动[20]。片剂的微尺度波幅可能成为片剂滑动的障碍，并且由于片剂受到压缩而产生横向膨胀(图2.2.8(a))，进一步阻碍片剂滑动。这些机制有利于珍珠母形成新的滑动位点，均匀分布非弹性应变，减轻损伤局部化。

Wang等[11]研究发现，片剂表面的凹凸不平是珍珠母抗剪切的主要来源，也是珍珠母初始应变硬化的主要原因。然而，Barthelat等人并没有意识到凹凸不平的重要性，因为在剪切载荷下，凹凸不平引起的滑动距离($20\sim25\mathrm{nm}$)远小于观察到的片剂滑动距离($100\sim200\mathrm{nm}$)。

珍珠母中的多孔有机物质通常被认为是使得片剂分离间距较大的内聚物[11,21]。然而，Meyers等人[22]研究认为有机层对珍珠母力学行为的主要作用是将文石基质细分成片剂，胶凝作用不显著。

2.抗拉机制

珍珠母对张力的响应是防止拔管失效的关键。沿片面施加拉伸载荷时(图2.2.8(b)),应变硬化速率和观察到的片剂滑动距离均小于剪切作用下的应变硬化速率,因为在拉伸作用下,剪切界面(重叠区域)仅占界面面积的30%。非弹性变形在裂纹和缺陷周围大面积扩散,产生许多"白色张力线"。一些片剂末端的燕尾状特征通常被认为是影响珍珠母张力性能的关键因素,因为它可以产生渐进式联锁,并导致滑动区域的三轴应力状态,从而阻碍片剂分离[12]。然而,巴特拉特和埃斯皮诺萨报告说,燕尾的角度很小(约1°~5°),因此锁定和硬化功能较弱。

Song等人[23]认为,片层之间的矿物桥显著增强了脆弱的有机夹层,从而提高了珍珠母的抗拉强度。然而,Lin和Meyers[24]不同意这种矿物桥的存在,Katti等[25]认为矿物桥对珍珠母的线性和非线性响应都有边缘性影响,因为在珍珠母开始屈服之前,矿物接触就已经破裂了。Li等人进行[26]的拉伸试验结果表明,纳米颗粒的旋转和变形显著有利于珍珠母中的能量耗散。然而,Barthelat等人指出,纳米颗粒的主要作用是在变形过程中保持片的完整性,而不是直接影响珍珠母的整体变形。

3.压缩机制

当珍珠母受到垂直于片剂表面的压缩载荷时,由于裂纹沿有机层间[17]的偏转而逐渐发生破坏。其机制是,如果裂缝发生并试图穿过珍珠母,它的方向将被迫沿着薄弱的蛋白质层改变,而不是通过相对坚硬的片迅速发展。这样就会形成一条曲折的路径,在广阔的区域内,单个尖锐的裂缝会被大量的小裂缝所取代(图2.2.8(c)),从而分散了施加的力,缓解了应力集中。当压缩加载平行于片剂表面平面时,抗压强度值低于垂直状态下的抗压强度值,这可以通过微塑性屈曲来解释(图2.2.8(d))。

4.弯曲机制

当珍珠母外壳受到与外壳表面垂直的局部压力时,整个壳可以理想地视为经历弯曲应力。在这种情况下,壳体坚硬的外层处于压缩状态,内部的珍珠母处于拉伸状态(图2.2.8(f)),因此,珍珠母外壳的弯曲损伤机制可能与外壳的抗压强度和内壳的抗拉强度有关。

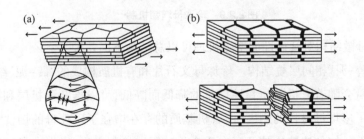

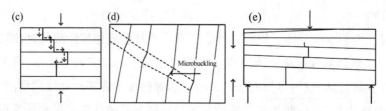

图2.2.8 （a）剪切应力作用下珍珠母的变形机理；（b）珍珠母在拉应力作用下的变形模式；（c）压缩下沿珍珠母有机层的裂纹偏转；（d）压缩下珍珠母的微屈曲（平行）；（e）三点弯曲下珍珠母外壳的裂纹偏转示意图[3]

### 2.2.2.3 珍珠母的结构增韧机理

珍珠母的独特结构排列和界面设计能够耗散机械能并承受巨大的非弹性变形，从而提供韧性。J.D.Currey等[11]提出了裂纹尖端的塑性变形、裂纹偏转、裂纹钝化和文石片层拔出这几种增韧机制。值得注意的是，裂纹偏转是一种重要的增韧机制。有机基质的存在提供了裂纹偏转层，使裂纹难以穿过文石层，而裂纹可以沿着文石层中间的直线传播。提高珍珠母韧性的主要机制包括文石片的滑动和有机增韧带的形成，这两种机制被认为是提高韧性的关键机制，基本增韧机制[27]如图2.2.9所示。

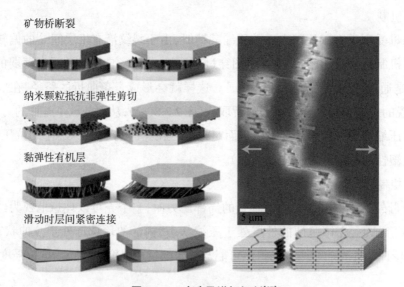

图2.2.9 珍珠母增韧机制[27]

贝壳珍珠母微结构对其韧性的增强机理可以总结为下面几种[28]：

（1）贝壳"砖-泥"相间层叠结构。珍珠母文石片和有机质构成的"砖-泥"结构，珍珠母材料整体弹性模量会随着有机基质弹性模量的降低而降低，可以推断无机层和有机层相间层叠式结构减弱了珍珠母材料的刚度，但有机基质的存在增强了珍珠母的韧性[29]。文石片层生长是通过文石晶体的连续成核及蛋白质介导的阻滞机制产生，可以参考一种"圣诞树"连续生长模型[30]。

（2）贝壳断裂时"拔出"现象。文石层间是层叠交错结构，珍珠母材料产生拉伸断裂的情况下，相邻的文石单元间的有机基质与文石单元发生分离时，同相邻两层文石单元发生平行的相对运动。由此提出贝壳材料断裂的主要形式是文石单元的"拔出"而不是简单的"断裂"。并且文石单元的"拔出"发生在不同层的不同位置，从而形成断裂时宏观上的裂纹拓展与偏移。在人造复合材料设计中选用较小的纤维长细比和较大的纤维重叠比，能够减小内部应力及纤维片的最大位移，从而获得更高的断裂韧性[31]。

（3）文石层的波纹表面。文石层表面不是单一的平面，而是凹凸不平的波浪形表面，如图2.2.10所示。文石层的波浪形表面在珍珠母材料拉伸及剪切过程中阻碍文石单元的移动。文石单元发生相互运动时，使文石层间相互挤压，层间应力应变分布得更为分散均匀，防止了材料因局部应力过高，吸收更多的应变能，消耗更多的断裂功，从而增强了贝壳材料的断裂韧性[9,32]。

图2.2.10　文石层波纹表面增韧机理：（a）珍珠质的透射电子显微镜照片；（b）淡水贻贝珍珠质的光学显微照片；（c）层拓扑结构；（d）原子显微照片[9]

（4）裂纹的多发及裂纹的偏转。女王凤凰螺壳具有五层结构，螺壳断裂过程中同一层结构出现多处裂纹，如图2.2.11（a）所示，而且不同层间裂纹发生偏转，层间出现局部起层，如图2.2.11（b）所示，螺壳的层叠结构中同一无机层出现多处裂纹。女王凤凰螺壳通过裂纹拓展及裂纹偏转消耗断裂能，释放应力，使材料在断裂失效时能够消耗更多的断裂功。使用显微镜观察压缩后鲍鱼贝壳珍珠母的破坏面，可以看到裂纹首先在材料的中间层产生，裂纹面高度扭曲，从而构成材料增韧的一种机制[33]。

图2.2.11　裂纹的多发及偏转机制：(a)同层间的多处裂纹，(b)裂纹偏转[33]

（5）文石表面塑性变形。在珍珠母纳米压痕实验中，可以观察到中心压痕区和边沿隆起区，而在文石表面并没有出现裂纹，文石表面在外力作用下发生塑性变形，而塑性变形对文石单元可以起到缓冲吸能的增韧作用，在吸收了机械能的同时释放了应力，使塑性变形的周围区应力低于局部材料的破坏应力，而没有裂纹的出现，显示出了珍珠母材料较好的力学性能[34]]。

### 2.2.3　珍珠母的仿生应用

混凝土、建筑陶瓷砖等水泥基和黏土基材料是土木工程中常用的建筑材料，具有较高的抗压强度，但由于其固有的脆性，容易发生灾难性破坏。高性能结构陶瓷材料具有高硬度、耐高温和耐腐蚀等特点，但由于其脆性断裂的特性，所以实际使用中的可靠性和抗破坏性较差，限制了结构陶瓷在工程中更广泛的应用。受珍珠母断裂机制的启发，具有像珍珠母一样分层和交错结构的水泥基和黏土基建筑复合材料可能具有更高的断裂韧性。为实现这种结构，可以在建筑复合材料中引入薄而弱的中间层，以促进层滑动和偏转生长的裂缝，并将硬层分隔成多个瓦片,以防止断裂面跨越整个层。此外,单个瓦片的长厚比应足够高,以增强层间的凝聚力,但也不能过于高,以免造成瓦片过早破坏。

近年来,对发展高性能结构陶瓷进行了大量改善陶瓷材料韧性的研究,其中采用仿贝壳的层状复合结构设计进行陶瓷增韧就是一种很好的方法,通过在陶瓷层间加入不同材质的较软或较韧的材料,使陶瓷的韧性得到较大改善[3]。

Yu-Yan Sun 等[13]通过落锤试验研究了具有珍珠母结构的建筑陶瓷复合材料的冲击响应,并探讨了该陶瓷复合材料作为高速弹丸冲击混凝土保护层的潜在用途。复合材料的分层和交错结构由建筑陶瓷马赛克砖(CMTs)和软胶黏剂组成,模拟了坚硬的文石片和珍珠母中的有机材料。实验结果表明,该陶瓷复合材料的抗冲击性能明显提高,与无分层砖层和混凝土靶层组成的简单层状陶瓷复合材料相比,有保护层的陶瓷复合材料的完整性优于无保护层的陶瓷复合材料,且穿透深度大大降低。但是建筑陶瓷复合材料的生产工艺复杂,因此,材料和施工成本可能会限制复合材料的应用。为了降低材料成本,必须寻找替代材料,而水泥基材料由于其成本相对较低且强度较高,是一个很好的选择。近年来对多层水泥基复合材料的抗冲击性能进行了研究[35,36]。研究发现,层状或功能梯度水泥基复合材料与单块水泥基材料相比,具有更好的抗高速冲击性能。然而,层状结构不足以提供非弹性变形。同样参考珍珠母结构,水泥基复合材料可采用混凝土或砂浆设计成层状交错结构(图2.2.12(a)),这种复合材料也可用作混凝土抵抗冲击荷载的保护层(图2.2.12(b))。此外,薄夹层材料的性能会影响复合材料的破坏行为:刚性夹层(如高弹性模量的水泥砂浆)有利于复合材料的能量传递,但提高了复合材料的力学强度;弹性夹层(如低弹性模量的橡胶砂浆)能够承受较大的变形,但代价是复合材料的刚度降低。因此,合适夹层材料的选择要取决于复合材料使用范围。

除此以外,人们还探索和讨论了提高水泥基和黏土基分层交错结构复合材料韧性的潜在方法[13]。这类复合材料还可作为混凝土的保护层,以抵抗冲击载荷。在 Ghazlan 的研究[37]中,受珍珠母微观结构的启发,复制了各种结构特征,以增强承受爆炸荷载的整体陶瓷面板的刚度和断裂韧性。数值模拟显示,与整体陶瓷面板相比,受珍珠母启发的面板具有更强的能量耗散能力,从而减少了传递到支撑物上的反作用力,降低了灾难性破坏的风险。Wei 等人[38]在珍珠母砖泥微结构中引入了细胞尺寸梯度设计,从而形成了一种新型砖泥结构。这种梯度结构改善了应力分布,使断裂前的弯曲变形更大。Walther 等人[39]通过真空过滤辅助组装法获得了一种规则分层的复合材料,如果使用戊二醛加强两相之间的连接,其机械性能将优于天然贝壳。

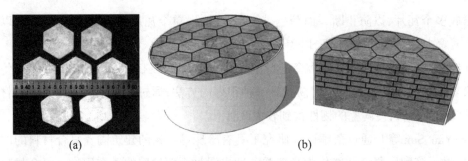

图 2.2.12　水泥基复合材料:(a)六角形混凝土瓦;(b)带有水泥基复合保护层的混凝土[13]

目前,对于仿珍珠母材料的制备,以无机物的种类作为分类依据,可以分为陶瓷基层状复合材料、黏土基层状复合材料、石墨烯基层状复合材料以及碳酸钙基层状复合材料。在轻质高强材料、阻燃材料、气障材料、传感器材料、超级电容器等领域具有较好的应用前景[40]。

黏土是一种在自然界常见的低成本无机片层材料,也可以作为无机构成组分用来制备仿珍珠母材料[41,42]。层层自组装(LBL)法是一种常见的制备复合材料方法,基于对带负电的黏土片层以及带正电聚合物的精确控制,通过层层组装来实现高度有序层状复合材料的制备。黏土/聚合物层状复合薄膜材料已可以用层层堆叠的方法进行制备[43-45]。采用蒙脱土和邻苯二甲酸二乙二醇二丙烯酸酯制备的层状复合材料,其强度能够达到106MPa。将蒙脱土与聚乙烯醇复合,并用戊二醛增强两相之间的连接,得到的层状复合材料拉伸强度和杨氏模量分别达到400MPa和106GPa[45]。图 2.2.13 所示为真空抽滤辅助组装方法,Walther等[46,47]通过这种方法将聚合物大分子层包覆在黏土片层的表面,接着利用真空抽滤将该复合薄片进行规则组装,得到了一种规则的层状复合材料,其厚度可以达到500mm以上。同样使用戊二醛增强两相之间的连接,其杨氏模量达到了50GPa,强度达到200MPa以上,其力学性能要比自然界中的贝壳更加优秀[42],而且具有优越的阻燃性能。

彩图效果

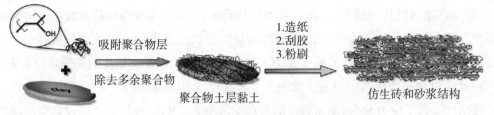

图 2.2.13　真空辅助抽滤法快速制备复合材料[30]

石墨烯和氧化石墨烯有着优秀的力学性能,也可以作为仿珍珠母复合材料中的无机部分,根据珍珠母结构得到的导电石墨烯薄膜,其拉伸强度达到290MPa以上,杨氏模量为41.8GPa[48]。了解珍珠母性能的内在机理将有助于设计强度和韧性兼具的仿珍珠母建筑材料。当建筑物遭受地震、冲击或爆炸荷载时,这类材料可以有效降低灾难事故的发生,提高整体的安全性。

在土木工程领域,珍珠母的仿生应用已经取得了一些显著的成果,但未来的研究依然有很多潜力和方向可以探索,以改进工程材料的性能、可持续性以及抗灾性。以下是土木工程领域的展望:

(1)多材料层状结构的设计和优化:这方面具有巨大的潜力。我们可以深入研究不同材料之间的界面性质,以更好地理解如何最大限度地提高层间黏附性。这包括对各种材料的相互作用、化学亲和性以及表面能进行详尽研究,从而为材料之间的强有力结合提供更多理论支持。层状结构中每个层的厚度分布是关键的优化参数,通过系统的研究,可以找到在不同应力条件下实现最佳性能的厚度组合,以确保结构在各种负载情况下都表现出色。除此以外,探讨不同层之间的连接方式也是至关重要的。黏结、榫卯连接或螺栓连接等方法的研究将有助于提高多材料层状结构的整体稳定性,确保各层之间的牢固耦合,以抵御外部应力和环境影响。通过这些深入研究和优化,我们可以设计出更坚固、更耐久、性能更卓越的多材料层状结构,广泛应用于土木工程领域。

(2)纳米材料的应用:在土木工程领域,纳米材料的引入也是一个非常重要的研究点。我们可以探索如何将纳米材料,如碳纳米管,巧妙地引入多材料层状结构中,以增强其机械性能。一方面,通过将这些纳米材料纳入结构中,可以提高层状结构的抗弯曲、抗压和抗拉等力学性能。此外,纳米材料的引入还有助于改进层间的黏附性和增加材料的耐久性。这将为土木工程领域提供更加坚固和可靠的建筑材料,特别是在面对极端环境和负载的情况下。另一方面,我们可以探索新型纳米复合材料的设计,以提高土木工程材料的整体性能。这包括在传统材料中引入纳米颗粒,例如纳米氧化物、纳米碳材料或纳米陶瓷,以增强其耐久性和耐磨性。这些纳米复合材料可以在抵抗磨损、化学侵蚀和其他环境损害方面表现出色,从而延长土木工程结构的寿命。此外,纳米复合材料还可以通过调整纳米颗粒的分布和比例,实现更好的性能调控,以满足不同土木工程应用的需求。

(3)地震工程的应用:针对地震工程,我们可以着眼于设计更具韧性的混凝土结构,以更好地应对地震事件的挑战。通过借鉴珍珠母的层状结构和韧性特性,我们可以研究混凝土的分层和交错结构,以提高其在地震时的变形能力和抗震性。这种方法有望减少地震对建筑结构的破坏程度,从而降低生命和财产损失。此外,通过使用新型材料和构造设计,可以改进混凝土的地震性能,使其更具可靠性和安全性。混凝土和水泥基材料的应用还可以促进可持续建筑的发展。我们可以研究如何使用珍珠母仿生材料来制造可持续建筑,包括绿色建筑和低碳建筑。这些建筑类型追求降低能源消耗、减少碳排放和最大限度地利用可再生资源。通过将珍珠母仿生材料引入建筑结构中,可以改善建筑的隔热、隔音和耐候性能,减少对传统能源的依赖,从而实现更环保和可持续的建筑解决方案。这有助于降低建筑对环境的负面影响,促进生态平衡的建设。

（4）生物材料的探索：从珍珠母的结构获得灵感，可以探索更加有韧性的新型材料。这种跨界研究有望带来新的土木工程材料范式。同样的，生物可降解材料的研究也是一个重要方向。随着环境问题的不断凸显，土木工程领域需要更加环保和可持续的解决方案。因此，研究和开发生物可降解的仿珍珠母复合材料成为一项紧迫的任务。这些材料具有与传统材料相媲美的性能，但可以在使用寿命结束后自然降解，减少了对环境的负面影响。这些生物可降解的仿珍珠母复合材料可以用于建筑和基础设施中，特别是在需要临时支撑或短期使用的场合，以降低资源浪费和减少废弃物的生成。

总之，土木工程领域对珍珠母仿生材料的研究前景广阔。这些研究不仅将改进结构的性能和安全性，还将助力实现可持续建筑和基础设施，为未来城市的可持续发展提供支持。通过多学科合作和技术创新，我们可以期待看到更多基于自然界的灵感，为土木工程领域带来新的创新和突破。

**【思考题】**

1.分析珍珠母的力学性能，包括其抗压、抗拉、抗断裂等特性，讨论这些性能如何通过微观结构（如"砖-泥"结构）实现。

2.详细解释一种具体的珍珠母仿生复合材料的设计过程，从材料选择到结构设计，分析这种仿生材料在实际应用中的具体表现和潜在问题，并提出改进建议。

**【参考文献】**

［1］Sun J，Bhushan B.Hierarchical structure and mechanical properties of nacre：a review［J］.Rsc Advances，Royal Society of Chemistry，2012，2（20）：7617-7632.

［2］Wang R，Wen H，Cui F，et al.Observations of damage morphologies in nacre during deformation and fracture［J］.Journal of materials science，1995，30：2299-2304.

［3］袁权.珍珠母多级微纳米结构的强韧机理［D］.重庆：重庆大学，2013.

［4］贾贤.天然生物材料及其仿生工程材料［M］.北京：化学工业出版社，2007.

［5］Tong H，Hu J，Ma W，et al.In situ analysis of the organic framework in the prismatic layer of mollusc shell［J］.Biomaterials，2002，23（12）：2593-2598.

［6］Kröger N.The molecular basis of nacre formation［J］.Science，American Association for the Advancement of Science，2009，325（5946）：1351-1352.

［7］宋凡，白以龙.矿物桥与珍珠母结构力学性能［J］.力学与实践，1999，21（6）：18-21.

［8］卢子兴，崔少康，杨振宇.珍珠母及其仿生复合材料力学行为的研究进展［J］.复合材料学报，2021，38（3）：641-667.

［9］Barthelat F,Tang H,Zavattieri P,et al.On the mechanics of mother-of-pearl:a key feature in the material hierarchical structure[J].Journal of the Mechanics and Physics of Solids, 2007,55(2):306-337.

［10］Wang R,Gupta H S.Deformation and fracture mechanisms of bone and nacre[J].Annual Review of Materials Research,Annual Reviews,2011,41:41-73.

［11］Wang R,Suo Z,Evans A,et al.Deformation mechanisms in nacre[J].Journal of Materials Research,2001,16(9):2485-2493.

［12］Espinosa H D,Rim J E,Barthelat F,et al.Merger of structure and material in nacre and bone-Perspectives on de novo biomimetic materials[J].Progress in Materials Science,2009, 54(8):1059-1100.

［13］Sun Y-Y,Yu Z-W,Wang Z-G.Bioinspired Design of Building Materials for Blast and Ballistic Protection[M].Advances in Civil Engineering.London:Hindawi Ltd, 2016:5840176.

［14］姚宏斌.基于微/纳米结构单元的有序组装制备仿生结构功能复合材料[D].合肥:中国科学技术大学,2011.

［15］Currey J D.Mechanical properties of mother of pearl in tension[J].Proceedings of the Royal society of London.Series B.Biological sciences,The Royal Society London,1977,196(1125): 443-463.

［16］Jackson A P,Vincent J F,Turner R M.The mechanical design of nacre[J].Proceedings of the Royal society of London.Series B.Biological sciences,The Royal Society London,1988, 234(1277):415-440.

［17］Menig R,Meyers M,Meyers M,et al.Quasi-static and dynamic mechanical response of Haliotis rufescens（abalone）shells[J].Acta materialia,2000,48(9):2383-2398.

［18］周武.结构—功能仿生复合材料研究与设计[D].杭州:浙江大学,2013.

［19］Barthelat F,Li C-M,Comi C,et al.Mechanical properties of nacre constituents and their impact on mechanical performance[J].Journal of Materials Research,2006,21(8):1977-1986.

［20］Sarikaya M,Gunnison K,Yasrebi M,et al.Mechanical property-microstructural relationships in abalone shell[J].MRS Online Proceedings Library,1989,174:109-116.

［21］Smith B L,Schäffer T E,Viani M,et al.Molecular mechanistic origin of the toughness of natural adhesives,fibres and composites[J].Nature,1999,399(6738):761-763.

［22］Meyers M A,Lin A Y-M,Chen P-Y,et al.Mechanical strength of abalone nacre:role of the soft organic layer[J].Journal of the mechanical behavior of biomedical materials,2008, 1(1):76-85.

［23］Song F,Soh A K,Bai Y L.Structural and mechanical properties of the organic matrix layers of nacre[J].Biomaterials,Elsevier,2003,24(20):3623-3631.

[24]Lin A,Meyers M A.Growth and structure in abalone shell[J].Materials Science and Engineering:A,2005,390(2):27-41.

[25]Katti K,Katti D,Tang J,et al.Modeling mechanical responses in a laminated biocomposite: Part II Nonlinear responses and nuances of nanostructure[J].Journal of Materials Science, 2005,40:1749-1755.

[26]Li X,Xu Z-H,Wang R.In situ observation of nanograin rotation and deformation in nacre [J].Nano letters,ACS Publications,2006,6(10):2301-2304.

[27]Wegst U G,Bai H,Saiz E,et al.Bioinspired structural materials[J].Nature materials,2015, 14(1):23-36.

[28]王振兴,原梅妮,李立州,等.贝壳珍珠母增韧机理研究进展[J].材料导报,2015,29(8):98-102.

[29]孙晋美,郭万林.基于珍珠母堆垛微结构复合材料力学特性[J].南京航空航天大学学报, 2009(5):660-664.

[30]Fritz M,Belcher A M,Radmacher M,et al.Flat pearls from biofabrication of organized composites on inorganic substrates[J].Nature,1994,371(6492):49-51.

[31]孙士涛.双壳类贝壳微结构强韧机理研究[D].重庆:重庆大学,2009.

[32]Tang H,Barthelat F,Espinosa H D.An elasto-viscoplastic interface model for investigating the constitutive behavior of nacre[J].Journal of the Mechanics and Physics of Solids, Elsevier,2007,55(7):1410-1438.

[33]Kuhn-spearing L,Kessler H,Chateau E,et al.Fracture mechanisms of the Strombus gigas conch shell:implications for the design of brittle laminates[J].Journal of Materials Science, 1996,31:6583-6594.

[34]Bruet B,Qi H,Boyce M,et al.Nanoscale morphology and indentation of individual nacre tablets from the gastropod mollusc Trochus niloticus[J].Journal of Materials Research,2005, 20(9):2400-2419.

[35]Mastali M,Naghibdehi M G,Naghipour M,et al.Experimental assessment of functionally graded reinforced concrete (FGRC) slabs under drop weight and projectile impacts[J]. Construction and Building Materials,2015,95:296-311.

[36]Quek S T,Lin V W J,Maalej M.Development of functionally-graded cementitious panel against high-velocity small projectile impact[J].International Journal of Impact Engineering, Elsevier,2010,37(8):928-941.

[37]Ghazlan A,Ngo T,Van Le T,et al.Blast performance of a bio-mimetic panel based on the structure of nacre-A numerical study[J].Composite Structures,2020,234:111691.

[38] Wei Z,Xu X.Gradient design of bio-inspired nacre-like composites for improved impact resistance[J].Composites Part B:Engineering,2021,215:108830.

[39] Walther A,Bjurhager I,Malho J-M,et al.Large-Area,Lightweight and Thick Biomimetic Composites with Superior Material Properties via Fast,Economic,and Green Pathways[J]. Nano Letters,2010,10(8):2742-2748.

[40] 赵赫威,郭林.仿贝壳珍珠母层状复合材料的制备及应用[J].科学通报,2017,62(6):576-589.

[41] Olivito R S,Codispoti R,Cevallos O A.Bond behavior of Flax-FRCM and PBO-FRCM composites applied on clay bricks:Experimental and theoretical study[J].Composite Structures,Elsevier,2016,146:221-231.

[42] Wang J,Cheng Q,Tang Z.Layered nanocomposites inspired by the structure and mechanical properties of nacre[J].Chemical Society Reviews,Royal Society of Chemistry,2012,41(3): 1111-1129.

[43] Podsiadlo P,Michel M,Lee J,et al.Exponential growth of LBL films with incorporated inorganic sheets[J].Nano letters,ACS Publications,2008,8(6):1762-1770.

[44] Tang Z,Kotov N A,Magonov S,et al.Nanostructured artificial nacre[J].Nature materials, 2003,2(6):413-418.

[45] Podsiadlo P,Kaushik A K,Arruda E M,et al.Ultrastrong and stiff layered polymer nanocomposites[J].Science,2007,318(5847):80-83.

[46] Walther A,Bjurhager I,Malho J-M,et al.Supramolecular control of stiffness and strength in lightweight high-performance nacre-mimetic paper with fire-shielding properties[J]. Angewandte Chemie International Edition,2010,49(36):6448-6453.

[47] Walther A,Bjurhager I,Malho J-M,et al.Large-area,lightweight and thick biomimetic composites with superior material properties via fast,economic,and green pathways[J].Nano letters,2010,10(8):2742-2748.

[48] Chen H,Müller M B,Gilmore K J,et al.Mechanically strong,electrically conductive,and biocompatible graphene paper[J].Advanced Materials,2008,20(18):3557-3561.

## 2.3 荷叶仿生疏水材料

### 2.3.1 概述

荷叶,又称莲花茎、莲茎,是莲科莲属多年生草本挺水植物莲荷的叶,荷叶直径最大可达 60cm,见图2.3.1。荷叶一般分布在中亚、西亚、北美等亚热带和温带地区。中国早在三千多年前已有栽培,现今在辽宁及浙江均发现过炭化的古莲子,可见其历史之悠久。

彩图效果

图2.3.1　荷叶

### 2.3.2　荷叶的疏水特性及原理

超疏水材料的研究开始于一句古诗,"出淤泥而不染,濯清涟而不妖",荷叶表面有一层超疏水材料,使得水流聚股流下,冲洗淤泥,荷叶叶面结构的超疏水以及自洁的特性就是"荷叶效应",又名"疏水效应"。荷叶表面的超疏水特性是指水滴与固体表面的接触角大于150°,落在叶面上的雨水会因表面张力的作用形成水珠,只要叶面稍微倾斜,水珠就会滚离叶面,见图2.3.2。

"荷叶效应"的原理是什么? 20世纪90年代两位德国科学家 Barthlott 和 Neihuis 将其归因于荷叶表面的乳突(乳突由许多直径为200nm左右的突起组成,乳突的平均大小约为6~8μm,平均高度约为11~13μm,平均间距约为19~21μm)。

在这些微小乳突之中还分布有一些较大的乳突,平均大小约为53~57μm,它们也是由6~13μm大小的微型突起聚在一起构成的,大大小小的突起之间的凹陷部分充满空气。直到进入21世纪,中国科学院的江雷[1]院士团队才发现了荷叶超疏水现象的机理:在荷叶叶面上存在着非常复杂的多重纳米和微米级的超微结构,这种微米结构与纳米结构相结合的阶层结构是引起荷叶表面超疏水的根本原因。

图2.3.2　荷叶自洁效应

在超高分辨率显微镜下可以清晰看到,荷叶表面上有许多微小的乳突,见图2.3.3,每个乳突布满直径约为200nm的蜡状突起。在荷叶叶面布满一个个隆起的"小山包",它上面长满绒毛,在"山包"顶又长出一个馒头状的"碉堡"凸顶。因此,在"山包"间的凹陷处充满空气,这样就在紧贴叶面上形成一层极薄、只有纳米级厚的空气层。这就使得在尺寸上远大于这种结构的灰尘、雨水等降落在叶面上后,会隔着一层极薄的空气,只能同叶面上"山包"的凸顶形成几个点接触,见图2.3.4。雨滴在自身的表面张力作用下形成球状,滚离叶面,同时还把一些灰尘污泥的颗粒一起带走,这就是"荷叶效应"能自洁叶面的奥妙所在[2]。

荷叶表面的这种复杂的超微纳米结构,不仅有利于自洁,而且有利于防止大量飘浮在大气中的各种有害的细菌和真菌对自身的侵害。

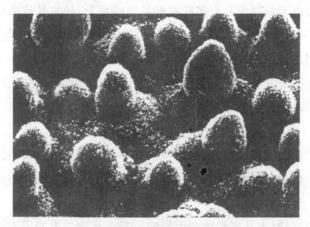

图2.3.3　荷叶表面微观结构[3]

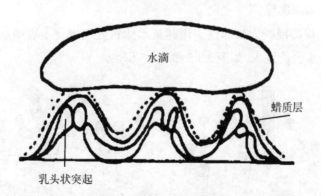

图2.3.4　超疏水表面示意[4]

荷叶疏水效应的发现

### 2.3.3 荷叶的仿生应用

考虑到荷叶表面结构的超疏水特性具有的工程应用价值,众多科学家开展了荷叶相关的仿生研究,促进了人造超疏水材料[5-7]的产生。超疏水材料作为一种新型的功能材料,由于具备良好疏水效应,衍生出大量的实际应用,例如,可以应用于金属、木材和混凝土等材质表面保护物质结构,因此得以在土木工程领域广泛应用。本章主要讲述超疏水材料在混凝土路面、堤坝和文物保护等方面的应用。

#### 2.3.3.1 仿生混凝土路面

水泥混凝土路面是公路路面结构的重要组成部分,我国地域辽阔,气候差异大,道路交通受气候影响显著,由于混凝土具有多孔特性易吸收水分,导致其抗冻耐久性较差,传统的混凝土路面除冰方法总体来看效率不高,甚至有些方法(例如撒融雪剂法等)对路面造成一定损害,且对土壤、水体和大气等造成污染,破坏生态环境。借鉴荷叶表面微构造特征,基于超疏水材料特性,通过微纳米路表构建与超疏水涂层设计相结合,采用新型超疏水材料涂层改善混凝土的冻融破坏,提高其抗冻性能[8],将其应用到土木工程领域,对传统混凝土路面进行优化。

因此,在进一步寻找环保、高效且对路面损害小的除冰技术过程中,考虑将超疏水材料应用于混凝土路面,作为一种新型的表面功能处理材料,改善混凝土的冻融破坏,提高其抗冻性能[9]。

超疏水材料会对混凝土基本性能产生影响。超疏水涂层改变了混凝土表面的性质,如接触角、吸水率、浸渍深度等。

超疏水涂层会提高混凝土抗冻性。用超疏水涂料处理混凝土表面后,混凝土表面疏水性能够阻挡一部分水分的进入,如图2.3.5和图2.3.6所示。

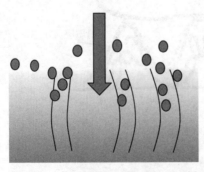 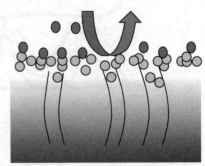

图2.3.5　普通混凝土水分渗入过程[9]　　图2.3.6　疏水混凝土水分渗入过程[9]

超疏水涂料会改善混凝土的防冰性能。超疏水涂层防冰机理在于改变结冰面的表面特性。防冰性研究包括结冰性与疏冰性两个方面,结冰性针对结冰的过程,超疏水涂层通过改变结冰时间、结冰温度、结冰量等表面特性改善防冰性能;疏冰性针对除冰过程,超疏水涂层改变冰的黏附强度与冰本身的强度等表面特性改善防冰性能[10]，如图2.3.7和图2.3.8所示。

图2.3.7　普通混凝土[9]　　　　　图2.3.8　超疏水混凝土[9]

　　超疏水材料会增大液滴与混凝土表面的接触角，减小两者接触面积，使得液滴易滑落，降低结晶温度，延缓水的结晶，延长结冰时间，降低冰的附着强度。同等条件下，相较于普通混凝土，超疏水混凝土结冰时间被延长近1倍，而且超疏水混凝土冰层黏结力更低，疏冰性能更好，除冰难度更低[11]。

### 2.3.3.2　仿生堤坝

　　堤坝是堤和坝的总称，也泛指防水拦水的建筑物和构筑物，见图2.3.9。现代的水坝主要有两大类：土石坝和混凝土坝。水利工程的大力发展离不开牢固可靠的水工建筑物，然而，当下我国水工建筑物的渗漏病害现象非常普遍。传统的渗漏处理措施能在短期内达到预期使用目的，但其普遍具有工作量大，影响混凝土完整性，具有强度和作用较小等局限性。根据对超疏水材料和坝面渗漏成因对策的分析研究，可将超疏水材料引入水泥混凝土坝面设计中，通过微纳米坝表构建与超疏水涂层设计相结合，对超疏水材料坝面表层进行疏水设计[12]。

图2.3.9　大坝

将超疏水材料覆盖在与水接触的混凝土表面,形成一层空气膜,避免坝面直接与水摩擦接触,减少浸泡,从而有效防止发生渗漏,见图2.3.10。同时,在溢洪道溢流面上覆盖一层高强度超疏水材料,可减小水流对陡坡段和出口处的冲刷,避免溢洪道陡坡段内墙被冲刷,底板被掀起、下滑或局部接缝破坏以及消能设施的破坏;采用高强度超疏水材料还能防止气蚀破坏,避免产生蜂窝、麻面及混凝土脱落等现象,在弯道处布设高强度疏水材料,可以减小阻力而防止翼墙冲刷破坏。荷叶效应为超疏水材料的研究提供了现实依据,而超疏水材料在水工建筑物领域的应用目前仍十分有限,若能有效解决材料强度、价格等限制因素,并加以推广利用,将在坝体防渗、溢洪道冲刷、漏水、水闸腐蚀、渠系输水建筑物的防渗等方面起到良好的作用,为建设新型智慧水利工程作出积极贡献[13]。

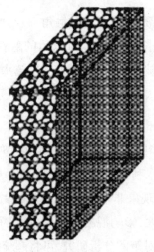

图2.3.10 超疏水性能面板结构[13]

### 2.3.3.3 文物保护

新型文物保护材料的研发是文保科学研究的重要内容之一。目前,借鉴和“移植”材料学领域成熟的材料及技术是文物保护材料研发的常用手段。仿生超疏水材料是人们最初受到“荷叶效应”的特殊浸润现象的启发而研发出来的一类材料的统称。作为近年来材料学研究的热点之一,它们也逐渐开始受到文物保护工作者的关注。

液态水是大多数文物劣变的直接或间接原因,如图2.3.11所示。出于“不改变文物原貌”与“最小干预”的原则,传统的加固保护方法并不适用于石质文物、土质文物的保护。因此,开展表面防护等附加措施的研究就显得尤为重要。在目前已知的附加措施中,添加防护涂层可以截断有害介质的传播路径,提高夯土憎水性,是改善其耐候性的关键措施[14]。

*彩图效果*

图2.3.11　乐山大佛局部渗水状

　　具有优异疏水性和自清洁功能的仿生超疏水材料是一种高效的文物表面封护材料。由于具有优异的疏水性,仿生超疏水材料能够有效地阻止液态水的附着、渗透和水蒸气的凝结,进而避免了文物表面甚至内部一系列由水引起的破坏。更重要的是,具有超疏水性的表面,因其对颗粒的黏附性能较差,在雨水的冲刷下很容易将其表面的颗粒污染物带走,使其具有自清洁的能力(见图2.3.12)。此外,具有超疏水性的表面还具有抗病菌、抗病原体的性能。若在文物表面涂覆一层超疏水性薄膜,使其具有“荷叶效应”不仅能具有较好的防水性,同时也能具有较好的自清洁和杀菌的性能[15]。因此,具有超抗浸润、自清洁功能的涂层材料在保持文物理化性能完整的同时,又最大限度地维持了其美学特征,成为多种文物的理想表面封护材料,超疏水表面技术在文物保护方面有较好的应用前景。

*彩图效果*

图2.3.12　乐山大佛

现阶段超疏水材料在文物保护中的应用仍处在探索阶段，还有许多问题值得进一步探讨：

（1）材料种类不足。今后应当更多地借鉴和"移植"材料学中成熟的研究方法来研发更多种类的超疏水材料，以满足不同赋存环境、不同类别文物的使用需求。

（2）材料性能的长期监测。作为文物保护材料，不仅要求其自身具有优异的稳定性，而且这种性能应长期保持，这样才能最大限度地遵循"尽量少干预"的文物保护原则。特别是在恶劣的露天环境中，保护材料的自然气候暴露试验和文物保护材料使用寿命的探究是选择保护材料的重要依据，对文物保护材料的研发具有重要的理论和实际意义[16]。

尽管仍然面临众多问题，但是仿生超疏水材料在石质文物、金属文物、木质文物、纺织品文物等的保护方面仍然具有极大的应用前景。例如超疏水技术用在室外天线上可防止积雪从而保证通信质量；用在船、潜艇的外壳上，不但能减少水的阻力和提高航行速度，还能达到防污、防腐的功效；用在石油输送管道内壁、微量注射器针尖上能防止黏附、堵塞，并减少损耗；用在纺织品、皮革上还能制成防水、防污的服装、皮鞋。正是由于有如此多的需求，超疏水材料的应用研究才越来越受关注。

在各个领域，超疏水材料的应用不仅相当广泛而且有较大的进展。因其优异的超疏水性而具备防腐蚀、自清洁、防覆冰的性能，广泛运用于各个领域，其中包括金属材料、纺织材料、木材材料、生物组织、口腔医学等，由此可见超疏水材料有着巨大的发展前景和商业潜力。

随着超疏水材料应用在不断增加，其弊端也逐渐被发现。通过多方考证发现超疏水性的原理是通过微/纳米结构附着在其表面，使得物体本体与外界的接触面减小，所以这种微/纳米结构受到的局部压强也会更大，从而更易磨损。这是超疏水材料消耗快速，造成其不稳定性的主要原因。在以往超疏水材料中，机械稳定性和超疏水性成了此高彼低的局势，所以如何增强超疏水材料的稳定性成了未来超疏水材料的研究重点。

目前绝大多数超疏水材料的制备工艺面临生产技术复杂、工艺时间长、疏水效果不明显等诸多困难，这是导致其难以大规模生产应用的原因。同时，应该注意到一些工业产业对于功能性超疏水材料的需求，在这样的形势下我们应该更加侧重低成本、工艺易于实现的环境友好型超疏水材料的制备，相信在不久的将来，以绿色、环保原料为主导的超疏水材料将占据更大市场，尤其是土木工程领域相关应用的主导地位。

在土木工程领域中，除了前文提到的应用，还可以在建筑结构中采用超疏水涂层以显著增强建筑物的抗风雨和自洁能力。这意味着建筑物可以更好地抵御恶劣天气条件，减少风雨侵蚀对建筑的损害，从而延长建筑物的使用寿命。同时，超疏水涂层的自洁特性还有助于降低维护成本，因为它们能够减少污垢和污染物的附着，使建筑物保持清洁。这对于减少对环境的不利影响和降低运营成本都具有积极意义。超疏水材料在城市基础设施领域也可以发挥关键作用。一方面，在城市排水系统中，采用超疏水涂层可以有效减少雨水的渗透，从而降低洪水的风险。这对于解决城市内涝问题至关重要，特别是在气候变化引发极端降雨事件的情况下。通过控制雨水的流动和渗透,我们可以减少洪水对城市基础设施和居民的危害,提高城市的抗灾能力。因此,超疏水材料为建筑结构和城市基础设施提供了一种创新的解决方案,有望提高城市生活质量,减少灾害风险,以及推动城市可持续发展。另一方面,荷叶疏水效应还可为建筑领域提供有效的隔热和隔音效果。通过深入借鉴荷叶表面的多层结构,我们可以将建筑材料设计成具有多层结构的特性,类似于荷叶表面的微/纳米级结构。这种设计将使建筑在隔热和隔音方面表现更为出色。在隔热方面,多层结构可以有效减少室内与室外温差的传导,降低能源消耗,使建筑更加节能。而在隔音方面,多层结构能够有效地隔绝外界噪声,提高室内的舒适度,为居住者创造更加宁静的生活环境。因此,这一仿生设计概念不仅有助于减少建筑的环境影响,还提高了建筑的整体性能,为未来智能、可持续和环保的建筑创造了更有前景的可能性。

总的来说,荷叶疏水效应的仿生应用将为土木工程领域带来新的机遇和挑战。通过深入研究和创新设计,我们可以创造更加智能、环保和可持续的基础设施,以满足不断增长的城市化需求和生态保护要求。

**【思考题】**

1.请详细解释"荷叶效应"的原理,结合荷叶表面的微米和纳米级超微结构,讨论这些结构如何具有超疏水和自洁特性。

2.分析在文物保护中使用超疏水材料的优缺点,讨论其对文物长期保护的可行性和潜在问题。

**【参考文献】**

[1]江雷.从自然到仿生的超疏水纳米界面材料[J].化工进展,2003(12):1258-1264.

[2]姜淑慧.荷叶效应及其在仿生学上的应用[J].生物学教学,2013(4):62,63,43.

[3]杜文琴.荷叶效应在拒水自洁织物上的应用[J].印染,2001,27(9):36-37.

[4]张美玲.天然纳米结构——荷叶[J].云南大学学报:自然科学版,2005(S3):462-464.

[5]Nosonovsky M,Bhushan B.Roughness-induced superhydrophobicity:a way to design non-adhesive surfaces[J].Journal of Physics:Condensed Matter,2008,20(22):225009.

[6]Kim D,Kim J,Park H C,et al.A superhydrophobic dual-scale engineered lotus leaf[J].Journal of Micromechanics and Microengineering,2007,18(1):015019.

[7]Chen W,Fadeev A Y,Hsieh M C,et al.Ultrahydrophobic and ultralyophobic surfaces:some comments and examples[J].Langmuir,1999,15(10):3395-3399.

[8]王志博,牛志强.超疏水材料涂层对混凝土抗冻性能的影响[J].新型建筑材料,2017,44(2):

107-110.

[9]高英力,李学坤,黄亮,等.超疏水仿生水泥路面防覆冰设计及模型试验[J].硅酸盐通报,2016,
    35(10):3288-3294.

[10]王宗鹏.超疏水涂层对混凝土抗冻性及防冰性影响研究[D].哈尔滨:哈尔滨工业大学,2016.

[11]王志博,刘伟.超疏水材料涂层对混凝土防覆冰性能的影响[J].新型建筑材料,2017,44(10):
    128-159.

[12]李治军,董智,陈末,等.仿生超疏水材料在寒区土石坝防渗的应用前景与展望[J].水利科
    学与寒区工程,2019,2(4):44-47.

[13]贾致通,戚高晟,金铭,等.水利工程中新型超疏水材料应用前景展望[J].绿色科技,2018
    (8):182-185.

[14]张桐.超疏水涂层对土楼保护作用的试验研究[D].泉州:华侨大学,2019.

[15]田仕鹏.石质文物用无机-有机疏水纳米复合薄膜的制备及其性能[D].哈尔滨:哈尔滨工
    业大学,2010.

[16]曹颐戬,王聪,王丽琴.仿生超疏水材料及其在文物保护中的应用综述[J].材料导报,2020,
    34(3):3178-3184.

## 2.4　股骨仿生自愈材料

### 2.4.1　概述

股骨是人体中最大的长管状骨,可分为一体两端,见图2.4.1。股骨头近似半球形,朝向内上方与髋臼构成关节(更精确地说,股骨头不是一个真正球形的一部分,而是像楔形,部分表面呈卵圆形),其表面光滑,中央部的后下方有一粗糙的小凹陷[1]。股骨头的中央稍下方,有一小凹,叫作股骨头凹,为股骨头韧带的附着处。股骨头的外下方较细的部分称股骨颈。

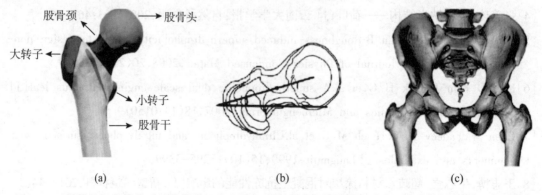

图2.4.1　股骨及组成部分:(a)股骨详细生理解剖结构;(b)股骨俯视图;(c)正髋关节与股骨相对位置[2]

股骨的形态特征:体粗壮,为圆柱形,全体微向前凸,见图2.4.2。

**图2.4.2 股骨形态**

骨主要由无机成分、有机成分及少量水所组成。无机成分又称为骨盐,包括磷酸钙(84%)、碳酸钙(10%)、柠檬酸钙(2%)以及磷酸氢二钠(2%)等,它们形成细针状的羟基磷灰石晶体。有机成分包括大量的胶原纤维(95%)和少量无定形基质,无定形基质为成骨细胞分泌的凝胶状物质,主要为蛋白多糖,有黏着胶原纤维的作用。骨的硬度取决于其内的无机盐结晶,胶原纤维和其他有机大分子可增强骨的韧性,虽然胶原纤维的抗压性和弹性较差,但当胶原纤维和其他有机大分子二者结合在一起时具有很大的强度、刚度和断裂韧性[2]。

### 2.4.2 股骨的自修复特性及原理

股骨是人体的主要承重结构[3],且股骨具有自我修复、自我愈合的特性。自我修复的概念最初来源于生物体受伤后自我愈合的现象。骨修复的生物医学原理为:骨通过原有的基因关系成形,然后在内外生物力学环境下通过新陈代谢造骨、吸骨、再成形的方式优化自身的拓扑结构,创造出各种骨骼体系动态稳定的结构和拓扑形状。骨骼体系是通过骨重建过程来保证这种动态,并通过造骨细胞和破骨细胞再吸收过程来影响骨形成过程中的微妙平衡[4]。

当骨骼因外科手术或受伤而骨折时,会经历一个非常复杂的愈合过程。骨折愈合初期的特点是立即止血,并在骨折部位形成血凝块,为后续过程奠定基础。随后出现炎症反应,纤维组织和软骨逐渐取代血肿,形成临时软茧,最终成熟为硬茧。最后一个阶段是骨重塑,其特点是组织逐渐巩固并恢复其原始形态。骨修复的化学原理为:人体股骨的主要无机成分为羟基磷灰石,其具有生物相容性,安全性高,且羟基磷灰石具有促进干细胞成骨分化并因此加速骨再生过程的内在能力[5]。人体骨骼体液中存在类似于球形的团簇状物质的碳化缺钙羟基磷灰石,表面片状或者褶皱状的物质为其微晶体[6]。相比于完整的羟基磷灰石,由于人体骨骼体液中的羟基磷灰石缺钙,其特殊结构会加快骨骼组织的修复速度。但是其结晶程度会比完整羟基磷灰石较低,当骨组织基体受伤后,缺钙羟基磷灰石由于其低溶度积,极易在受伤部位形成[7],并缓慢溶入人体骨骼体液中,在受损部位重新长出完好的羟基磷灰石骨组织结构,实现自我修复[8],从而实现骨组织的自愈合。

### 2.4.3 股骨的仿生应用

骨材料仿生作为仿生材料学的一个重要分支,已进入复合化、智能化和环境协调化的发展阶段,几十亿年的自然进化使得骨具有最合理、最优化的宏观、细观、微观结构,并且具有自适应性和自愈合能力,在比强度、比刚度与韧性等综合性能上都是最佳的。本章节主要讲述骨仿生修复水泥基在土木工程领域的应用。

目前,骨仿生材料主要有两种:一是用其他不同离子取代改性骨骼,二是通过模拟仿造骨骼的微观结构来实现骨骼的自修复效果。部分学者使用其他金属离子取代羟基磷灰石中的部分离子,由于羟基磷灰石具有良好的生物相容性,能够实现良好融合的同时,又增强其强度。这种骨仿生材料经常被用作骨组织的修复材料[9,10]。还有部分学者通过将三维生物多孔有机玻璃放入模拟人体组织液中,发现超过50%的玻璃成分溶解到体液中,并且产生了羟基磷灰石,通过这个实验模拟了人体骨组织受伤之后的自修复现象[11]。

在土木工程领域,有学者提出将骨仿生机理应用到混凝土中。当混凝土中产生裂缝时,注入骨仿生愈合剂,内部会产生羟基磷灰石结构,促使混凝土中的裂缝或裂隙进行自我修复[12]。

#### 2.4.3.1 骨仿生自修复水泥基

如果把建筑比作一个人,那么混凝土就是其血肉。混凝土是当今应用最为广泛的建筑材料,我国的商品混凝土产量逐年增长。然而,混凝土在接近破损时并无显著变形,这被称为脆性破坏,常常会导致建筑的突然倒塌,是一种十分危险的破坏形式。工程中,常在混凝土构件里配置钢筋,以增强构件的变形性能,在构件层面实现塑性破坏,这也就是常见的钢筋混凝土的由来。然而,钢筋混凝土并没有从根本上改善混凝土的固有缺陷,仍存在混凝土易破损的问题,继而造成钢筋锈蚀,降低构件整体承载能力[13]。

近年来,新型的具有较好的综合力学性能、韧性和良好耐久性的超高性能混凝土等新型水泥基材料[14,15]就是利用骨仿生的原理,制备水凝胶作为负载磷酸盐载体,并将水凝胶加入水泥净浆中制备成自修复水泥基材料,利用磷酸盐和裂缝中钙离子原位生成羟基磷灰石从而修复裂缝。仿生结构骨架材料有更合理的内部结构,更高的强度和韧性以及自我记忆修复能力等优势,这些结构犹如生物体的骨骼,现已在各类建筑中得到应用[14]。

#### 2.4.3.2 骨仿生自修复水泥基修复机理

受到股骨固有自愈能力的启发,Sangadji[16]复制了骨骼的材料特性和受伤后的愈合过程。他们通过在混凝土圆柱体结构的核心部位内部战略性地加入具有类骨形态的预制多孔混凝土圆柱体,并辅以可控的人工干预,取得了令人瞩目的成果。在这一概念的基础上,提出了一种将人工愈合程序转变为全自动自愈合系统的新方法。随后的研究表明,加入辅助胶凝材料可显著改善混凝土的微观结构[17]。这些材料通常被用作部分替代水泥颗粒的可行方法,从而提高混凝土基础设施的耐久性[18,19]。此外,在水泥基质中加入粉煤灰、硅灰、高炉矿渣或黏土等辅助材料,可通过胶凝反应提高材料的自愈潜力[20-22]。通过模仿骨骼的特性,自愈合水泥基材料在修补裂缝方面表现出更强的功效,其中裂缝宽度的狭窄程度是成功自愈合的关键因素[22-24]。此外,具有自愈合能力的混凝土还能提高机械性能、韧性和耐久性。自愈合水泥基材料适用于多个领域,包括土木路面工程、隧道工程和大坝工程。然而,有关真实裂缝中羟基磷灰石形成的热力学和动力学条件仍未得到探索,进一步的研究可以对这方面进行调查,从而更深入地了解水泥基裂缝的形成过程。

图2.4.3是在基体出现裂缝时基体中的水凝胶释放磷酸盐并生成羟基磷灰石的示意图。随着基体出现裂缝,外界水分进入裂缝,裂缝边缘的水凝胶中的$PO_4^{3-}$和裂缝表面的$Ca^{2+}$扩散进入裂缝中的溶液。在裂缝中的碱性条件下,外界$CO_2$进入裂缝中形成$CO_3^{2-}$并与$Ca^{2+}$、$PO_4^{3-}$结合生成球形团簇状碳化缺钙羟基磷灰石(CCDHA),具体反应方程式如下:

$$\left(10-\frac{1}{2}x\right)Ca^{2+}+\left(6-x-\frac{2}{3}y\right)PO_4^{3-}+xCO_3^{2-}+2OH^-+yHPO_4^{2-}$$
$$=Ca_{(10-\frac{1}{2}x)}[(6-x-\frac{2}{3}y)PO_4^{3-}y(HPO_4^{2-})x(CO_3^{2-})](OH)_2$$

前期CCDHA溶度积低于$CaCO_3$的溶度积,故修复前期不会生成$CaCO_3$,图2.4.4为裂缝中CCDHA生成之后,裂缝中产物的变化修复规律。在修复龄期为7d时,裂缝中生成的为粒径较小的CCDHA,之后随着修复时间增加,小粒径的CCDHA相互链接,并融合为大粒径的CCDHA,逐渐修复裂缝。此时水凝胶中的$PO_4^{3-}$已基本反应完全,$CO_3^{2-}$开始和$Ca^{2+}$生成$CaCO_3$,而$CaCO_3$趋向于附着在CCDHA周围生长,并增强修复产物的力学性能[25]。

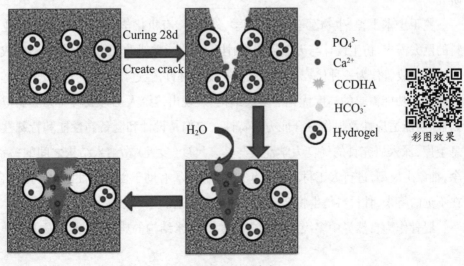

图2.4.3 水凝胶释放机理[25]

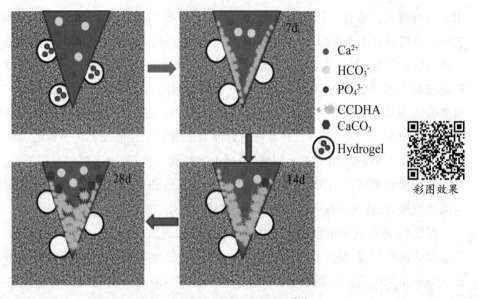

图2.4.4　羟基磷灰石在裂缝中生成机理[25]

　　利用表观裂缝修复、抗水渗透性能修复、抗压强度修复、抗氯离子渗透性能修复四种方法可以探究修复剂的骨仿生自修复水泥基材料的修复效率。并且可以探究修复环境、裂缝宽度、延迟修复时间、氢氧化钙的掺入对修复效率的影响。

　　本章介绍了骨仿生自修复水泥基材料,其具有较好的修复效果,但仍有很多缺点和不足,需要进行深入研究。首先,水凝胶加入试块中对力学性能产生的负面效果较大,需要进行改进,可减小水凝胶的粒径或者更换力学性能更好的载体。其次,羟基磷灰石在样品裂缝中生成条件非常复杂,形貌受到多种因素的影响也各不相同,这与合成条件下的影响是不同的,羟基磷灰石与基体的结合部位非常紧密,但是这种结合具体是怎样形成的,仍待继续研究。

　　鉴于土木工程、生物医学、材料科学、外科学、有机化学、生物学等各个行业对骨修复材料的巨大需求,仿生设计与天然骨结构、性能和功能类似的骨仿生复合材料已成为当前的研究热点。股骨作为一种代表性的天然生物复合材料,经过数亿年的选择进化,迄今已具有适应环境与功能需求的高度优化的多级结构,表现出传统人工合成材料无法比拟的优异的强韧性、功能适应性及损伤愈合能力等特性。它们是设计和制备高性能和特殊性能材料的信息宝库,深入研究骨的优良力学性质与其多尺度(多级)微/纳米结构之间的关系,获得新概念,抽象出模型,进行人工材料的仿生制备与开发,有助于创造出性能优异的复合材料,相信在不远的将来,骨材料仿生将会有更多的应用价值。

　　股骨作为自然界中多级结构和多尺度微/纳米结构的典范,已经启发了科学家们开展广泛的仿生研究,这种骨仿生的自愈合材料不仅在医学和生物学领域有着潜在的应用,也在土木工程和材料科学中掀起了一场革命。尽管已取得一些显著的成果,但在未来,骨仿生自愈合仍有巨大的发展潜力和值得探索的领域。

(1)耐候性和耐久性的提升:利用股骨的特性,可以将开发出的仿生材料用于提升结构的耐候性和耐久性。这一应用将有助于改善建筑物和基础设施在面对自然界的侵蚀和气候变化时的表现。这意味着结构材料将更好地抵抗湿气、化学侵蚀、紫外线辐射和温度变化等外部环境因素的影响。因此,这些材料将不仅减缓结构老化的速度,还减少了对结构维护的需求。在实际应用中,耐候性的提升意味着混凝土、钢结构和其他建筑材料将更加耐用,延长了它们的使用寿命。特别是对于长期使用的土木工程基础设施,如桥梁、水坝和隧道,这一特性尤为关键。这些结构通常面临严峻的自然环境条件,如高湿度、大气污染和气温变化,容易出现腐蚀和损坏。通过采用股骨仿生材料,这些问题可以得到更好的解决,使结构更加耐用,从而减少了维修和更换的成本,同时延长了这些基础设施的寿命。

(2)可持续建筑:股骨仿生材料的自我修复能力意味着建筑结构可以自动检测并修复微小的损伤和裂缝,无需人工干预。这种自我修复机制不仅可以延长建筑物的使用寿命,还能大幅减少对原材料和人力资源的依赖,从而降低了整个建筑过程中的能源消耗和碳排放。此外,股骨仿生材料的耐久性和稳定性能保证了建筑结构的可靠性,减少了不必要的维护成本和资源消耗。这种可持续的建筑模式不仅有利于环境保护和资源节约,也推动了建筑行业朝着更环保、更高效的可持续发展方向迈进。

(3)维护大坝和桥梁:维护大坝和桥梁是土木工程领域的一项关键任务,因为这些结构的安全性和可靠性对社会和环境至关重要。然而,这些工程通常需要经常性的定期检查和维护,这不仅涉及高昂的成本,还可能引发工程停工和交通中断。通过应用骨仿生材料,我们可以显著减少这些结构的维护工作,实现自我修复的潜力。这意味着当大坝或桥梁受到微小损害或裂缝时,骨仿生材料可以自动检测并启动修复过程,填补裂缝,无需频繁的人工干预。这不仅大幅减少了维护成本,还提高了这些关键结构的可靠性和耐用性。通过减少维护需求,骨仿生材料有望延长大坝和桥梁的寿命,同时降低了维护过程中对资源的依赖,对环境的影响也更加可控。

总的来说,通过应用骨仿生原理,我们可以创造更安全、更持久和更可持续的建筑结构,减少维护成本,降低对资源的依赖,推动土木工程领域向更高水平发展。这些创新将有助于提高人们的生活质量,促进可持续建筑的发展。

**【思考题】**

1.讨论股骨自我修复特性在医疗工程领域的应用潜力,探索如何利用股骨自我修复原理开发新型骨折愈合促进剂或骨修复材料,以提高骨折愈合速度和质量。

2. 比较完整的羟基磷灰石与缺钙羟基磷灰石的结构和特性。

3. 探讨骨仿生自修复水泥基材料的修复机理。详细描述在基体出现裂缝时，水凝胶释放磷酸盐并生成羟基磷灰石的过程，以及裂缝中产物的变化修复规律。

## 【参考文献】

[1] 骆巍，马信龙. 股骨头生物力学，解剖形态与血供[J]. 中国中西医结合外科杂志，2007，13(1)：96-98.

[2] 吕林蔚. 股骨近端结构形态对其强度影响的生物力学数值仿真研究[D]. 长春：吉林大学，2014.

[3] 王兆宜，尹大刚，祝文静，等. 骨的多级结构及其仿生研究[J]. 价值工程，2018，37(26)：161-162.

[4] 尼加提，玉素甫，张瑞，等. 骨缺损自修复过程中骨质体积变化规律分析[J]. 生物医学工程学杂志，2012，29(4)：682-686.

[5] 李筱媛. 羟基磷灰石在骨修复过程中降解-扩散-重构行为的可视化观察[D]. 济南：山东大学，2020.

[6] Hutchens S A, Benson R S, Evans B R, et al. Biomimetic synthesis of calcium-deficient hydroxyapatite in a natural hydrogel[J]. Biomaterials, 2006, 27(26): 4661-4670.

[7] Xia X, Chen J, Shen J, et al. Synthesis of hollow structural hydroxyapatite with different morphologies using calcium carbonate as hard template[J]. Advanced Powder Technology, 2018, 29(7): 1562-1570.

[8] Rey C, Collins B, Goehl T, et al. The carbonate environment in bone mineral: a resolution-enhanced Fourier transform infrared spectroscopy study[J]. Calcified tissue international, 1989, 45(3): 157-164.

[9] Shen Z, Adolfsson E, Nygren M, et al. Dense hydroxyapatite-zirconia ceramic composites with high strength for biological applications[J]. Advanced Materials, 2001, 13(3): 214-216.

[10] Mishra V K, Bhattacharjee B N, Parkash O, et al. Mg-doped hydroxyapatite nanoplates for biomedical applications: a surfactant assisted microwave synthesis and spectroscopic investigations[J]. Journal of alloys and compounds, 2014, 614: 283-288.

[11] Yan H, Zhang K, Blanford C F, et al. In vitro hydroxycarbonate apatite mineralization of CaO-SiO2 sol-gel glasses with a three-dimensionally ordered macroporous structure[J]. Chemistry of Materials, 2001, 13(4): 1374-1382.

[12] Sangadji S, Schlangen E. Mimicking bone healing process to self repair concrete structure novel approach using porous network concrete[J]. Procedia Engineering, 2013, 54: 315-326.

[13] 王卓琳，赵宇翔. 可弯曲的混凝土——高延性水泥基复合材料[J]. 科技视界，2022(1)：4.

[14]王军洁,王凯星,秦亚洲,等.水泥基复合材料修复和加固既有混凝土构件界面粘结性能研究进展[J].中国水运(下半月),2020,20(6):256-258.

[15]Brühwiler E,Denarié E.Rehabilitation and strengthening of concrete structures using ultra-high performance fibre reinforced concrete[J].Structural Engineering International,2013,23(4):450-457.

[16]Sangadji S,Schlangen E.Mimicking bone healing process to self repair concrete structure novel approach using porous network concrete[J].Procedia Engineering,2013,54:315-326.

[17]Özbay E,Šahmaran M,Lachemi M,et al.Self-Healing of Microcracks in High-Volume Fly-Ash-Incorporated Engineered Cementitious Composites[J].ACI Materials Journal,2013,110(1):33-44.

[18]Li W,Dong B,Yang Z,et al.Recent advances in intrinsic self-healing cementitious materials[J].Advanced Materials,2018,30(17):1705679.

[19]Zhou D,Wang R,Tyrer M,et al.Sustainable infrastructure development through use of calcined excavated waste clay as a supplementary cementitious material[J].Journal of Cleaner Production,2017,168:1180-1192.

[20]Pang B,Zhou Z,Hou P,et al.Autogenous and engineered healing mechanisms of carbonated steel slag aggregate in concrete[J].Construction and Building Materials,2016,107:191-202.

[21]Ahn T-H,Kishi T.Crack self-healing behavior of cementitious composites incorporating various mineral admixtures[J].Journal of Advanced Concrete Technology,2010,8(2):171-186.

[22]Sahmaran M,Yildirim G,Erdem T K.Self-healing capability of cementitious composites incorporating different supplementary cementitious materials[J].Cement and Concrete Composites,2013,35(1):89-101.

[23]Yıldırım G,Keskin Ö K,Keskin S B,et al.A review of intrinsic self-healing capability of engineered cementitious composites:Recovery of transport and mechanical properties[J].Construction and Building Materials,2015,101:10-21.

[24]Wang X,Yang Z,Fang C,et al.Evaluation of the mechanical performance recovery of self-healing cementitious materials-its methods and future development:a review[J].Construction and Building Materials,2019,212:400-421.

[25]刘志林.骨仿生自修复水泥基材料设计、制备与研究[D].武汉:武汉理工大学,2019.

**他山之石**

论文：A review of bio-inspired geotechnics-perspectives from geomaterials, geo-components, and drilling & excavation strategies

本文主要从岩土材料、岩土构件、钻挖设备三个方面阐述了生物启发在岩土工程中的应用，并列举了典型的应用案例。最后，本文对生物启发岩土工程进行了总结和展望，为今后的研究提供了基本启示。

# 第3章 仿生结构构件

## 3.1 龙虾仿生层压板

### 3.1.1 概述

虾是一大类甲壳节肢动物的总称,种类很多,包括南极红虾、青虾、河虾、龙虾等。虾具有很高的食疗价值,并可用于中药。虾有近2000个品种,各种类形态差异较大,但也有许多共性:体长而扁,外骨骼有石灰质,分头胸和腹两部分。头胸由甲壳覆盖,腹部由7节体节组成。虾的外骨骼强度高、抗冲击性能好,具有优良的力学性能。土木工程师从虾壳中汲取灵感,设计出了一类具有独特结构的建筑材料。

### 3.1.2 虾的外骨骼特性及原理

#### 3.1.2.1 龙虾

龙虾是甲壳纲,十足目,爬行亚目大型虾类的总称。狭义上的龙虾是指海螯虾科的美洲龙螯虾和欧洲龙螯虾。龙虾最显著的形态特征是有一对大螯足,是虾类中最大的种类。在美国沿岸经常可以捕获超过10kg的个体。1934年捕获到一只全长61.3cm,体重19.3kg的美洲龙螯虾个体。甲壳类物种是伴随脱皮而成长的,随着年龄的增长,脱皮时间间隔显著延长,因此上述个体推测年龄在100岁以上。图3.1.1为龙虾的形态特征图。

彩图效果

图3.1.1　龙虾的形态特征

龙虾味道鲜美,食用价值很高,欧美等生产国对其生物学及水产学的研究已长达一个多世纪。近年来,对龙螯虾的研究已进入微观纳米尺度。

龙虾的外骨骼被称为螺旋结构(helicoidal structure)或者布利冈结构(bouligand structure),最早由Bouligand[1]在1972年提出。龙虾外骨骼结构如图3.1.2所示[2]。图3.1.2(a)是龙虾外骨骼蛋白原纤维的微观结构,其直径只有2~5nm,长度在300nm左右。这些原纤维簇结成直径更大的纤维结构,直径大概为50~250nm,如图3.1.2(b)所示。这些纤维结构排列成层,形成纤维平面,各纤维层堆叠形成立体空间结构。且堆叠过程中,下一层与上一层之间绕一中轴旋转一定角度,形成螺旋结构,如图3.1.2(c)所示。这样的立体结构作为基础,形成了龙虾的外骨骼。

螺旋结构是一种理想的承力结构,其旋转层叠的结构形式能有效地避免各层材料的微观缺陷集中,形成贯穿性缺陷。因此该结构能最大限度地发挥材料本身的抗力,避免出现整体性破坏。

Moini等[3]从宏观尺度研究了这种螺旋层状结构的力学性能。他浇筑了具有不同内部纹理结构的混凝土试件,并测试了各试件的承载能力,发现与简单层叠结构相比,螺旋层状堆叠的混凝土试件力学性能有所提高。

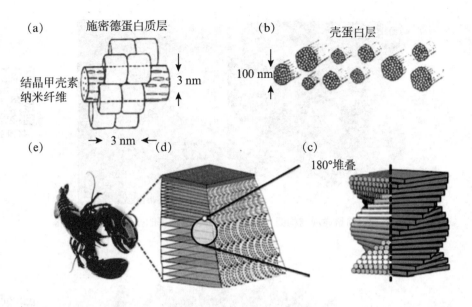

图3.1.2 龙虾外骨骼微观结构图:(a)纳米纤维聚集;(b)直径为50~250nm的壳蛋白层;(c)甲壳素平面堆叠并绕法向旋转形成的bouligand结构;(d)外骨骼材料;(e)美洲龙虾[2]

### 3.1.2.2 螳螂虾

螳螂虾全称雀尾螳螂虾(Odontodactylus scyllarus),是软甲纲、齿指虾蛄科的节肢动物。体长最大可达18cm,外表颜色非常鲜艳,由红、蓝、绿等多种颜色构成。外表颜色类似孔雀,肉食性,胸前大螯钩有很大的弹出力量,能在瞬间挥出前螯击晕猎物,或是砸开甲壳类动物的外壳。

螳螂虾可以在五十分之一秒内将捕肢的前端弹出去,最高时速超过80km/h,加速度超过手枪子弹,可产生高达60kg的冲击力,由摩擦产生的高温甚至能让周围的水冒出电火花,可见其冲击力之巨大,但螳螂虾的前螯却安然无恙,这得益于其独特的结构。

如图3.1.3所示[4],螳螂虾前螯由矿物纤维经多层复合而成。高倍电子显微镜下可以观察到,前螯从外到内可分为冲击表层(impact surface)、冲击区(impact region)、周期循环区(periodic region),如图3.1.3(b)所示。其中冲击区的结构可近似看作双向正弦波结构(即平面内的两个方向均为正弦波结构),其三维模型如图3.1.4所示[5]。周期循环区和龙虾外骨骼结构类似,是由纤维组成的层状螺旋结构。各个区域构造独特,协同发挥作用,使得螳螂虾前螯成为一种轻质高强的结构。

彩图效果

图 3.1.3　螳螂虾前螯微观结构图:(a)螳螂虾;(b)高倍率的微分干涉对比图像[4]

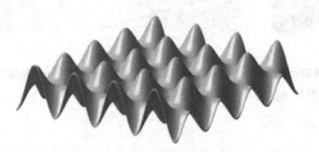

彩图效果

图 3.1.4　冲击区的双向正弦波结构[5]

螳螂虾外骨骼启发的超强韧性材料

### 3.1.3　虾的外骨骼仿生应用

#### 3.1.3.1　螺旋复合层压板

虾外骨骼独特的螺旋复合结构是一种强质比高的优良结构形式。而在土木工程建设过程中,轻质高强的材料一直是土木工程师所追求的。虾的外骨骼为工程师提供了灵感,研发了一系列轻质高强的层压板结构。玄武岩纤维复合层压板,就是其中之一,其结构如图 3.1.5 所示[4]。

玄武岩纤维是以天然玄武岩拉制的连续纤维,由二氧化硅、氧化铝、氧化钙、氧化镁、氧化铁和二氧化钛等氧化物组成。玄武岩纤维不仅强度高,而且还具有电绝缘、耐腐蚀、耐高温等多种优异性能。玄武岩纤维复合层压板即是利用玄武岩纤维代替虾壳中的蛋白原纤维,制成的人工合成材料。玄武岩纤维复合层压板由多层正弦波形的单板压制而成,且在压制过程中,上一层板与相邻的下一层板之间按12°的角度错开堆叠,以形成螺旋结构。单块层压板形成单向的正弦波,波峰到波谷的距离为3mm,一个周期的距离为8mm,单板厚度为3.2mm。

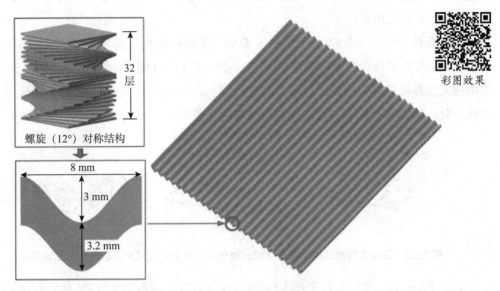

彩图效果

图3.1.5 玄武岩纤维复合层压板[4]

Han等[4]详细介绍了这种层压板的制作原料及工艺,制作了由32层板压制而成的螺旋复合层压板,并对成品进行了抗冲击测试。试验中采用了Instron CEAST 9350冲击试验仪,冲击锤的重量为5.41kg,冲击高度为377.21mm,冲击速度为2.72m/s,冲击能量为20.01J。试验时将冲击锤提至相应的高度,以获得对应的冲击能量,重复5次试验以减少偶然误差,获得相对准确的抗冲击试验结果。

试验中,普通玄武岩纤维层压板的冲击区域出现破坏,并产生裂痕,从中心的冲击区一直延伸到板的边缘。试验结束后,检查发现纤维并未发生断裂,材料破坏的原因是纤维间出现分离,而非材料本身达到极限状态而被破坏——这意味着普通层压板结构并不能充分利用原材料的承载力。而玄武岩纤维螺旋层压板的冲击中心区域虽然也出现破坏,但并没有产生贯穿性的裂痕,因此结构本身没有发生整体性的破坏,仍具有一定的承载能力。试验结束后,发现中心区域的破坏是由纤维断裂造成的,这说明该结构能最大限度地发挥材料的强度。

螺旋复合层压板结构具有广阔的应用前景,特别是在土木工程领域。大量学者对这一结构的力学性能开展了相关研究,讨论了螺旋角度、层压板层数、原材料、层压板波形等设计要素对结构受力的影响,以图对该结构做出进一步优化,并确定最佳参数和参数组合。

### 3.1.3.2 双向正弦波夹层板

螳螂虾前螯有一特殊区域，被称为冲击区。当螳螂虾快速弹出其前螯并击打目标时，将产生巨大的冲击能量，而冲击区的独特结构将有助于抵抗反力，耗散冲击能量。工程设计中，质量轻、能量吸收性强的材料也是目前的研究热点。一种双向正弦波夹层板在螳螂虾前螯的启示下被研发出来。

夹层板是工程建设中常用的材料，一般由三层板材复合而成，上下是外板，内部夹一层板芯。夹层板在提供较高强度的同时，还能起到节约材料的作用，绿色环保，具有多种优点。常用的夹层板板芯多为三角形状或单向波状，与实心板相比，其强度偏低，工程应用中的局限性较大。图3.1.6给出了三种夹层板的结构示意图[5]。

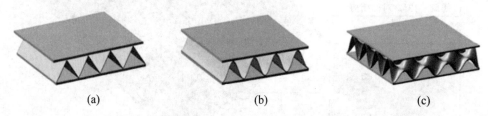

(a)       (b)       (c)

图3.1.6　三种夹层板结构示意图：(a)三角形；(b)单向正弦波形；(c)双向正弦波形)[5]

Xian Feng Yang等[5]对比了图3.1.6中三种夹层板结构的力学性能，他们制作了三种夹层板的模型，这三种模型有相同的长(48mm)、宽(48mm)、波幅(5mm)、波长(12mm)和板材厚(0.2mm)，并以此来控制试验中的变量。模型的材料选择了1060铝这种轻质高强的优质材料。

通过数值计算与室内实验相结合的方法，研究了双向正弦波夹层板的力学性能和能量吸收能力。研究同时发现，该结构能显著降低板内的峰值应力——这意味着板内的应力分布更为合理，能更充分发挥其承载力。

进一步的研究发现，双向正弦波形夹层板的能量吸收能力与波的数量、波幅和板材厚度等要素有关，该发现有助于优化该夹层板结构，形成成熟的制作工艺。

目前，虾外骨骼在土木工程领域中的应用主要集中在复合板材领域。虾的外骨骼具有独特的微观结构，仿生这些微观结构而加工制作的复合板、夹层板等结构具有优良的力学性能。新型复合板材还在科研阶段，与此相关的产业化制造、应用示范仍在起步阶段。如何改进生产工艺，建立生产线，实现这些新型板材的规模化生产和降低使用成本等仍是未来亟待解决的问题。

【思考题】

1.探讨螺旋结构相较于其他结构形式的优势，以及它为什么被认为是一种理想的承力结构。

2.探讨螺旋复合层压板相较于传统层压板在轻质高强材料方面的优势,以及在土木工程建设中的其他应用范围。

**【参考文献】**

[1] Bouligand Y. Twisted Fibrous Arrangements in Biological-materials And Cholesteric Mesophases[J].Tissue Cell,1972,4(2):189-217.

[2]Pham L,Lu G X,Tran P.Influences of Printing Pattern on Mechanical Performance of Three-Dimensional-Printed Fiber-Reinforced Concrete[J].3D Print Addit Manuf,2022,9(1):46-63.

[3] Moini M, Olek J, Youngblood J P, et al. Additive Manufacturing and Performance of Architectured Cement-Based Materials[J].Adv Mater,2018,30(43):1802123.

[4]Han Q G,Shi S Q,Liu Z H,et al.Study on impact resistance behaviors of a novel composite laminate with basalt fiber for helical-sinusoidal bionic structure of dactyl club of mantis shrimp[J].Compos Pt B-Eng,2020,191:107976.

[5]Yang X F,Ma J X,Shi Y L,et al.Crashworthiness investigation of the bio-inspired bi-directionally corrugated core sandwich panel under quasi-static crushing load[J].Mater Des,2017,135:275-290.

## 3.2 蜻蜓翅膀仿生构件

### 3.2.1 概述

蜻蜓作为一种古老的昆虫,诞生于3亿多年前。经过亿万年的自然优化,蜻蜓目也经历了体形由大至小等变化。蜻蜓的飞行能力出众,因此人们将蜻蜓翅膀作为研究对象。研究发现,蜻蜓翅膀的表面形态、结构和材料等多个因素耦合作用的结果与力学的特性息息相关[1],其各种功能特性逐渐得到了各国学者的广泛关注,并开展了大量的研究工作。本章主要介绍蜻蜓的翅膀结构,其结构在仿生学中的应用,以及未来展望。

蜻蜓是蜻蜓目下体型大、飞行力强的昆虫。成年蜻蜓的特征多为一对大而多面的复眼,两对强壮透明的翅膀,有时带有彩色斑点,身体细长。蜻蜓在飞行和休息时四翅展开,平放于两侧。捕食阶段中因其快速、敏捷的飞行能力,能够进行高度精确的空中伏击。

对于蜻蜓翅膀的研究主要集中于力学原理及仿生学方面。在力学研究方面,蜻蜓在空中的拍翅飞行和转弯飞行时翅膀会受到水平力、垂直力、扭矩、弯曲作用的影响,发现慢速飞行下的蜻蜓与飞行器飞行很相似。蜻蜓翅膀飞行力学的研究方法也在不断地改进。在建筑仿生学上，因蜻蜓翅膀网格形式多样，可以保证蜻蜓翅膀用最少的材料拥有结构所需的刚度。蜻蜓翅膀的悬臂结构大大提高翅膀的抗弯刚度，在空间结构设计中也可以模仿这种结构以实现结构良好的抗弯刚度。不仅如此，蜻蜓翅膀翼尖处的翅痣能有效消除蜻蜓飞行过程中的颤振，相关的研究可以有效消除地震和风振动带来的危害[2]。

### 3.2.2　蜻蜓翅膀的构造

蜻蜓拥有两对翅膀——前翅和后翅（见图3.2.1），主要由翅脉、翅膜、翅痣和关节组成。它的翅膀非常轻薄，仅占其体重的2%左右，最薄处的厚度可以小于$2\mu m$。

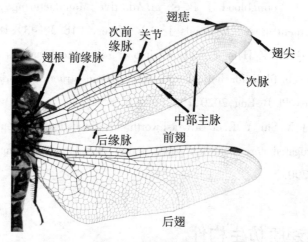

图3.2.1　蜻蜓的前后翅

#### 3.2.2.1　翅脉

翅脉是翅膀的主要支撑结构。翅脉分为纵脉和横脉，纵横交织，形成网格（见图3.2.2）。翅脉又以隆起处和凹陷处分为凸脉和凹脉。从翅根到翅尖，纵脉严格按照凹凸的顺序排列，没有两个相邻排列的凹脉或凸脉。蜻蜓翅膀的翅缘脉和后缘脉呈流线型，翼展方向为尖锐形，这种构形可以减少惯性矩，降低振翅时所需的能量，缓解翅尖内的应力。同时，翅尖在受到过大的惯性力和突发冲击荷载时能够更灵活地飞行和变形。

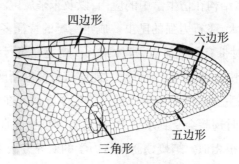

图3.2.2　翅脉网格图

　　将蜻蜓翅膀放大之后可以清楚看到特殊的网状翅脉结构。这些复杂的网格由翅脉在节点相互刚接形成,并且每个网格中都填充了翅膜。前缘脉和主脉为四边形网络,次脉和后缘脉多为五边形和六边形,科学家认为,这种结构让蜻蜓的翅膀具备了很强的韧性。

　　蜻蜓翅脉具有类似管状的中空结构,不同位置的横截面表现为不同的构形。这种中空结构有利于减轻飞行时的重量,还能缓解飞行中产生的交变应力。翅脉壁呈复合结构,翅脉具有类似三明治的夹层结构。这种三明治夹层结构能够在一定限度内承受更大的扭转变形,保证翅膀在振动过程中翅脉不出现裂纹,有效地抵御疲劳裂纹的产生。这种多层中空结构轻量化与抗疲劳特性,为工程领域中管类构件轻量化设计提供了重要的参考依据,同时为易疲劳失效部件的仿生止裂设计提供了重要的生物学基础。

### 3.2.2.2　翅膜

　　蜻蜓翅膜厚度不一,整体非常薄,一般只有 2.3μm。翅膜分为上层(背部层)、中间层和下层(腹部层)(见图3.2.3)。中间层又可以分为两层,在翅脉与翅膜的连接处,翅膜从中间层的裂缝分开,上层和下层分别紧密包裹翅脉,形成了翅脉的表层。翅膜紧紧包裹着翅脉,这种包裹方式能有效减少在振翅过程中产生裂纹,对蜻蜓翅膜的抗疲劳特性起到了一定作用[3]。在蜻蜓振翅飞行过程中,翅膜是主要的空气动力结构,对整个翅膀的稳定性起到了很大的作用。蜻蜓前翅表面覆盖了一层蜡质层,含三种交错的纤维[4]。蜡质层无法被水浸湿,极难沾上灰尘,使得蜻蜓翅膀拥有自净和防雨的功能[5]。

**图3.2.3　翅膜的三层结构和中间层分层[6]**

### 3.2.2.3　翅痣

　　翅痣位于翅尖一处加厚的角质区域,是一块加厚的色斑素,其内部中空有液体。它在蜻蜓振翼飞行时起到至关重要的作用,消除了飞行过程中的颤振。一般来说,在空气动力、弹性力以及惯性力的综合作用下,飞行的速度越快,颤振就越强烈,严重时可以折断机翼。Norberg[7]对蜻蜓翅膀研究时发现,一块翅痣的质量虽然只有翅膀总重的0.1%,却可以提高临界飞行速度的10%~25%。这主要是由于翅膀质量中心线在转轴的后面,使得翅膀在拍翼时受到颤振的影响比较大,而翅痣恰好出现在翅膀向后弯曲的地方,从而消除了颤振的影响。翅痣的质量越大,位置离翅根越远,翅膀的减振效果越好。

#### 3.2.2.4　翅节

翅节，也称关节。在蜻蜓翅膀前缘的中间位置，有一个特殊的节点将翅膀前后两个部分连接在一起。翅节有两种连接方式，一种固定不动，另一种可以活动。可活动翅节通过一个类似关节的小间隙把不同的翅脉链接在一起，形成柔性连接[8]。连接处存在一种能量缓冲寄存器——节肢弹蛋白，在受挤压后存储的能量可以迅速释放，对翅膀变形的恢复起到重要作用[9]。不仅提高了翅膀之间的柔性，也提高了翅膜的变形能力，在一定程度上起到了缓冲载荷、保护翅膀的作用，使蜻蜓的飞行更容易操控，提高了蜻蜓的飞行能力。此外，翅结还相当于一个减振器，减缓了高速拍翼时产生的颤振[10]。

### 3.2.3　蜻蜓翅膀特的征及其仿生应用

#### 3.2.3.1　蜻蜓翅膀的飞行特性

蜻蜓能够跨海迁徙，可以完成一系列复杂的飞行动作。时而忽停，时而移动，随时转向[11]。研究表明，蜻蜓的每一只翅膀都是由独立的肌肉控制，并且还可以旋转，这就意味着蜻蜓在飞行的时候能够单独控制前翅和后翅的倾角以及翅膀振动的幅度和频率，通过不同的相位差，就可以实现各种飞行需求。它们有四种不同的飞行方式：当蜻蜓的后翅领先前翅四分之一周期的时候，蜻蜓能够产生大量的升力，可以用于悬停和慢速飞行[12]；当后翅比前翅提前90°，会产生更多的推力，用于快速飞行，但升力较小[13]；当前翅和后翅同步拍打，就可以获得在某个方向上的最大推力，用于快速改变方向；而当所有的翅膀都停止振动时，蜻蜓则可以进入滑翔模式。滑翔模式通常适用于三种情况：在动力飞行之间有几秒钟的自由滑翔；在山顶的上升气流中滑行——用跟上升气流相同的速度下落，可以有效地悬停；与雄性交配时，雌性有时也会简单地滑行。科学家认为，滑翔模式就是蜻蜓能够进行超远距离飞行的秘密。

#### 3.2.3.2　蜻蜓翅膀的网格特征

蜻蜓飞行时采用的是振翅式运动，也就是说，蜻蜓翅膀对动力载荷和静力载荷有极强的承受力，能有效承受飞行中受到的各种载荷。蜻蜓翅膀的网格形态具有性能优越、稳定性强和易于承受载荷等优点。蜻蜓的翅室为不同形态的三角形、四边形、五边形和六边形，在不同的区域有不同形态的翅室。在蜻蜓翅膀表现的不同网格形式中，翅膀前缘和靠近翅根的部位基本是四边形网格，靠近翅尖和翅后缘部位基本都是五边形和六边形网格。蜻蜓翅膀的前缘和根部附近，四边形网格分布方向与翅展方向平行，分布较规则；在翅膀的中部、翅尖及后缘附近，四边形、五边形和六边形网格分布方向与翅展方向具有一定夹角，分布没有规律性。

蜻蜓翅膀的四边形网格各连接点几乎都是错开的，并且在不同区域节点之间的错位有所不同。这种连接方式既可以使各个四边形网格之间具有一定的柔性，还可以使四边形网格承载的载荷顺利地传递给周围的网格,从而确保在荷载过程中各主翅脉的完整。蜻蜓翅膀在飞行时,靠近翅基的一端与蜻蜓的身体相连,翅尖产生大幅度振动,网格之间相互拉伸。为了研究蜻蜓翅膀网格形态对其力学性能的影响,李秀娟[6]对蜻蜓翅膀不同形态的网格建立相应的仿生模型,并对这些仿生模型进行力学性能分析。通过数值模拟和试验研究揭晓网格形态和节点位置对模型变形能力和应力分布的影响。结果表明,六边形网格和节点错位大的四边形网格最容易变形。四边形网格节点的错位越大,其变形能力越强。该研究可为仿生悬臂空间网格设计提供重要的参考依据。

史晓君[14]研究了蜻蜓翅膀网格结构对刚度的影响,确定蜻蜓翅膀空间结构的合理性。分析主脉中四边形网格中,在相同荷载下,随着网格的起皱,有膜四边形网格结构的刚度大于无膜四边形网格结构,并且刚度的变化随着高度的增加而增大。由此得知,在蜻蜓翅膀的立体结构中,翅膜对结构刚度有一定的影响,它与翅脉协调作用,使翅膀结构的刚度得到了提高。随着起皱高度的增加,翅膜对结构刚度的变形协调作用也越强。交错四边形网格和四边形网格之间的网格连接方式对刚度的影响,研究发现,结构的变形随着起皱高度的增加逐渐减小,结构整体的刚度就越强。蜻蜓翅膀前缘起皱的结构对刚度的提高起着巨大作用。蜻蜓主脉处的前缘主脉及次缘脉多为四边形结构,起主承力结构,中部主脉多为交错四边形结构,四边形网格结构的刚度稍大于交错四边形网格结构,在这两种结构的共同作用下,对蜻蜓翅膀刚度强弱起到了绝对的主脉结构主要作用。

### 3.2.3.3　蜻蜓翅膀与薄壁空间结构

把蜻蜓翅膀多样的网格形式应用在传统的空间网格结构上,可以发现,当仿生结构体系使用不同形状的网格时,结构的承载力和结构刚度都不同,在同等条件下使用六边形网格是最好的。蜻蜓翅膀中的网格有四边形、五边形、六边形和多种组合使用,若在空间结构中采用这种新型结构体系时,按一定规律组合的网格,能起到优化结构的作用。在田嘉萌[15]提出的受蜻蜓翅膀启发设计新型薄壁空间结构体系实验中,以仿生柱面壳体结构为例,对网格进行了优化设计。计算模型采用的钢管截面尺寸不变,复合材料薄板的厚度减小为4mm。影响结构承载力和结构刚度的最大因素是复合材料板壳的张力。使用的六边形的网壳在均布荷载作用下,由于两侧的复合材料板壳受到张拉,而结构跨中的材料没有受到张拉,主要由钢管受力,也就是说继续采用六边形网格是不合理的。考虑到蜻蜓翅膀上的网格多组合形式特点,选取不同网格优化方案,计算后发现网格优化后的结构刚度和承载力都略有提高。在薄壳两端部同样设置了四边形网格,这种网格使得一侧的复合材料板壳在产生风荷载的情况下,在刚性梁工作的同时受到张拉。结果表明,优化后的网格能够有效地提高结构受力性能。为了能有效抵抗风荷载和温度荷载,在薄壳两端加设局部双层网壳,网格借鉴蜻蜓翅膀的网格分布。在材料上选择碳纤维复合材料(见图3.2.4)。

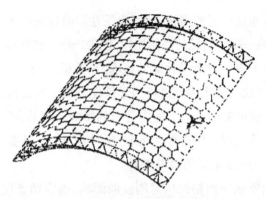

图3.2.4　借鉴蜻蜓翅膀的薄壳模型图[15]

这种新型薄壁空间网格结构体系在空间薄壳上能够得到很好的应用,与普通网壳相比,它结构质轻、造型美观、节约材料、有更高的承载能力、对边界支承条件要求不高。但是当空间结构的跨度越大,建筑高度越高,风荷载的影响也越大,那么采用该新型体系就需要采取更多的措施,来保证结构在风荷载作用下的安全性。目前该新型体系在实际工程中应用时,仅适用于中小跨度的结构。

#### 3.2.3.4　蜻蜓翅膀与拱形结构

蜻蜓翅膀次脉的网格结构复杂多样,主要由三边形、五边形和六边形组成,且起拱弧度最大。从蜻蜓翅膀结构中分出两类基本的悬臂网格结构来研究起拱结构对蜻蜓翅膀整体刚度的影响,分为六边形网格和组合(三边形、五边形和六边形)网格。通过静力学分析,研究不同起拱高度下网格刚度随载荷的变化规律,确定起拱在蜻蜓翅膀空间结构中的重要作用。对六边形网格建立有膜和无膜的有限模型,施加均布荷载,可以发现,在相同的均布荷载下,起拱网格的挠度低于平面网格的挠度值。无膜六边形网格和有膜六边形网格的挠度都随着矢跨比的增大而显著减小,说明起拱高度越大,网格结构的刚度就越强。矢跨比不变时,载荷越大,挠度值也越大,说明网格的变形随着载荷的增加而增大。在相同载荷及矢跨比下,有膜六边形的挠度值总是小于无膜六边形对应的量值,即相同条件下,有膜六边形网格的变形小于无膜六边形网格,刚度明显增强。均布载荷作用下,有膜的六边形网格在其他方向上的变形也与无膜的六边形网格有所差别。起拱六边形网格中膜的表面张力随外部载荷的增加而增大,在翅膜表面张力的作用下,结构抵抗变形的能力有显著提高,翅膜与翅脉的变形沿着更有利于提高结构整体协调性能的方向发生,网格模型的整体变形更加合理。在表面张力的作用下,作用在翅脉上的载荷沿着翅膜向各个方向分散,缓解了沿载荷方向上的变形,从而改善了结构整体的变形协调能力,提高了网格结构的刚度。

对组合网格增加网格密度,建立有膜和无膜的有限模型,施加均布荷载。结论表明,当组合网格的密度增加,承力结构能力增加,增强了抵抗变形的能力。说明在起拱条件下,外形尺寸相同的网格结构,密度越大,刚度也越强。相同条件下,无膜组合网格的整体变形总是大于有膜组合网格,并且随着载荷的增大,变形量的增值也越大。所以,外形尺寸相同的网格结构,模型起拱的高度相同时,密度越大,刚度就越大,抵抗变形的能力也越强。

### 3.2.3.5  蜻蜓翅膀与温室仿生结构

温室,也称为暖房,通过防寒、加温和透光等设施,用于保护和培养反季节植物的建筑物。在17世纪,温室通常采用普通的砖砌或木材,带有供暖。随着玻璃价格的降低和更先进的加热方式的出现,温室逐渐更替为带有屋顶和墙体结构,由玻璃、木质或金属骨架组成的建筑。19世纪,外来植物的供应量大增,导致英国和其他地方的温室需求大量增加。大型温室在农业、园艺和植物学方面非常重要。

现代温室通常是一种带玻璃或塑料封闭的框架结构,其基本的结构为跨度型,有一个双坡或A形屋顶。倾斜式温室只有一个屋顶坡度,靠在建筑物的一侧。为了减少加热成本,有时会将两个或多个跨度式温室并排在一起形成大型连栋温室。温室的侧面和屋顶都有大片的玻璃,植物可以暴露在自然光下。温室的加热系统一部分由太阳光加热,一部分由人工加热,如循环蒸汽、热水或热空气。为了调节温度,通常还需要通风系统。温室是主要的农业设施之一,它的发展对实现环境友好型农业有着重大影响。温室结构形式的优劣直接影响到温室的性能。

蜻蜓翅膀结构利用起拱、起皱和翅脉的合理分布,实现了膜、脉的协同工作,大大提高了结构的整体协调性能,整个结构有较高的刚度和稳定性,且非常轻盈。受蜻蜓翅膀结构的启发,史晓君[14]把蜻蜓翅膀的结构优越性应用到温室的结构设计上,建立了几种温室的仿生空间结构。将六边形网格构成起拱结构,在起拱的基础上,用四边形网格起皱,形成主框架。用不同的材料对模型进行模拟,结合温室结构的载荷组合情况,主框架采用钢结构框架或复合材料框架,壳体部分采用复合材料。通过分析对比,对称的仿生结构在受力性能上更为优越,在相同的受力情况下,最大挠度和应力值都有所下降。因此,大型连栋温室具有安全性能良好和高效益的特性和优势,存在优化结构和节省原材料的潜能。该研究所提出的基于仿生的温室结构设计方法,为农业的发展提供了新的研究思路和参考依据(见图3.2.5)。

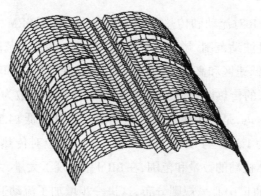

图3.2.5  温室仿生结构模型图[14]

### 3.2.3.6 蜻蜓翅膀对壁面粗糙度的影响

随着微加工技术的快速发展和对高传热的迫切需求,以液体为传热介质的微通道散热器(MCHS)已广泛应用于电子器件、激光加工设备和航空航天。MCHS中流体的流动和传热特性由内壁的粗糙度特性决定,通过任何处理方法获得的流体通道壁上都留有一定的粗糙度。然而,传统的MCHS已不能满足当前电子芯片和其他高热流、小空间传热场的散热要求。潜在的方法是中断热边界层冷热流体之间的混合和流动分离,以提高微观尺度的传热速率。为了增加散热面积和流体扰动,中断热束缚层,研究人员通常有意识地构造特定形状的壁面粗糙度,以增加流体扰动和涡流的数量和范围。因此,研究微通道壁粗糙度结构变化引起的流体流动和传热性能变化,对于设计和制造更高效的微通道换热器具有重要意义。Prasenjit[16]等人曾在微通道的底面设计了仿生鱼鳞结构,以增强传热。结果表明,仿生微通道表面的对流换热增强,努塞尔数增加了14%。因此,仿生学一直是人类取得新进展的重要途径。研究发现蜻蜓翅膀的前缘脉和次脉的四边形网格结构对流体流动具有更强的湍流效应,它可以分离风的表面流体,增强流体扰动,且极易产生旋涡。为了加强光滑矩形微通道(SRM)的流动和传热性能,在基于蜻蜓翅膀结构的壁面粗糙度(BWR)下,Wang[17]等设计了一种新型的仿生矩形微通道(BRM),如图3.2.6所示,研究其在湍流条件下的流动和传热,并对BWR的参数、布置、组合和雷诺数范围进行了优化。

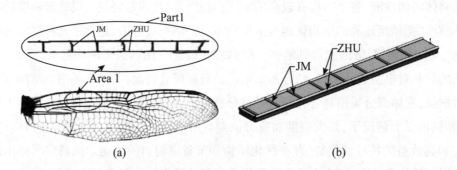

图3.2.6 仿生矩形微通道示意:(a)蜻蜓翅膀区域;(b)仿生壁粗糙度(BWR)模型[17]

研究结果证明,BWR对流动和传热性能的影响明显优于SRM。BWR结构能有效增加流体的温度和扩大速度波动范围,增强流体扰动和速度,并在大范围内产生大量规则的涡流,从而有效减小近壁低速区和高温区的范围和高度,降低流体和壁之间的传热阻力。当Re为5830时,BRM模型的传热性能是SRM的2.08倍,热增强系数为1.233。此外,最佳BRM的最大流体速度为19.6m/s,是SRM的3.1倍,最高温度比SRM低14.3K,与SRM相比,传热增强218%,热增强系数为1.34。与BWR效应相比,入口效应对传热的影响可以忽略不计,BWR的存在增加了流体扰动的数量和范围,在BRM中出现了大量、大范围的高速涡流,且它们在各组BWR后和微通道中心呈规则分布,这进一步增加了流动速度和扰动,减小了近壁低速区和高温区的范围,最终提高了流动和传热性能。

蜻蜓翅膀虽然只有薄薄一层,但其翅膀的形态、构形、结构、材料等与其的飞行功能、自清洁功能、抗疲劳性、消振降噪等功能特性有着密不可分的内在关系。目前,对于蜻蜓翅膀功能特性的研究已经取得了许多成果,有力助推了蜻蜓翅翼在不同层面的仿生应用。在飞行器仿生领域中,根据蜻蜓扑翼飞行机理及前后翅的扑动方式和相位关系,设计制造了仿蜻蜓微型扑翼飞行器[18]。该飞行器能够实现前、后翅同时拍动,并能实现拍动平面与水平面夹角的微调,且动态性能稳定,能够模拟蜻蜓飞行时翅翼的各种拍动情况等。在材料仿生领域中,仿生复合材料是一个新的研究热点。蜻蜓翅膀作为一种高性能的天然复合材料,通过优良的复合与构造,能形成具有很高强度、刚度以及韧性的生物自然复合材料。结构仿生是建筑仿生的重要分支,蜻蜓翅膀特殊的构形与结构,在建筑领域具有广泛的应用。目前,国内外对蜻蜓翅膀的研究表明,蜻蜓翅膀的褶皱截面能大幅度增强蜻蜓翅膀刚度,翅膜与翅脉共同工作,使蜻蜓翅膀更有效承受飞行过程中所受的各种作用。在其他领域上,蜻蜓翅膀具备的自洁特性可以用于飞行器翅翼,确保飞行器在复杂的天气条件下保持翼面的清洁,提高飞行器的运行安全和可靠性。同时,也为表面自清洁材料提供了重要的依据。蜻蜓翅膀作为可活动的结构,随着设计水平和施工技术的提高,可以设计出可开展的蜻蜓翅膀仿生结构,根据不同的情况调节自身形态来满足不同的需求,或使结构自身能根据不同的外荷载调整到最佳受力状态,使其达到功能仿生。

不可思议的蜻蜓仿生飞行器

【思考题】

1.详细阐述蜻蜓翅膀的不同网格形态(四边形、五边形、六边形)的分布特点及其对力学性能(如柔性、载荷传递、变形能力)的影响,并说明这种结构设计对现代工程(如仿生悬臂空间网格设计)的启示。

2.从理论与实践两个层面分析蜻蜓翅膀仿生结构设计在温室中的可行性,讨论其在不同农业环境和气候条件下的适用性。

3.结合实际案例,预测未来仿生温室结构设计的发展方向及其在全球农业中的应用前景。

**【参考文献】**

[1]Ren L,Liang Y.Biological couplings：Classification and characteristic rules[J].Science in China Series E：Technological Sciences,2009,52(10)：2791-2800.

[2]李燕,张玉坤.当代仿生建筑及其特质[J].城市建筑,2005(05)：68-71.

[3]Wang X-S,Li Y,Shi Y-F J C S,et al.Effects of sandwich microstructures on mechanical behaviors of dragonfly wing vein[J].2008,68(1)：186-192.

[4]Kreuz P,Arnold W,Kesel A B.Acoustic Microscopic Analysis of the Biological Structure of Insect Wing Membranes with Emphasis on their Waxy Surface[J].Annals of Biomedical Engineering,2001,29(12)：1054-1058.

[5]弯艳玲,丛茜,金敬福,等.蜻蜓翅膀微观结构及其润湿性[J].吉林大学学报(工学版),2009,39(3)：732-736.

[6]李秀娟.蜻蜓翅膀功能特性力学机制的仿生研究[D].长春：吉林大学,2013.

[7]Norberg R Å J J O C P.The pterostigma of insect wings an inertial regulator of wing pitch [J].2004,81：9-22.

[8]Newman D J S.The Functional Wing Morphology of Some Odonata[D].Exeter：University of Exeter,1982.

[9]Appel E,Gorb S N.Resilin-bearing wing vein joints in the dragonfly Epiophlebia superstes [J].Bioinspiration & Biomimetics,2011,6(4)：046006.

[10]Wootton R J,Kukalová-PECK J,Newman D J S,et al.Smart Engineering in the Mid-Carboniferous：How Well Could Palaeozoic Dragonflies Fly?[J].Science,1998,282(5389)：749-751.

[11]Levot G.A walk around the pond：Insects in and over the water[Book Review][D].Wales：Entomological Society of New South Wales,2006.

[12]Sun M.High-lift generation and power requirements of insect flight[J].Fluid Dynamics Research,2005,37(1)：21-39.

[13]Chen J-S,Chen J-Y,Yuan F-C.On the natural frequencies and mode shapes of dragonfly wings[J].Journal of Sound and Vibration,2008,313：643-654.

[14]史晓君.基于蜻蜓翅膀的温室结构仿生设计研究[D].长春：吉林大学,2012.

[15]田嘉萌.蜻蜓翅膀结构仿生及新型薄壁空间网格结构体系研究[D].杭州：浙江大学,2006.

[16]Dey P,Hedau G,Saha S K.Experimental and numerical investigations of fluid flow and heat transfer in a bioinspired surface enriched microchannel[J].International Journal of Thermal Sciences,2019,135：44-60.

[17]Wang Z,Li B,Luo Q-Q,et al.Effect of wall roughness by the bionic structure of dragonfly

wing on microfluid flow and heat transfer characteristics[J].International Journal of Heat and Mass Transfer,2021,173:121201.

[18]金晓怡,颜景平.仿生扑翼飞行器翅翼驱动方式的研究现状及展望[J].制造业自动化,2007 (1):5-9+37.

## 3.3 蛇皮仿生

### 3.3.1 概述

进入21世纪,关于蛇皮仿生方面的研究已经取得极大的进展。研究人员从蛇身结构和蛇的运动特性获得了很多启发,研发了许多蛇皮仿生的产品,蛇皮仿生的设想也已经应用在多个领域。而在土木工程领域,来自奥尔胡斯大学(Aarhus Universitet)的Hans Henning Stutz教授和加利福尼亚大学戴维斯分校(UC Davis)的Alejandro Martinez教授[1]合作在学术期刊 Acta Geotechnica 上发表了相关文章,介绍了如何从蛇的鳞片中获得灵感,并基于此提出建造一种形状类似于蛇的鳞片,且可以显著提高竖向承载力的桩基——蛇皮桩。本章从蛇的特性及运动机理出发,探讨蛇的腹鳞对蛇体运动的重要性,继而重点介绍腹鳞的独特结构和相关性质,并展示蛇皮仿生在相关领域的设想和应用。

### 3.3.2 蛇皮的特征及原理

#### 3.3.2.1 蛇的特性及运动机理

蛇是四肢退化的爬行动物的总称,属于爬行纲蛇目(见图3.3.1)。正如所有爬行类一样,蛇类全身布满鳞片,有保护体肤的作用。所有蛇类都是肉食性动物,部分有毒,但大多数无毒。蛇类是变温动物,体温低于人类,因此又被称为冷血动物。当环境温度低于15℃时,蛇会进入冬眠状态。目前全球总共有3000多种蛇类,大部分是陆生,也有半树栖、半水栖和水栖,分布在世界范围的各个区域。

彩图效果

图3.3.1 蛇

　　蛇类作为地球上种类最多的爬行动物,相比于其他动物,它不需要依靠四肢也能够实现快速的爬行,这一切都是由于它具有独特的运动器官和运动方式。众所周知,蛇类爬行动物通过身体与地面间的摩擦来实现蠕动,蛇类身上披着的那层鳞片可能会让很多人感觉不适,但这也是蛇类能够快速爬行的关键。

　　蛇鳞相比于鱼鳞来说,最外面的一层是由角质构成的角质鳞,往往韧性比较强,能够有效减少摩擦时产生的损伤,同时它的防水性更好且更坚硬。

　　蛇身上的鳞片主要分为两种,一种叫作背鳞,背鳞鳞片一般较小,主要分布在腹部的两侧及整个背面;另一种为腹鳞,腹鳞鳞片体形较大且呈长方形,主要位于腹部中央,是蛇赖以爬行的重要结构(见图3.3.2)。

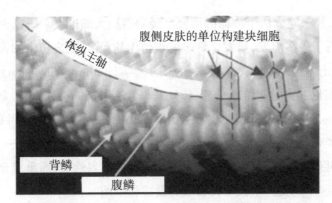

彩图效果

图3.3.2　蛇的腹部鳞片(ventral scales)和背部鳞片(dorsal scales)[2]

　　具体而言,蛇类运动时的驱动力主要来自于蛇体与地面间的相互作用,蛇类在运动的整个过程中,除了蛇的椎骨、肋骨和肌肉组织外,腹鳞的作用也不可或缺。蛇类虽然不像大多数动物一样拥有胸骨,但是它的肋骨却足够灵活,可以实现前后自由活动。蛇类在移动的过程中,首先通过肌肉收缩,使得肋骨向前移动,随后腹鳞在此基础上微翘,勾住地面或者抓紧需要攀爬的物体,待肌肉再次收缩时,实现身体向前移动。整个过程中,翘起来的腹部鳞片其实就充当了脚的作用,推动着身体前进。

　　蛇类主要有四种不同的运动类型,如图3.3.3所示。分别为蜿蜒运动(Serpentine)、伸缩运动(Concertina)、侧向运动(Sidewinding)、直线运动(Rectilinear)。

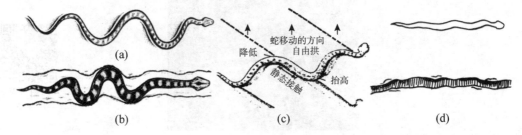

图3.3.3　蛇的四种不同运动类型:(a)蜿蜒运动;(b)伸缩运动;(c)侧向运动;(d)直线运动[3]

当然蛇类要实现快速爬行时,仅仅依靠腹鳞与肋骨的配合是远远不够的,特殊的椎骨结构和松弛的皮肤也是重要的因素。一方面,特殊的椎骨结构使得蛇类相比于其他动物更加灵活,实现了左右方向的自如弯曲;另一方面,蛇松弛的皮肤使得身体的活动有了更宽的空间,当鳞片与地面接触的时候,肌肉带动身体内部率先向前滑动,这样的动作显然有助于蛇的爬行。

蛇在运动的过程中,通过肌肉的收缩与舒张带动与之附着的鳞片对地面产生摩擦力(见图3.3.4)。在肌肉的牵引下,鳞片做有规则的收平与支起。当在支起时,鳞片的尖端就像附肢一样蹬住粗糙的地面,通过减小与地面的接触面积,减少与地面的摩擦力,实现了阻碍其向后运动的作用[4]。

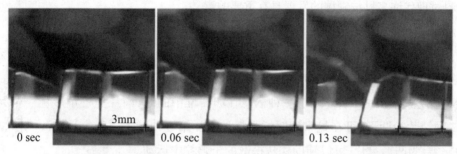

图3.3.4　蛇爬行过程中鳞片的张闭情况:鳞片张角增大,增大与地面接触面积[4]

#### 3.3.2.2　蛇腹鳞的性质

蛇的鳞片具有独特的结构和性质,使得蛇可以在地面上快速爬行。研究人员基于蛇皮的属性已经研制出仿生蛇皮,应用于蛇形机器人。这样就使得它们能更好地适应各种复杂的环境,便于完成抢险、搜寻、侦查等工作。因此,开展蛇鳞的仿生研究具有广泛的应用前景。在蛇的鳞片中最重要的同样最具研究价值的就是腹鳞。在长期的进化过程中,为了适

图3.3.5　蛇腹部鳞片放大图[5]

应在各自复杂的环境条件下运动,腹鳞的几何形貌和力学性质都得到优化(见图3.3.5)。因此,对腹鳞的结构和各项性质进行研究,具有很大的科学意义和实践意义。接下来,本章将对腹鳞的特殊结构和相关性质进行详细介绍。

1.腹鳞超微结构

腹鳞的超微结构具有很强的规律性。根据显微镜观察的结果(见图3.3.6),它是由三角形微凸起单元经过周期性排列而成。这种单元主要包括尖锐的三角形凸起以及其上的两行微孔,并且三角形凸起的两边分别平行于两行微孔的中心连线。三角形凸起的表面也呈现

出高中低的特点。当然腹鳞表面的其他地方也有微孔，但是数量相对较少[6]。

这种超微结构通过减小蛇与地面间的接触面积，减小了黏附力和降低了摩擦阻力，除此之外，还可增加鳞片的强度。同时生物学研究表明，蛇类的腹鳞除了对其运动起着重要作用外，还可以保护蛇体免于病菌侵扰，降低其受到损伤的概率以及防止水分散失。总之蛇腹鳞表面的这些生物特性给了人们许多生物的启示和灵感，通过采用物理化学的手段进行仿生构筑和研究，发展新型仿生功能表界面材料对现代许多科技领域的发展具有重要的意义。

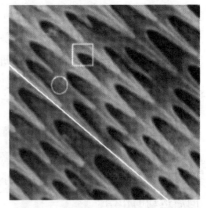

图3.3.6　蛇腹鳞表面的超微结构图[6]

2.腹鳞摩擦各向异性

通过蛇身鳞片的3D扫描图可以看出，蛇类表面并不平整，会出现如图3.3.7所示的凸起，这表明蛇身存在较大的粗糙度[7]。并且由于蛇的种类不同，蛇腹鳞片扫描轮廓会存在差异，第一种鳞片属于一种栖息在卵石堆中的蛇，鳞片呈三角形直线；第二种鳞片为凹形，可在蛇攀爬时增强抓地力。第三种鳞片属于生活在沙漠中的蛇类，为凸形鳞片，可以辅助蛇从松散的土颗粒中运动。

彩图效果

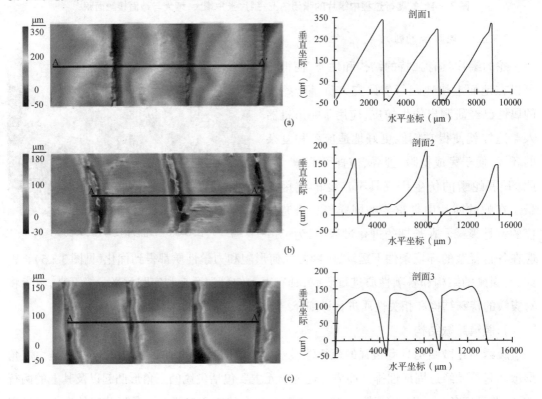

图3.3.7　蛇身鳞片的3D扫描图：(a)三角形鳞片；(b)凹形鳞片；(c)凸形鳞片[7]

试验数据表明(见表3-3-1),对于不同的运动方向,腹鳞表面的摩擦系数不同,其中,向后运动的摩擦系数约比向前运动的摩擦系数高33%,且略高于侧向运动,而侧向运动和左、右运动的摩擦系数基本相等[1]。这种腹鳞表面不同方向摩擦系数的差异,说明蛇身鳞片所产生的阻力存在各向异性。

表3-3-1 不同情形时腹鳞表面摩擦系数平均值[8]

| 运动方向 | 荷载/mN | | |
| --- | --- | --- | --- |
| | 60 | 80 | 100 |
| 前 | 0.056 | 0.054 | 0.048 |
| 后 | 0.078 | 0.073 | 0.064 |
| 左 | 0.072 | 0.064 | 0.061 |
| 右 | 0.071 | 0.065 | 0.056 |

测量蛇类静摩阻力的试验表明,通过将蛇摆放在不同的角度,可以得出如下结论:摩阻系数:$\mu_{\theta=90°} > \mu_{\theta=180°} > \mu_{\theta=0°}$(见图3.3.8),也说明蛇身鳞片所产生的阻力存在各向异性[9]。

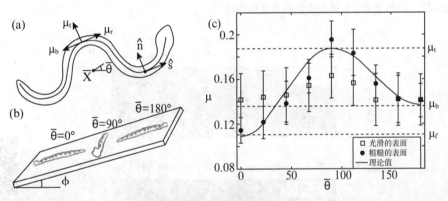

图3.3.8 蛇皮的摩擦各向异性:(a)理论模型;(b)测量蛇静摩擦系数的斜面试验装置;(c)静摩擦系数与相对运动方向角度之间的关系[9]

3.腹鳞剪切特性

国外学者对3D扫描的鳞片进行3D打印并进行界面直剪试验发现:不同尺寸、方向的鳞片导致的直剪试验结果存在显著差异[7]。具体体现为:

(1)相比于沿着鳞片的尾部方向进行剪切,沿着头部方向的剪切始终会产生更大的剪切阻力和扩张角。

(2)鳞片的形状会影响移动摩擦时产生各向异性的大小。其中直线和凹形鳞片剪切移动时产生摩擦各向异性的大小大于凸形鳞片剪切移动时产生的摩擦各向异性。

(3)鳞片的高度H和长度L会显著地影响剪切行为。H的增加会导致产生的剪切阻力和剪胀角的增加,相反L的增加会使它们都减少(见图3.3.9)。

(4)与尾部剪切相比,沿着头部方向剪切在土壤中会引起更大的位移、剪切和体积应变。

此外,粒子图像测试(即PIV)分析还表明,不同剪切方向上阻力差异可能是由于在头部剪切过程中,突起物前方形成的被动土楔体造成的(见图3.3.10)。

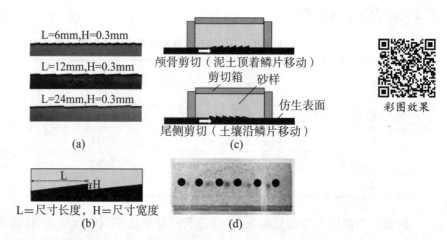

图3.3.9 蛇皮仿生接触面剪切试验:(a)三维打印的生物启发表面照片;(b)比例几何特征示意;(c)头向和尾向剪切示意;(d)用于PIV分析的染色砂土试样照片[7]

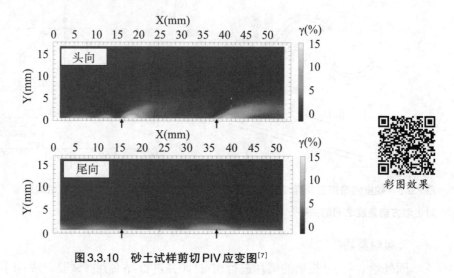

图3.3.10 砂土试样剪切PIV应变图[7]

研究人员还开展了蛇皮接触面在不同砂样中的循环剪切试验,分别在松散和密实的Hostun和Ottawa F-65砂中对六种不同纹理的蛇皮接触面进行了总共52次界面剪切试验[1]。图3.3.11显示了在密实的Hostun砂(相对密度为80%)中进行试验的剪应力-水平位移和竖向位移-水平位移结果,可以看出,在H03L13接触面在首先头部剪切方向上的剪切响应与在胶结砂表面上的测试结果相似,峰值剪应力、残余剪应力以及最大剪胀速率均接近;而在接下来的尾部剪切方向上,剪应力值介于无纹理和胶结砂表面剪切特性之间,体积变形显示出初始收缩的特性。同样的,尾向-头向剪切也显示出类似的趋势,在首先尾向剪切中产生的剪应力略大于无纹理接触面所产生的剪应力,而小于首先头向剪切和胶结砂接触面所产生的剪应力(见图3.3.11(a));而在接下来的头向剪切中,所产生的剪应力和胶结砂接触面所产生的剪应力大小类似。对于鳞片更长的接触面来说,这些剪应力曲线在一定程度上相似,并且沿头向剪切较尾向剪切来说会产生更大的剪切应力和剪胀(见图3.3.11(b)和(c))。随着鳞片长度的增加,接触面剪切特性也会出现一定差异,剪切应变软化会逐渐过渡到应变硬化。此外,在位移较大时,三个不同鳞片长度的接触面在首先头向剪切上所产生的剪应力会趋向在胶结砂表面上的剪应力,随着鳞片长度的增大,在首先尾向和第二尾向上产生的剪应力会逐渐趋向于无纹理接触面产生的剪应力。此外,虽然由于砂样的相对密度较高,但所有试样均出现了剪胀趋势,并且剪胀会随着鳞片长度的增加而减弱。并且对于密实的Ottawa砂和Hostun砂中剪切结果类似(见图3.3.12),无论剪切顺序如何,头向剪切相较于尾向剪切都能产生更大的剪应力和剪胀趋势。由于Ottawa砂颗粒形状更圆,因此剪切产生的剪应力和剪胀造成的竖向位移较小,但随着鳞片长度的增加,剪切响应逐渐和Hostun砂中的结果类似。

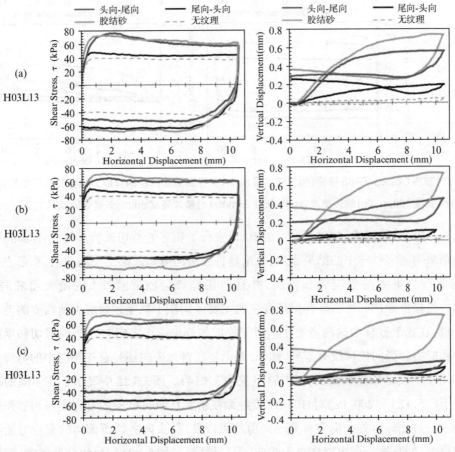

图3.3.11 密实Hostun砂样(相对密实度80%)中界面剪切试验的剪应力和竖向位移结果:(a)鳞片高度3mm,长度13mm;(b)鳞片高度3mm,长度25mm;(c)鳞片高度3mm,长度36mm[1]

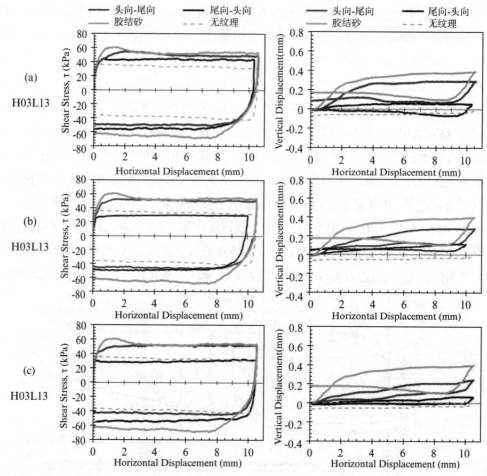

图 3.3.12　密实 Ottawa F-65 砂样(相对密实度80%)中界面剪切试验的剪应力和竖向位移结果:(a)鳞片高度3mm,长度13mm;(b)鳞片高度3mm,长度25mm;(c)鳞片高度3mm,长度36mm[1]

　　此外,还对松散试样(相对密实度为50%)进行了相应的剪切试验。其中,Hostun 砂的剪切试验结果与密实砂样中的结果类似,无论是首先头向剪切或第二头向剪切,头部方向上的剪切均能产生更大的剪应力和剪胀,并且剪切趋势会随着鳞片 L 的增大而减弱(见图3.3.13)。而松散砂样和密实砂样剪切存在的主要区别在于稳定残余应力所需要的剪切位移和剪胀量,在松散砂样中这两者更小。对于松散的 Ottawa F-65 砂中,头向剪切和尾向剪切试样的剪应力和竖向位移没有差异,此外,无论是在首先头向还是首先尾向中的剪应力和剪胀位移均小于胶结砂接触面的剪切特性(见图3.3.14)。图3.3.15中显示了在不同的法向应力水平下(75,125和200kPa)对 H03L13 接触面在密实 Hostun 砂中的首先尾向和首先头向剪切试验。通过比较首先头向和首先尾向剪切可以发现,头向剪切所调动的剪应力始终比尾向剪切更大,同时这一点也能在首先头向-第二尾向(见图3.3.15(a))和首先尾向-第二头向(见图3.3.15(b))中观察到。

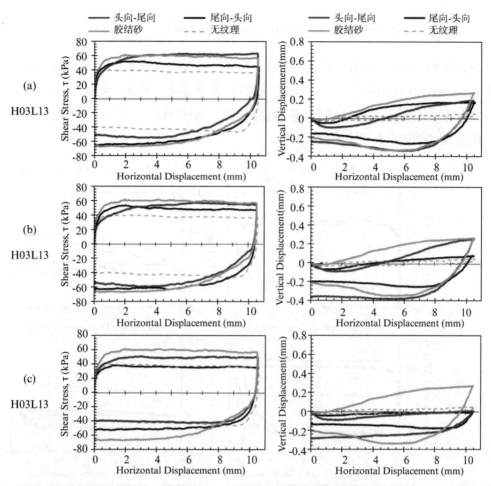

图 3.3.13  松散 Hostun 砂样（相对密实度 50%）中界面剪切试验的剪应力和竖向位移结果：（a）鳞片高度 3mm，长度 13mm；（b）鳞片高度 3mm，长度 25mm；（c）鳞片高度 3mm，长度 36mm[1]

传统的用于描述接触面粗糙特性的参数，包括平均粗糙度（Ra）和归一化粗糙度（Rn）等，对蛇皮启发接触面所调动的峰值和残余剪切强度以及最大剪胀角无明显的联系，所以研究人员尝试用鳞片长高比来反映接触面的剪切特性。图 3.3.16 展示了在 Hostun 砂中的直剪试验第一个半周期（即首先头向或首先尾向）的峰值和残余剪应力与鳞片长高比（L/H）之间的关系。可以看出，首先头向剪切所产生的剪应力和剪胀角较首先尾向剪切来说更大，并且接近胶结砂表面剪切特性。然而，部分数据也显示，随着鳞片长高比的增大，剪应力和剪胀角也会减小，这一点在密实砂和松散砂的峰值剪应力和剪胀角来说尤其明显，而密实砂的残余剪应力则没有明显影响。首先尾向剪切所产生的峰值剪应力和残余剪应力的大小与无纹理表面所产生的剪应力值接近，鳞片长高比变化导致的影响很小或可忽略不计。头向和尾向剪切之间的摩擦各向异性可以通过比较两个方向所调动的剪应力大小来确定，通过引入方向摩擦阻力（Directional Frictional Resistance，DFR）来计算，定义如下：

$$\text{Directional Frictional Resis} \tan \text{ce, DFR} = \frac{|\tau\text{cranial}|}{\tau\text{caudal}} - 1$$

其中,cranial和caudal两个剪应力分别是沿头向和尾向剪切的剪应力。当DFR值为正时,意味着头向剪切产生的剪应力更大;当DFR为零时,意味着两个方向产生的剪应力大小相等;当DFR为负时,意味着尾向剪切产生的剪应力更大。根据残余剪应力计算出的DFR值与砂土类型、剪切测试顺序和砂土密度有关系。

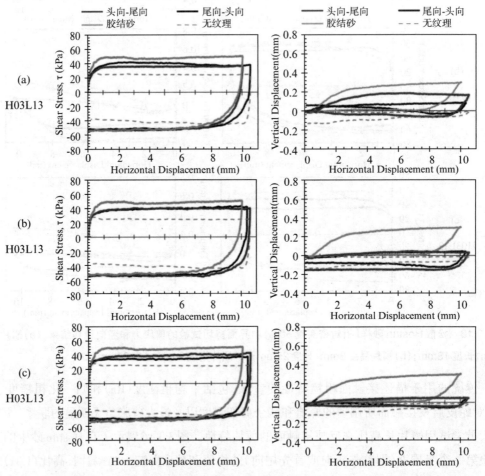

**图3.3.14** 松散Ottawa F-65砂样(相对密实度50%)中界面剪切试验的剪应力和竖向位移结果:(a)鳞片高度3mm,长度13mm;(b)鳞片高度3mm,长度25mm;(c)鳞片高度3mm,长度36mm[1]

图3.3.17展示了六种蛇皮启发接触面剪切试验计算出的平均残余DFR值。可以看出,首先尾向剪切往往能够产生更大的DFR值,尤其是在Ottawa F-65砂中;在松散的试样中进行的剪切测试,其DFR值往往较小,甚至为负值。例如,在松散的Ottawa F-65砂中进行的首先头向剪切测试,DFR值就为负值,这表明在第二尾向剪切时产生的剪应力更大。这些结

果表明,剪切测试顺序会影响头向和尾向剪切中剪应力的差异。首先头向剪切中,往往更有可能出现负的DFR值,例如在密实程度较小的砂土以及剪胀倾向不明显的砂土中。总的来说,蛇皮启发的接触面相较于胶结砂接触面和无纹理表面来说,其可以调动更明显的摩擦各向异性,特别是在首先头向-第二尾向的剪切试验中。

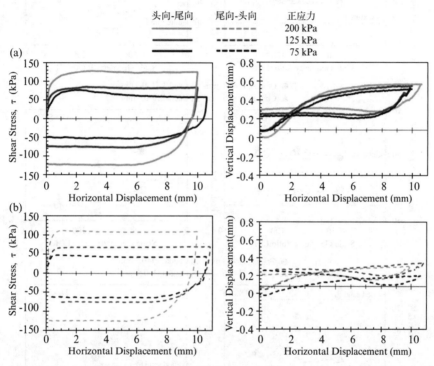

**图3.3.15** 不同法向应力下密实Hostun砂样中界面剪切试验的剪应力和竖向位移结果:(a)头向-尾向剪切测试;(b)尾向-头向剪切测试[1]

在剪胀方面,将界面剪切试验结果绘制呈应力比-剪胀速率空间,来揭示剪切强度与剪胀之间的耦合关系。图3.3.18显示了密实的Hostun砂和Ottawa F-65砂中的剪切测试结果和无纹理表面的测试结果,图中还包括了与数据拟合的斜率为1的泰勒流动法则。其中,Hostun砂的残余应力比为0.8,Ottawa F-65砂的残余应力比为0.62。可以看出,对于胶结砂表面剪切数据来说,完美地遵循了泰勒流动法则,而对于较光滑的无纹理表面测试结果来说,其低于泰勒流动法则,这与前人研究一致。密实的Hostun砂和Ottawa F-65砂中H03L13的剪切测试结果很好地描述了在首先头向剪切中的应力扩张响应,能够较好地被泰勒流动法则拟合。此外,头向剪切的结果与在胶结砂表面的测试结果类似。H05L21接触面的剪切测试结果如图3.3.18(e)和(f)所示,这些结果与H03L13接触面类似,并且同样证明了鳞片长高比是描述蛇皮启发接触面剪切特性的有效参数。

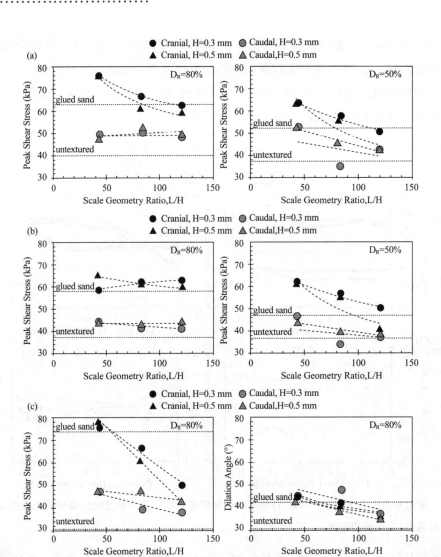

图3.3.16 在Hostun砂中进行的首先头向和首先尾向剪切试验产生的：(a)峰值剪切应力；(b)残余剪应力；(c)剪胀角[1]

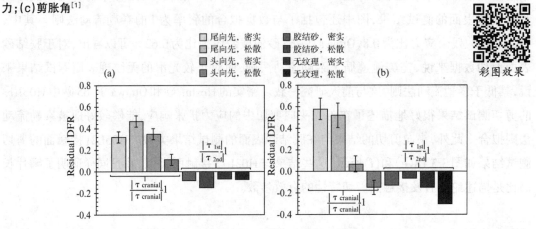

彩图效果

图3.3.17 蛇皮启发接触面的平均残余DFR值：(a)Hostun砂剪切结果；(b)Ottawa F-65砂剪切结果[1]

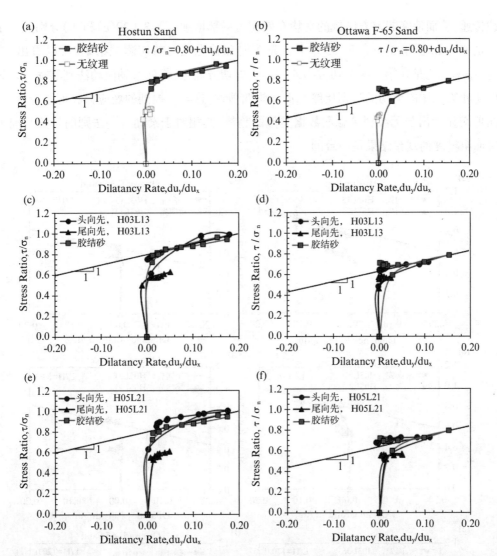

图3.3.18　剪切测试第一个方向上的应力–剪胀关系：(a)胶结砂无纹理在Hostun砂中的剪切结果；(b)胶结砂无纹理在Ottawa F–65砂中的剪切结果；(c)鳞片高度3mm，长度13mm表面在Hostun砂中的剪切结果；(d)鳞片高度3mm，长度13mm表面在Ottawa F–65砂中的剪切结果；(e)鳞片高度5mm，长度21mm表面在Hostun砂中的剪切结果；(f)鳞片高度5mm，长度21mm表面在Ottawa F–65砂中的剪切结果[1]

　　图3.3.19显示了密实的Hostun砂和Ottawa F-65砂中首先头向和首先尾向剪切的结果，如前所述，H03L13接触面首先头向剪切表现出与胶结砂接触面剪切类似的结果，应力-扩张响应受鳞片长高比的影响，这一点可以从头向剪切数据中观察到，尤其是在长径比为120的接触面测试中最为明显。这表明泰勒流动法则所描述的荷载传递机制在长径比变化时，会发生变化，这可能是由于PIV测试中突起前面产生局部土体变形区有关，可能会导致被动的

荷载传递,从而使突起前方区域的平均有效应力局部增加。图3.3.20(a)和(b)分别显示了在密实的Hostun砂和Ottawa F-65砂中首先头向和首先尾向剪切测试结果,可以看出,应力比−剪胀率无论是在第一次剪切方向或第二次剪切方向上,都向泰勒流动法则靠拢。首先尾向剪切和第二尾向剪切的数据始终都低于头向剪切,这与所提到的剪应力和剪胀特性一致。尾向剪切显示出与无纹理接触面数据类似的趋势,其相对于泰勒流动法则的位置与前人对低表面粗糙度的观察结果是一致的。

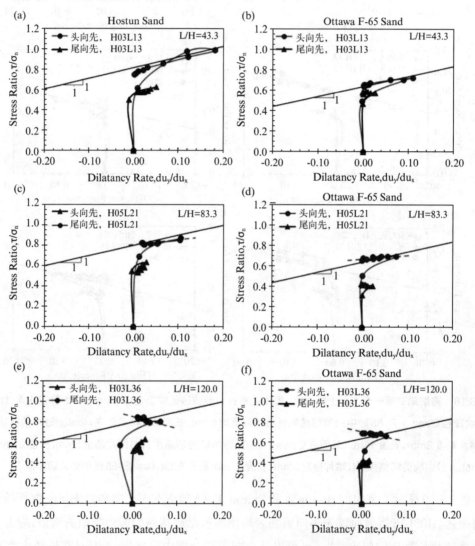

**图3.3.19** 蛇皮启发接触面首先方向上的应力−剪胀关系:其中鳞片长宽比(a)、(b)为43.3,(c)、(d)为83.3,(e)、(f)为120[1]

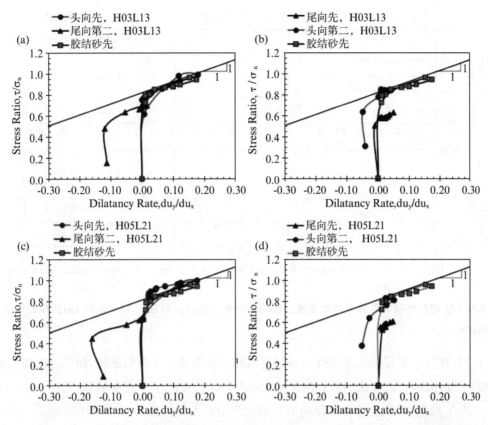

图3.3.20　在 Hostun 砂上进行首先和第二方向试验的应力-剪胀关系：(a)头向-尾向剪切，鳞片高度3mm，长度13mm；(b)尾向-头向剪切，鳞片高度3mm，长度13mm；(c)头向-尾向剪切，鳞片高度3mm，长度21mm；(d)尾向-头向剪切，鳞片高度5mm，长度21mm[1]

　　此外，研究人员还在恒定接触刚度和恒定接触荷载条件下开展了单向和循环剪切试验[10]。图3.3.21显示了在恒定接触荷载条件下在密实试样中（密实度为85%）对蛇皮启发接触面进行的界面剪切结果，包括剪应力-水平位移曲线和竖向位移-水平位移曲线，法向有效应力分别为53kPa、80kPa和156kPa。随着法向有效应力的增加，剪切峰值强度和残余强度会增加，头向-尾向剪切和尾向-头向剪切试样中，前半周期的剪胀体积变化均会减小。剪切测试所调动的剪应力大小也存在明显差异，头向剪切（无论是头向-尾向剪切的前半个周期或尾向-头向剪切的后半个周期）所产生的剪应力均比尾向剪切更大。根据线性破坏包络线的假定，头向和尾向剪切的残余界面摩擦角分别为32.6°和27.5°，在首先头向剪切中所产生的剪胀角也更大。

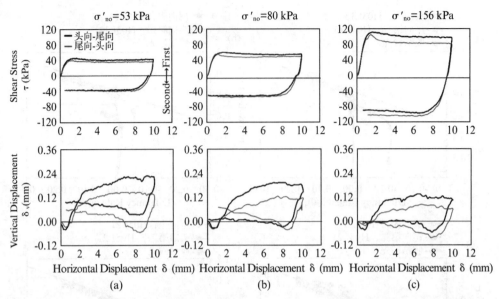

**图 3.3.21　恒定接触荷载条件下对蛇皮接触面的单向剪切试验:(a)围压53kPa;(b)围压80kPa;(c)固压156kPa[10]**

　　同时,还在恒定接触刚度条件下对蛇皮启发接触面进行了剪切试验,初始法向应力分别为80kPa和132kPa,边界法向接触刚度为150kPa/mm。在两个应力水平下,无论是第一个还是第二个半周期内,头向剪切比尾向剪切都能产生更大的剪应力,如图3.3.22所示。头向剪切首先会引起较大的法向应力变化,这与头向剪切第一个半周期中在恒定接触荷载下会产生更大的土体剪胀一致(见图3.3.21)。在头向剪切第二个半周期内(即尾向-头向剪切中),法向应力在最初下降后会呈上升趋势,而这种增加较尾向剪切第二个半周期内(即头向-尾向剪切中)幅度更小。头向剪切和尾向剪切之间调动剪应力的差异,无论是在第一个或第二个半周期中,在恒定接触刚度条件下相比于恒定接触荷载条件下都更大,这进一步凸显了土体剪胀对法向应力演变的影响。

　　图3.3.23显示了在恒定接触刚度条件下头向-尾向剪切和尾向-头向剪切的结果,并与光滑表面和粗糙表面的剪切结果做对比。可以看出,蛇皮启发接触面在首先头向剪切中所调动的应力比(黑色实线)与粗糙接触面类似,而在接下来的第二尾向剪切中所调动的应力比与光滑接触面类似。这种趋势于尾向-头向剪切(黑色虚线)来说是相似并且相反的:在首先尾向剪切的第一个半周期中,所调动的剪应力比相比于光滑接触面来说略高,而在接下来的第二个半周期的头向剪切中,所调动的剪应力比与粗糙接触面大小类似。不同于传统的接触面剪切强度与接触面的粗糙程度相关,蛇皮启发接触面所调动的剪切强度更取决于剪切方向,即头向剪切和尾向剪切。

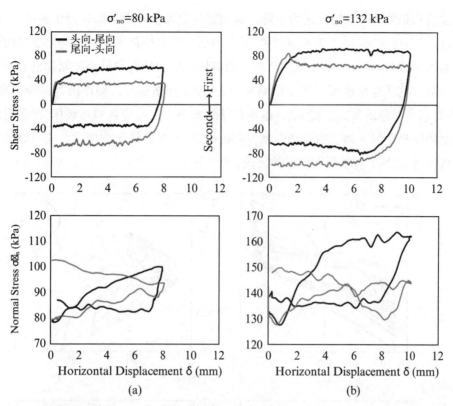

图 3.3.22　恒定接触刚度条件下对蛇皮接触面的单向剪切试验：(a)围压80kPa；(b)围压132kPa[10]

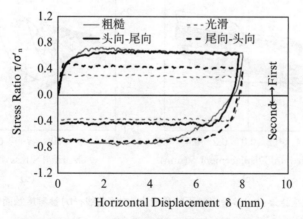

图 3.3.23　恒定接触刚度条件下蛇皮接触面和参考接触面的归一化剪切强度[10]

　　此外，还对蛇皮启发接触面进行了一系列的循环界面剪切试验。如图3.3.24(a)所示，粗糙接触面相较于光滑接触面能产生更大的剪切强度，并且参考接触面产生的剪切强度沿着线性破坏包络线逐渐衰减，这些趋势显示了在恒定法向接触刚度条件下的典型循环界面剪切行为。在这种情况下，粗糙接触面由于在剪切时会产生更大的变形，因此会引起更大的累积体积收缩和相关的有效法向应力下降。而对蛇皮启发接触面的循环剪切测试表明,无论是在头向–尾向剪切或尾向–头向剪切中,头向剪切所产生的最大剪应力均大于尾向剪切产生的。如图3.3.24(c)所示,每个周期所调动的剪切强度的最大和最小振幅都沿着不对称的包络线衰减。这些包络线可用库伦法则来拟合,用于评估蛇皮接触面的界面摩擦角(很明显,头向剪切所对应的摩擦角更大)。这些包络线并不一定对应着剪切破坏,而是对应在试验中使用的位移振幅下调动的剪切强度,尽管这些线性包络线无法描述低应力时的非线性表现,但它们仍提供了剪切强度差异的比较。[11]

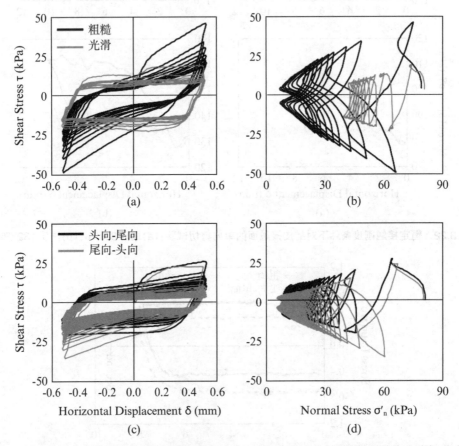

图3.3.24　循环剪切试验结果:(a)参考接触面的剪应力–位移曲线;(b)参考接触面的应力路径;(c)蛇皮仿生接触面的剪应力–位移曲线;(d)蛇皮仿生接触面的应力路径[10]

图3.3.25(a–d)显示了针对光滑接触面、粗糙接触面和蛇皮启发接触面进行剪切测试期间前两个周期的应力路径。粗糙接触面的应力路径会经历相变线,也就是说,剪切行为会从剪缩转化为剪胀,并且在两个剪切方向上都位于包络线的下方(见图3.3.25(a));与此相反,光滑接触面应力路径的相变线正好与包络线重合(见图3.3.25(b))。而蛇皮启发接触面的剪

切应力路径是非对称的,在头向剪切中,相变发生在达到包络线之前,与粗糙接触面类似,在图3.3.25(c)中为正值,在图3.3.25(d)中为负值;而在尾向剪切中,相变线几乎与包络线重合,与光滑接触面类似,在图3.3.25(c)中为负值,在图3.3.25(d)中为正值。

如图3.3.26所示,对蛇皮启发接触面进行的所有剪切测试无论哪种边界都显示出一致的剪切应力−位移响应,正如在密实试样中的剪应力和法向应力演变一样。剪应力和法向应力随着边界刚度的增加会以更高的速率衰减。在尾向−头向剪切最初的几个循环中,法向应力的衰减速率通常比较高;而初始剪切方向与第50个循环结束时的法向应力大小之间不存在明显的趋势。每个剪切试验的应力路径都表明,无论初始剪切方向如何,应力衰减都是沿着不对称的包络线发生的。在松散试样和在较大位移振幅下进行的剪切试验,同样有类似的剪切应力和法向应力的衰减趋势以及应力路径的退化趋势。

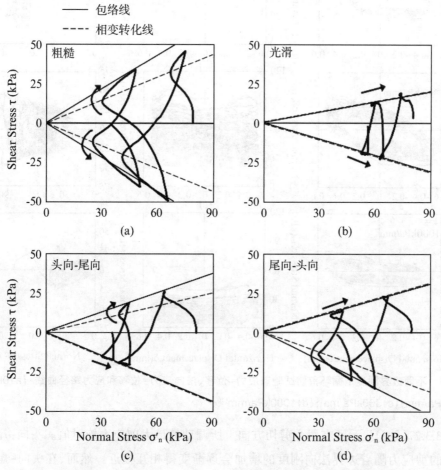

图3.3.25　循环剪切试验的破坏包络线和相变线比较:(a)粗糙接触面;(b)光滑接触面;(c)蛇皮仿生接触面头向−尾向;(d)蛇皮仿生接触面尾向−头向[10]

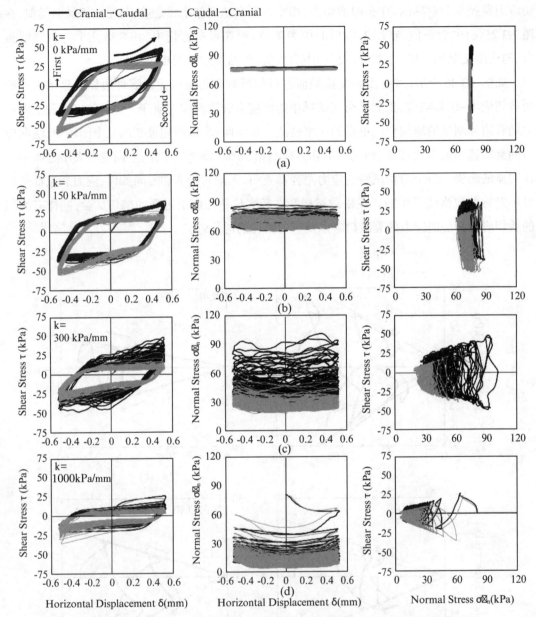

图3.3.26 不同边界刚度下循环剪切试验剪应力–位移、法向应力–位移和应力路径曲线:(a)0kPa/mm;(b)150kPa/mm;(c)300kPa/mm;(d)1000kPa/mm[10]

图3.3.27(a-c)显示了在每个剪切方向上所调动的最大剪应力绝对值。头向-尾向剪切试验中的剪应力随着边界法向刚度的增加会逐渐变得相互接近。然而,在头向-尾向剪切中,头向剪切总是能够产生更大的剪应力。这些剪切试验结果可用于评估界面摩擦角的差异(见图3.3.28)。图3.3.28的纵坐标为头向和尾向剪切的位移差值,当边界刚度增加时,两

个方向位移之间的差值会减小,在所有头向–尾向剪切中,头向剪切位移总是比尾向剪切显著更高。这些结果均表明,剪切测试顺序(即头向–尾向和尾向–头向)对量化接触面剪应力和内摩擦角有很大影响。

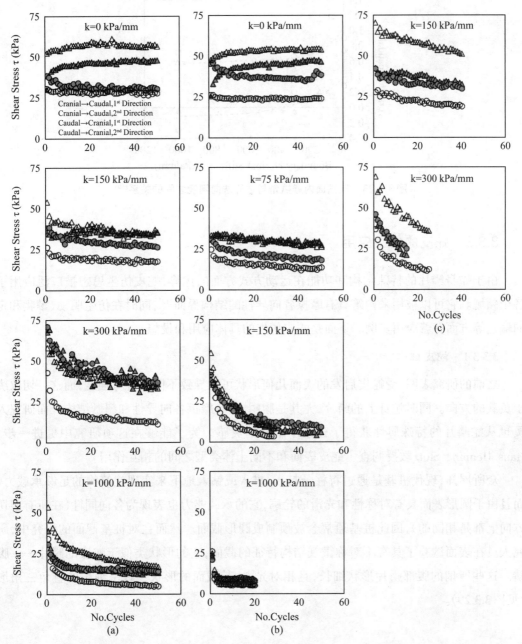

图 3.3.27  不同边界刚度条件下剪切试验所产生的最大剪应力绝对值:(a)相对密实度85%,边界1mm,围压80kPa;(b)相对密实度50%,边界1mm,围压80kPa;(c)相对密实度85%,边界2mm,围压80kPa[10]

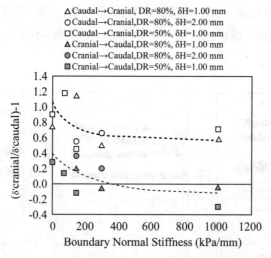

图 3.3.28　接触面内摩擦角与边界法向刚度之间的关系[10]

### 3.3.3　蛇皮的仿生应用

由于蛇身鳞片的特殊结构和功能在运动方式方面的优势,蛇皮仿生思想被广泛应用于各个领域。它可以被用来构筑具有摩擦各向异性的结构界面[10],同时在仿生驱动、攀爬和定向输送等方面有着应用实例。下面是蛇皮仿生的具体应用和设想。

#### 3.3.3.1　蛇皮桩

之前的研究表明,受蛇皮启发的表面几何形状可以导致不同的抗剪强度,而这一切取决于负载的方向。同时蛇身上的鳞片,尤其是腹鳞,具有摩擦各向异性和超微结构。而研究人员也从蛇鳞片的特殊属性获得了建造了地基的灵感。为了能够在这项研究中更进一步,Hans Henning Stutz 教授调查了蛇皮表面和不同土体类型之间的相互作用。

众所周知,现代桩基是通过将柱子打入、推入或钻入地下来实现建筑物的足够承载力。而且由于圆形表面具有对称性和光滑的轮廓,它的承载能力也表现为各向同性(在所有剪切方向上都是相同的),因此桩基通常会被预制成圆形截面。然而在对桩基截面的研究中,研究人员在表面试验了具有不对称微观结构特征的截面,它的形状类似于蛇底的鳞片——腹鳞。这些所谓的腹部鳞片形状细长,且相对光滑,其截面的形状大致呈细长的直角三角形(见图3.3.29)。

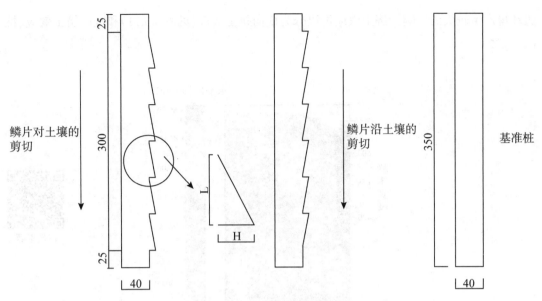

**图3.3.29 桩身截面图[13]**

通过对高度为0.5mm、长度为20~60mm的"鳞片"进行实验,他们发现这种形状的桩基在安装过程中会减少25%~50%的阻力,同时在所研究的介质中显著地提高承载能力。因此他们基于仿生思想以及蛇身鳞片的特性,总结了相关的研究成果,最终设想了一种基于蛇身鳞片的仿生桩——蛇皮桩(见图3.3.30)。Hans Henning Stutz教授坚信从蛇的鳞片中获得的灵感,在未来一定会对优化结构和耐用地基方面的研究产生巨大的帮助。

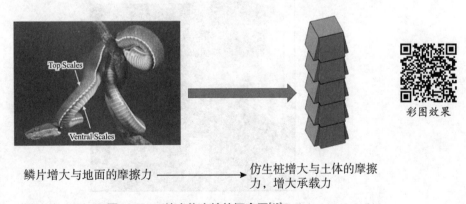

鳞片增大与地面的摩擦力 ⟶ 仿生桩增大与土体的摩擦力,增大承载力

**图3.3.30 蛇皮仿生桩的概念图[13]**

重庆大学研究团队在此基础上对蛇皮桩的结构和各项特性开展了一系列实验,进行数值模拟的深入研究。实验结果显示蛇皮桩显著提高了桩体的竖向承载力,有效解决了土体位移问题。接下来,本文将逐一介绍研究团队关于蛇皮桩的实验结果[11]。

1.挤土效应

桩体的挤土效应主要是指桩体在挤土过程中引起地面的隆起和土体的侧移,导致对周

边环境产生较大的影响。挤土效应可以分为横向挤土效应（见图 3.3.31）和竖向挤土效应（见图 3.3.32）

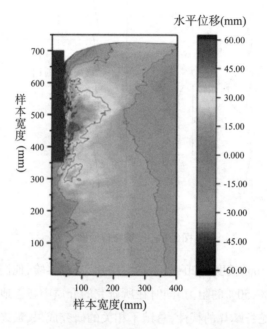

彩图效果

**图 3.3.31 土体横向位移图[13]（桩侧土体被横向挤出）**

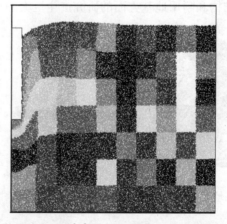

彩图效果

**图 3.3.32 土体网格变形图[13]（桩侧土体被向下拖拽，称为"拖拽效应"）**

通过实验发现，"蛇皮桩"的挤土效应随着桩身"鳞片"高度 H 增大、长度 L 减小而更加明显，且逆向贯入产生的挤土效应较顺向贯入更为显著。

2.沉桩摩阻力分析

桩身"鳞片"的改变对桩端阻力影响较小，而对桩侧摩阻力影响较大。往往 H 越大、L 越小，桩侧摩阻力越大；且逆向贯入阻力大于顺向贯入阻力。图 3.3.33 中左侧曲线为沉桩侧摩阻力,右侧曲线为沉桩端摩阻力。

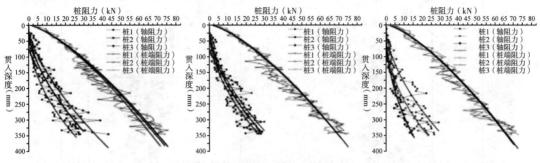

**图3.3.33 不同桩型的沉桩阻力**[13]

而桩侧阻力是由被动阻力(passive resistance)和界面摩阻力(interface friction component)构成。图3.3.34为被动阻力在侧摩阻力中的占比。被动阻力为逆向贯入时主要侧阻力,界面摩阻力为顺向贯入时主要侧阻力。被动阻力占比随着H增大,L减小而增大。

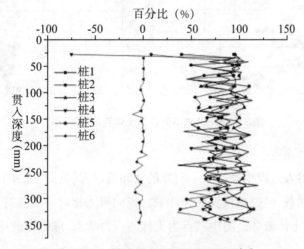

**图3.3.34 被动阻力占侧阻力百分比**[13]

3.桩侧土体的孔隙率变化

实验结果显示,随着桩体贯入,总体呈现孔隙率先增大后稳定的趋势。土体会在桩端产生较为明显的剪胀,且逆向贯入相对于顺向贯入会产生更明显的土体剪胀。图3.3.35为桩侧不同位置所监测到的孔隙率变化。

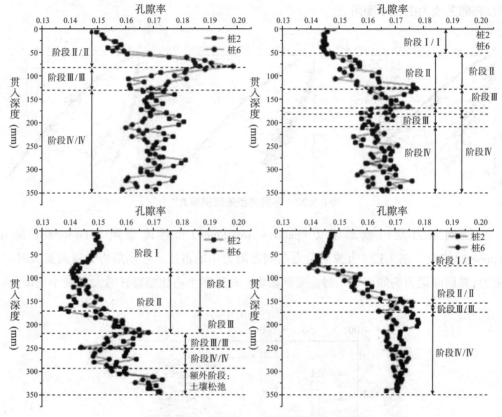

图3.3.35　桩侧不同位置土体孔隙率变化[13]

### 4.桩侧土体应力途径

桩侧土体在桩贯入过程中经过一个明显的加卸载过程(见图3.3.36),表现为桩端到达目标土体深度之前为加载,经过该位置后为卸载。逆向贯入相对于顺向贯入有更剧烈的加-卸载效应,更容易导致土体破坏。图中散点为土体的应力状态,虚线为破坏包络线。

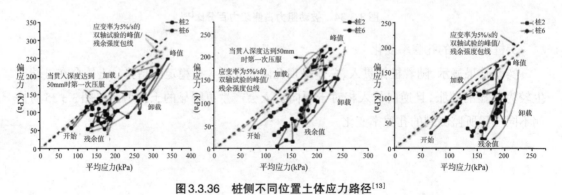

图3.3.36　桩侧不同位置土体应力路径[13]

为了更好观察蛇皮桩贯入时的土体响应,重庆大学研究团队还进行了一系列试验。研究团队为了更精确制造蛇皮桩模型,创造性地使用3D打印技术以光敏树脂为材料定制了桩模型,并将该模型应用到透明土试验中(见图3.3.37)。

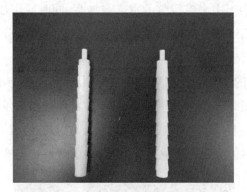

彩图效果

图3.3.37　3D打印蛇皮桩[13]

　　该试验分为模型试验系统与透明土成像系统。模型试验系统由透明土模型试验系统由有机玻璃模型槽、3D打印蛇皮桩模型、单轴加载仪组成,透明土成像系统由光学平台、CCD高速工业相机、片光激光器以及PIV数字图像处理软件组成(见图3.3.38)。

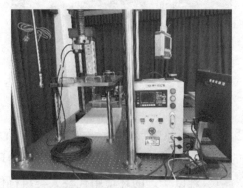

彩图效果

图3.3.38　单轴加载仪[13]

　　透明土固体材料采用粒径0.5~1mm熔融石英砂,孔隙液体采用十五号矿物白油和正十二烷按照质量比4:1配置而成,孔隙液体的折射率为1.4585。采用该方法配置出的透明土与相应天然级配的砂土具有相似的物理力学性质(见图3.3.39)。

彩图效果

图3.3.39　透明土配置[13]

调试激光器在透明土界面形成均匀的散斑场后,通过单轴加载仪以一定的速度将固定好的蛇皮桩模型压入透明土中来模拟桩的贯入与加载,同时使用CCD高速工业相机进行拍摄,在试验后使用PIV数字图像处理软件对拍摄到的散斑场进行分析,最后得出蛇皮桩压入时周围土体的响应与数值模拟结果基本一致(见图3.3.40)。

目前,尽管蛇皮仿生的思想已经在其他领域得到应用,但在土木工程领域的相关研究却很少。因此,国外学者们和重庆大学研究团队基于蛇身鳞片所研发的蛇皮仿生桩,是在蛇皮仿生领域的重大突破,具有前沿性和创新性。而关于蛇皮桩的相关特性仍处于实验研究阶段。希望在未来蛇皮桩的仿生研究能取得重大突破,最终将蛇皮桩运用于工程实践。

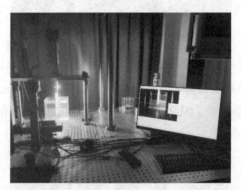

彩图效果

图3.3.40　透明土实验[13]

### 3.3.3.2　蛇形机器人

目前蛇皮仿生最广泛的研究当属蛇形机器人,如图3.3.41所示,相比于其他类型机器人,蛇形机器人适应环境的能力更强。这些机器人可以在受限的环境下模仿蛇的自适应运动和行为,在一些复杂、高危险、难以接近的环境中代替人类执行任务。蛇形机器人具有相对稳定的步态,在运动的过程中,与地面有较大的接触面积,使得蛇形机器人在各种环境下都有较好的牵引(附着)能力,不易于滑倒。另外,大多数蛇形机器人有很多关节,尽管这种冗余结构会给操纵控制带来困难,但是当一些关节发生故障时,其他关节可以接管并维持身体运动,因此具有一定的容错性。当然蛇形机器人也有很多局限性,比如它的移动速度较慢;无法承载多个传感器导致其分析和综合传感能力、有限功率和效率较低等[3]。

(a)　　　　　　　　　　(b)　　　　　　　　　　(c)

图3.3.41　蛇形机器人:(a)ACM-R3;(b)Mod Snake;(c)Omni Tread OT-4[3]

近期,哈佛大学研究人员,利用具有kirigami感应结构的可变形材料来模拟蛇鳞,从而也制造出一种像蛇一样的机器人,通过反复充气、放气来爬行。

它的工作原理同样基于蛇身鳞片的性质。蛇身鳞片都是指向一个方向,从而在爬行过程中产生很大的摩擦力,使蛇易于向前运动,而不是向后运动。由于腹部鳞片具有黏性,如果蛇想向另一个方向移动,能够使其抓住地面并进行快速移动。机器人的工作原理大致也是如此。另外,研究人员充分利用蛇鳞具有"各向异性摩擦"的特点,可将机器人的重复性脉冲运动转变为向前运动。

蛇形机器人如何爬上一棵树

蛇形机器人如何穿越障碍

### 3.3.3.3 蛇皮鞋底

麻省理工学院的研究人员为了防止老年人摔倒,设计出一种蛇皮鞋底装置。这款鞋底上面刻有蛇形的图案,而这些图案又是由几十条相互交错的"鳞片"组成的。

当前脚接触地面时,"蛇皮"会伸展出来,"鳞片"会出来刺穿地面,因此它有着更好的抓地能力,增大与地面的摩擦力。而当一个人站直时,"鳞片"会缩回到鞋底,恢复原来光滑的表面。将这种设计应用于老人鞋,可以在很大程度上避免老人滑倒。

### 3.3.3.4 仿生形变电池组

韩国机械与材料研究所最近提出一种鳞片式的仿生形变电池的概念,这一设想也是基于蛇类鳞片的灵感,将一系列很小但足够坚硬的电池串接到一起,形成一组重叠的鳞片状结构,使其能随着设备而产生弯曲变形。这一设想若能推广开来,有望在软体机器人和可穿戴电子设备等领域发挥巨大的作用。

### 3.3.3.5 仿生蛇皮传感器

国外在蛇皮仿生领域的研究取得了巨大的成功(见图3.3.42),而国内科学家也在加快这方面的研究。最近,西安交通大学的科学家们受到了蛇皮结构的启发,联合国外团队开发了一张仿生蛇皮结构的传感器,大幅度提高了传感器的拉伸性能,能够以高灵敏度测量各种应变水平。未来这种传感器将被大量用于生物医学领域,例如身体康复、运动表现等。

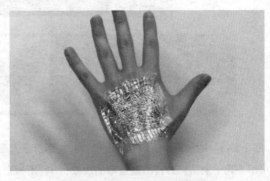
图3.3.42 仿生蛇皮传感器

蛇类凭借着独特的运动方式和复杂的蛇皮结构带给人们无数的灵感。蛇皮桩的研究有助于解决土体的位移问题和提高桩体竖向承载力;蛇形机器人的出现提高了机器人在受限空间中的多功能移动性;仿生蛇皮传感器则可以提高传感器的拉伸性能和灵敏度……这些设想或应用的灵感都来源于蛇的属性,相信在蛇的相关属性和特征仿生研究将会有很大的发展前景,其中,加强蛇形机器人以及蛇皮纹理特性的相关研究尤为重要。

首先,蛇形机器人拥有在复杂环境下的高度自适应能力,因此它们在未来可能会被应用在救援抢险、医疗卫生、检查勘探、消防维护等领域[3]。具体来说,①在医疗领域,蛇形机器人凭借着小截面和极好的灵活性等特征也可用于微创手术,使得操作更加方便快捷,降低了医疗成本,也避免了传统微创手术的许多缺点;通过蛇形机器人来实现虚拟仪器(VF)的临床应用,可以帮助外科医生定位特定的组织结构或在规定范围的结构进行解剖,以防止无意的组织损伤。②在抢险救灾领域,它可以爬进燃烧的建筑物并自行熄灭火灾,而不会使人类消防员处于危险之中;另外在救援任务中,蛇形机器人由于横截面较小,可以深入到砾石中,再配备各种传感器,可以将收集到的信息快速高效传递给救援人员。③在勘探检查方面,蛇形机器人凭借着高度的灵活性和灵敏度,非常适合完成此类任务。一方面,它凭借着特殊的身体结构易于在狭窄紧凑的环境中攀爬;另一方面,搭载的传感器可以帮助机器人快速收集环境信息,执行有效检查和精确定位。近些年来,蛇形机器人被应用于探索任务中,从行星探索到深度探索,任何无法探索的环境都是这些机器人良好的应用领域(见图3.3.43)。

彩图效果

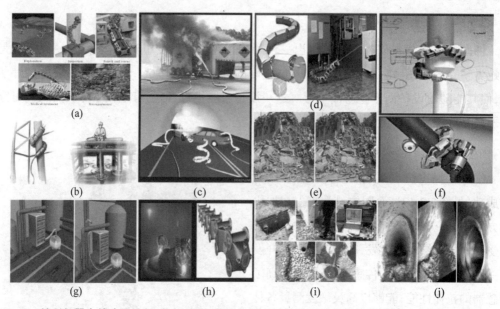

图3.3.43　蛇形机器人的应用设想:(a)蛇形机器人应用;(b)检查脚手架结构和桥墩;(c)应用于消防(一);(d)应用于消防(二);(e)地震后的搜救;(f)管道检查;(g)加工厂内的检查和维护;(h)管道检测;(i)现场部署蛇形机器人;(j)检查雨水管[3]

其次,对蛇皮纹理的研究将会成为我们未来工作的重点,因为蛇在运动过程中,蛇皮上的定向纹理会产生各向异性的摩擦特性[2]。而在许多生产过程和机器部件中,如何控制两个接触面之间的摩擦是一个常见的挑战。一方面,一些加工操作,如切割、磨削和金属加工等需要在刀具-工件界面使用适当的润滑,以减少摩擦和能量损失。另一方面,一些制造工艺和工程部件依赖于利用接口之间的受控摩擦来操纵牵引力,从而实现高效运行。因此通过仿生纹理实现各向异性的摩擦特性,从而制造具有各向异性摩擦特性的防滑部件,来提高工作界面中牵引力的精度和准确度[14]。另外,3D打印技术中激光扫描路径产生的表面粗糙度与蛇皮鳞片的层次微观纹理非常相似,这也探索了3D打印工艺与蛇皮纹理的融合,以实现机械牵引的可能性(见图3.3.44)。因此,基于蛇皮仿生纹理的设想将会是我们未来关于蛇皮仿生一个新的研究方向。

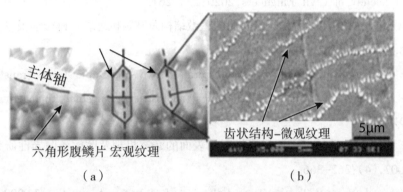

图3.3.44　蛇皮上的分层纹理:(a)腹侧皮肤的单位构建块细胞;(b)微观纹理[6]

目前,关于蛇皮仿生应用于土木工程领域以及建筑领域的研究并不多。但笔者坚信蛇类独特的运动方式以及蛇鳞所呈现的各向异性的摩擦特性,都将会给土木工程师们带来灵感。正如文中提到的蛇皮桩,这也为蛇皮仿生应用于土木建筑领域打开了一扇门。相信在未来,受蛇皮启发的全新技术能够在土木工程相关领域得到更多应用,发挥更大的作用。

**【思考题】**

蛇皮作为一种优秀的仿生结构,在自然界中展现出卓越的功能和性能。在建筑领域,蛇皮的仿生结构可能为新型建筑材料和结构形式的设计提供了新思路和可能性。然而,要将蛇皮的仿生结构成功应用于实践中面临着一系列挑战和限制,例如蛇皮桩相较于在传统的光滑桩在贯入过程中仍然会有更大的摩擦,请就如何能克服这一挑战提出一些思考。

**【参考文献】**

[1]Stutz H H,Martinez A.Directionally dependent strength and dilatancy behavior of soil-

structure interfaces[J].Acta Geotechnica,2021,16(9):2805-2820.

[2]Tiner C,Bapat S,Nath S D,et al.Exploring Convergence of Snake-Skin-Inspired Texture Designs and Additive Manufacturing for Mechanical Traction[J].Procedia Manufacturing,2019,34:640-646.

[3]Liu J,Tong Y,Liu J.Review of snake robots in constrained environments[J].Robotics and Autonomous Systems,2021,141:103785.

[4]Marvi H,Cook J P,STREATOR J L,et al.Snakes move their scales to increase friction[J].Biotribology,2016,5:52-60.

[5]Huang L,MARTINEZ A.Study of Interface Frictional Anisotropy at Bioinspired Soil-Structure Interfaces with Compliant Asperities[A]// Geo-Congress 2020[C].Minnesota,Minneapolis:American Society of Civil Enigneers,2020:253-261.

[6]张占立,杨继昌,丁建宁,等.蛇腹鳞表面的超微结构及减阻机理农业机械学报[J].2007,(9):155-158.

[7]Martinez A,Palumbo S,Todd B D.Bioinspiration for Anisotropic Load Transfer at Soil-Structure Interfaces[J].Journal of Geotechnical and Geoenvironmental Engineering,2019,145(10):4019074.

[8]张占立,丁建宁,杨继昌,等.缅甸蟒蛇腹鳞表面的摩擦机理及摩擦各向异性研究摩擦学学报[J].2007,(4):362-366.

[9]Hu D L,Nirody J,Scott T,et al.The mechanics of slithering locomotion[J].2009,106(25):10081-10085.

[10]O'hara K B,Martinez A.Monotonic and cyclic frictional resistance directionality in snakeskin-inspired surfaces and piles[J].Journal of Geotechnical and Geoenvironmental Engineering,2020,146(11):04020116.

[11]Lee S-H,Nawaz M N,Chong S-H.Estimation of interface frictional anisotropy between sand and snakeskin-inspired surfaces[J].Scientific Reports,2023,13(1):3975.

[12]姬忠莹,闫昌友,张晓琴,等.仿生取向结构表界面及其摩擦各向异性研究进展表面技术[J].2018,47(6):112-121.

[13]Zhong W,Liu H,Wang Q,et al.Investigation of the penetration characteristics of snake skin-inspired pile using DEM[J].Acta Geotechnica,2021,16(6):1849-1865.

[14]Bapat S,Tiner C,Rajurkar K,et al.Understanding biologicalisation of the snake-skin inspired textures through additive manufacturing for mechanical traction[J].CIRP Annals,2020,69(1):201-204.

## 3.4  牙齿仿生

### 3.4.1  概述

一般情况下,牙齿由以下基本结构组成:坚硬的外层矿化组织、相对较软的支撑结构和增韧体以及改善应力分布的机械分级的界面。人的牙齿是由含钙的羧基磷灰石组成的,是通过生物矿化形成的,是人体结构中最坚硬的组织之一。人牙由外向内主要是由牙釉质、牙本质、牙骨质以及牙髓组成的[1](见图3.4.1)。

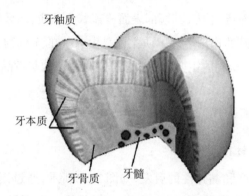

**图3.4.1  人类牙齿结构示意图**[1]

### 3.4.2  牙齿的特征

#### 3.4.2.1  牙根特性

除了牙釉质、牙本质、牙骨质和牙髓等之外,牙根也是牙齿不可或缺的一部分。牙根是牙齿固定在颌骨中的部分,它们用于支撑和固定牙齿。哺乳动物的牙根通常是隐藏在牙龈下面,只有牙齿的可见部分,即冠部,露出在口腔内。哺乳动物的下颌磨牙(或称臼齿)通常具有高度的咬合和咀嚼功能,这意味着它们需要承受较大的咬合和咀嚼压力,这是因为不同种类的哺乳动物有不同的饮食需求,有些是草食性动物,需要嚼碎植物纤维,而有些是肉食性动物,需要咀嚼和撕咬肉类。而下颌磨牙的牙根通常多而强壮,深深嵌套在颌骨中,这有助于牙齿的稳定性和牙齿与颌骨的紧密连接。并且,下颌磨牙通常具有多个牙根,这些多个牙根分散了咬合压力,减轻了单个根部的负担,确保稳定性和耐久性。

#### 3.4.2.2  牙釉质特性

牙釉质是牙冠上的硬质覆盖层,厚度约1~2mm。它是高度矿化的结构,是人体骨质中最坚硬的部分,由96%的无机物,1%的有机基质以及3%的水组成。牙釉质是典型的分级结构,由釉柱和釉间质组成。单个羧基磷灰石纳米微晶是组成釉柱的最小单元,而在有机基质的作用下,羧基磷灰石晶体被"捆绑"在一起,进一步形成纳米棒或纳米柱,最终以放射状从牙釉质-牙本质界面向外延伸到牙齿表面。可以说,牙釉质是由有序排列的羧基磷灰石纳米晶体和交错的蛋白质基质组成的生物组织。牙釉质中由于无机物的含量较高,使其拥有优异的力学性能,硬度为1.1~4.9GPa,模量为62.1~108.2GPa。坚硬的牙釉质抗损伤能力强,能够成功抵御振动、反复冲击、摩擦等外荷载。与此同时,其脆性也较强,断裂韧性与玻璃相当,极易断裂,但由于下层较软的牙本质的存在,受益于复合材料的特性,人牙可在人的一生中抵抗数百万次的外界荷载接触[2]。

### 3.4.2.3 牙本质特性

牙本质位于坚硬的牙釉质下方,其冠部表面覆盖着牙釉质,而牙髓表面则覆盖着牙骨质,起着支撑牙釉质,保护牙髓的作用。牙本质主要是由70%的无机物、18%的有机物以及12%的水组成,其中无机物与有机物的主要组成成分分别是羧基磷灰石晶体以及胶原蛋白[2]。

## 3.4.3 牙齿的仿生应用

### 3.4.3.1 牙釉质复合材料

受牙釉质高刚度、硬度和黏弹性的启发,如图3.4.2所示,通过模仿复杂的釉质结构可以使复合材料实现类似牙釉质的性能,因此,研究人员提出一种牙釉质仿生复合材料,其具有无定形晶间相的基本分级结构——包覆羧基磷灰石纳米线与聚乙烯醇交织,该复合材料能够同时表现出高刚度、硬度、强度、黏弹性和韧性,超过了天然牙釉质[4]。

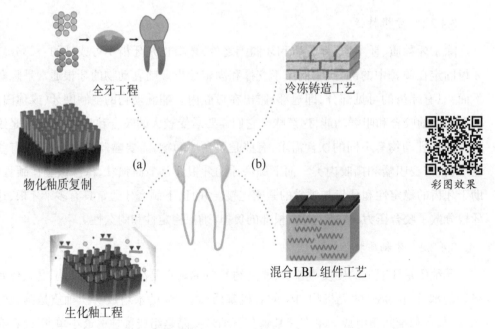

**图3.4.2 仿生牙釉质合成策略示意图:(a)模拟牙釉质的结构;(b)模拟牙釉质的功能**[3]

该材料是由排列整齐的透明质酸纳米线制成的,纳米线涂有无定形的氧化锆,用作纳米粒子。首先,通过溶剂热法合成了长度约10mm、直径约30nm的HA纳米线。HA纳米线通过Zr前体的原位水解,用约3nm的$ZrO_2$(A-$ZrO_2$)非晶层包覆,随后退火,在晶相和非晶相的陶瓷之间形成界面。HA纳米线的几何形状和形态得以保留,非晶层与HA纳米线的晶核紧密相连。通过高分辨率透射电子显微镜、能量色散X射线光谱图和X射线衍射图证明了涂层的无定形状态和成分。研究人员为证实AIP在力学性能增强中的作用,在环境扫描电子显微镜(ESEM)中,使用push-to-pull平台和Picoindenter 85纳米压头,在HA纳米线和A-$ZrO_2$涂覆的HA纳米线(HA@A-$ZrO_2$)上进行了原位拉伸试验,HA@A-$ZrO_2$纳米线的断裂强度和应变分别约为1.6GPa和6.2%,分别是HA纳米线的2.5倍和1.6倍,超过了块体HA的力学性能。对HA@A-$ZrO_2$纳米线拉伸过程的详细观察表明,纳米线在断裂前可以承受约5.2%的拉伸变形,而HA的值约为2.5%。HA@A-$ZrO_2$表面的断裂表面形成裂纹偏转,而不是通常在脆性陶瓷中看到的脆性破坏,这有助于由于非晶层的存在而提高断裂应变。聚乙烯醇(PVA)存在下HA@A-$ZrO_2$纳米线分散体的双向冷冻被用于纳米线平行排列的自组装宏观复合材料。聚二甲基硅氧烷(PDMS)楔产生双向温度梯度,驱动冰晶在垂直和平行方向生长。垂直生长的晶体迫使HA@A-$ZrO_2$纳米线和PVA占据冰片层之间的间隙,平行生长迫使它们获得平行取向。在冷冻干燥和机械压缩之后,产生致密的仿生牙釉质材料(ATE)。仿生牙釉质材料(ATE)是可加工的,并且可以形成齿状宏观形状,包括有密集堆积的平行柱,具有微米级排列的特点。仿生牙釉质材料(ATE)的X射线纳米断层扫描揭示了纳米线对于大块复合材料呈现平行柱的整体结构。HA纳米线之间的AIP层与釉质中的AIP层几乎相同,因为它们的厚度约为5nm。更高放大倍数的观察显示了AIP,并验证了HA纳米线和AIP密切相关。晶体-非晶-晶体界面的细观扫描进一步证明了非晶$ZrO_2$填充了HA纳米线之间的间隙。光谱表征包括拉曼光谱、傅里叶变换红外光谱(FTIR)和X射线光电子光谱,表明$PO_4^{3-}$和$OH^-$中的O和$Zr^{4+}$之间的配位作用,具有很强的化学黏附性。为了研究仿生牙釉质材料的力学性能,研究人员开展了弯曲试验(见图3.4.3),在弯曲试验中观察到的力学性能的改善可归因于抗断裂变形和裂纹偏转。HA纳米线的拉出和样品的断裂以及大范围的裂纹偏转耗散了大量的能量,此外,拉出的HA纳米线能够相互连接,从而限制样品的进一步破坏,保证了复合材料在不牺牲强度的情况下具有优异的弯曲韧性。同时,HA纳米线的滑动、弯曲和断裂产生了锯齿状纳米级裂纹和界面分层,这可以将能量从一根纳米线转移到有机层和相邻纳米线来耗散能量,从而避免整个样品的破坏,这种力学行为同时也在牙釉质材料中检测到,这意味着研究人员提出的仿生牙釉质复合材料与真实牙釉质材料的力学性能作用机理类似。

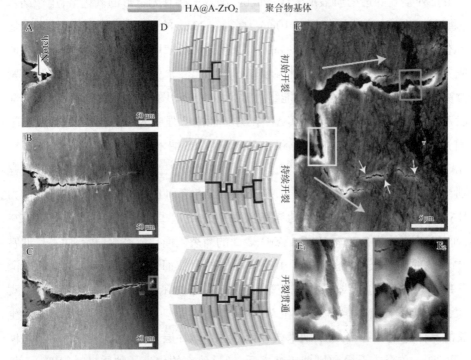

彩图效果

**图3.4.3  仿生牙釉质材料三点弯曲试验中拍摄的扫描电镜图与破坏模式[4]**

此外,仿生牙釉质材料的合成技术还包括:

(1)HAP晶体组装。在天然牙釉质的自然形成过程中,HAP晶体受到蛋白质基质和细胞的诱导自组装,形成多尺度排列有序的结构。受此过程的启发,研究成功开发了多种促进HAP晶体成核和沉积的方法。Zou等[5]报道了一种直接从三斜磷钙石($CaHPO_4$)转化为釉质状HAP的合成方法。在微波加热辅助的碱溶液中,水解的$CaHPO_4$晶格作为HAP成核的模板。合成的HAP晶体束(直径约250nm,长度大于1μm)类似牙釉质晶体方向平行排列。然而,合成晶体的大小和仿生釉状层的厚度仍与天然釉质内的磷灰石不同。

为了合成有一定厚度、高度有序排列的HAP纳米晶体,研究人员最近开发了具有高纵横比(大于10000)的自组装超长纳米线状HAP[6]。经过可控的注射过程,这些高度定向的HAP纳米线在油酸钠的辅助下构建了三维棱柱状结构[7]。然而,合成的HAP结构表现出的力学性能(杨氏模量约为13.6GPa)与牙釉质相差甚远,即使通过牙科树脂的渗透增强也是如此。尽管这种方法证实了合成HAP的自组装能力及其在3D打印技术中的潜力,但迄今为止的结果表明合成产物性能并不理想,因此合成HAP晶体组装并不是从头合成非生物牙釉质的最佳选择。

（2）逐层沉积技术。逐层沉积（layer by layer，LBL）技术是一种重复的沉积技术。首先在底板材料上形成带电单层，吸引带相反电荷的材料在其表面上沉积为第一层，以此类推，不断吸引相反电荷沉积为新层，最终形成多层结构[8]。通过逐层沉积技术，利用丰富且廉价的原料可以制备出黏土/聚合物多层纳米复合材料。

（3）3D打印技术。梯度陶瓷聚合物复合材料（graded ceramic-polymer composite）的3D打印为平行柱状排列的陶瓷应用奠定了基础，该平行柱状排列方式与牙釉质中的釉柱结构相似[9]。Feilden等[10]通过计算机控制喷嘴挤出材料过程中氧化铝薄片（直径约5μm）的排列方向，以构建由软相渗透的分层陶瓷支架结构。尽管这项研究并非受到天然牙釉质的启发，但复合材料中纳米片的排列与牙釉质的结构设计基序基本一致。材料的力学性能也根据氧化铝纳米片的排列而变化。纤维横断面取向显示出最高的抗弯强度（约为202±10MPa）、抗压强度（约为452MPa）和断裂韧性（约为$3.0±0.3MPa \cdot m^{1/2}$）。仿生的Bouligand型结构，类似于绞釉，通过提高韧性和抗性为裂纹扩展提供了引导。所得复合材料还显示出高杨氏模量（约为99.1±0.6GPa）。这些韧性增强的复合材料同时拥有高强度，成为各种应用的潜在候选材料[11]，如在航空航天和汽车领域。对于牙科应用而言，更高分辨率的材料微结构与牙釉质的匹配至关重要，而目前技术精度尚无法满足这一要求（见图3.4.4）。

彩图效果

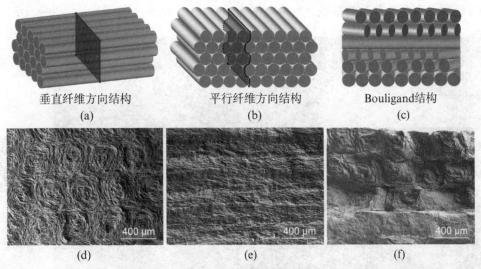

图3.4.4　通过3D打印合成的梯度陶瓷聚合物复合材料的形貌。(a)-(c)三种结构的示意图（分别为垂直于纤维方向结构、平行于纤维方向结构和Bouligand结构）；(d)-(f)三种结构相应断裂面方向的SEM图像[3]

除了模拟牙釉质的结构外，部分研究人员还提出了多种理想的釉质替代材料，其具有足够的强度和刚度以实现抵抗损伤和良好的耐久性。在各种材料中，陶瓷和陶瓷基复合材料都是有潜力的候选材料。然而，它们比天然牙釉质和牙本质更硬，例如，氧化钇加固的四方氧化锆多晶(Y-TZP)的硬度约为12GPa,比天然牙釉质硬约4倍,同时损伤耐受性较差,很容易破损。冷冻铸造是一种用于制造类珍珠母状复合材料的技术。Tan等[12]研究通过双向冷冻铸造技术制造出多孔支架,配合牙科树脂浸润得到类珍珠母结构复合材料,显示出与人类牙釉质类似的杨氏模量(约为42±4GPa)、硬度、刚度和强度,此外,该材料还表现出高水平的韧性(积分断裂韧性约为1.7kJ·m⁻²、有效裂纹扩展韧性约为9.6MPa·m¹ᐟ²)。

未来的研究发展可能集中在合成具有超过天然牙釉质特性的仿生牙釉质材料。例如,耐高温材料可以在极端环境下应用。从更广义的角度来看,仿生牙釉质材料的最终目标是实现结构复杂性、多功能性、可持续性和自我修复能力。尽管牙釉质的矿化和相关的机械过程仍不清楚,目前提出的理论仍存在争议,但对天然牙釉质的探索和模仿将在仿生牙釉质材料领域不断产生新的进展。

### 3.4.3.2 牙根桩

受哺乳动物下颌磨牙承载力高的特点,研究人员提出一种模仿哺乳动物下颌磨牙的仿生牙根桩。仿生牙根桩的承载性能和沉桩时挤土效应不同于传统底部截面为圆形的锥形桩或平底桩[13]。在哺乳动物的进食过程中,下颌磨牙需要持续承受咀嚼带来的各方向的力和弯矩,但却可以长期持续工作发挥作用,不会发生脱落,其结构必然具有承载性能方面的优势。如图3.4.5所示,受牙根的启发,将圆柱形平底桩的桩底挖去一类锲形体的部分,使之成为如牙根般具有两个分叉的桩底。

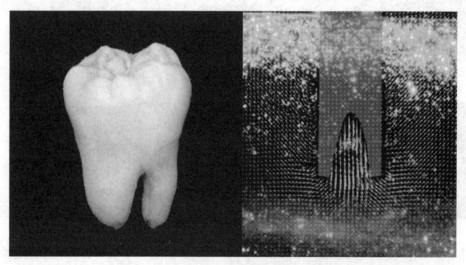

彩图效果

**图3.4.5　仿生牙根桩示意图[13]**

研究人员通过离散元模拟和透明土模型试验,研究其不同于传统锥形桩或平底桩的承载性能以及沉桩过程中的桩土相互作用。研究表明,由于桩身的拖曳效应,土颗粒会随着桩体的贯入而被拖曳至更深的土层中,并且随着桩底牙根结构内倾角度的增大,有更多的土颗粒被带入土层的更深处,即拖曳效应会加强,产生的竖向位移也明显增大。同时,桩底内倾引发的拖曳效应也会影响水平挤压效应,随着锥形桩向桩底牙根结构15°内倾的变化,桩体引发的土体横向位移逐渐变小;但牙根内倾角由15°增至30°时,桩体引发的土体横向位移又增大,这表明,随着桩底牙根结构内倾角度的增大,桩身拖曳效应更明显,更多的土颗粒被拖曳至桩身周围,从而引发对水平挤压的影响。

由仿生牙根桩贯入阻力研究发现,对桩底进行与仿生牙根桩相同的内凹处理,一般可以增大桩的贯入阻力,进而提升桩体的承载性能,牙根桩的竖向承载能力超过普通锥形桩或平底桩的一倍左右,这很可能是因为仿生牙根桩桩底两牙根之间处于贯入挤土引发的土体高应力压缩区,土体高应力压缩区位于桩底,与水平轴呈约60°夹角,高度压缩的土体密实度高,较难发生应变,会随着桩底一同下移,而锥形桩主要造成桩体两侧挤压排土,对桩底部的土体局部压缩程度较小。并且,高压缩区的土体抗剪强度更大,剪切破坏面与水平轴之间的夹角更大,土体反力的竖向分量更大,竖向承载力会进一步增加(见图3.4.6)。

彩图效果

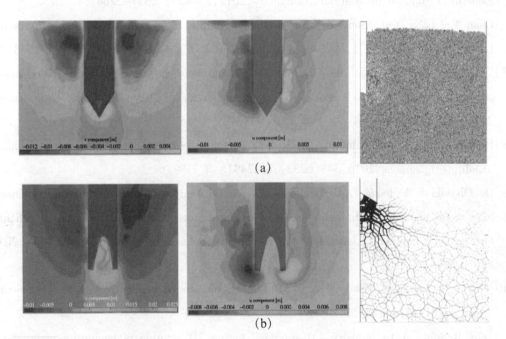

**图3.4.6 竖向位移、水平位移云图与贯桩过程中的力链传播:(a)普通桩;(b)牙根桩**[13]

**【思考题】**

1.分析仿生牙根桩的设计特点和土壤相互作用机制,探讨其在土壤中的挤土效应和承载性能如何不同于传统桩基结构。

2.探讨仿生牙釉质材料的发展和应用前景，评估其在替代天然牙釉质方面的优势和挑战。

【参考文献】

[1]Elsharkawy S, Mata A.Hierarchical biomineralization：from nature′s designs to synthetic materials for regenerative medicine and dentistry[J].Advanced healthcare materials,2018, 7(18)：1800178.

[2]闫颖.坚硬、耐损伤、可自愈的仿生牙齿的制备及其性能研究[D].长春：吉林大学,2023.

[3]Lingyun Zhang, Yunfan Zhang, Tingting Yu, et al.Engineered Fabrication of Enamel-Mimetic Materials[J].Engineering,2022,14(7)：113-123.

[4]Zhao H, Liu S, Wei Y, et al.Multiscale engineered artificial tooth enamel[J].Science,2022, 375(6580)：551-556.

[5]Zou Z, Liu X, Chen L, et al.Dental enamel-like hydroxyapatite transformed directly from monetite[J].Journal of Materials Chemistry,2012,22(42)：22637-22641.

[6]Chen F-F, Zhu Y-J, Xiong Z-C, et al.Highly flexible superhydrophobic and fire-resistant layered inorganic paper[J].ACS applied materials & interfaces,2016,8(50)：34715-34724.

[7]Yu H-P, Zhu Y-J, Lu B-Q. Dental enamel-mimetic large-sized multi-scale ordered architecture built by a well controlled bottom-up strategy[J].Chemical Engineering Journal, 2019,360：1633-1645.

[8]Richardson J J, Björnmalm M, CARUSO F.Technology-driven layer-by-layer assembly of nanofilms[J].science,2015,348(6233)：aaa2491.

[9]De Obaldia E E, Jeong C, Grunenfelder L K, et al.Analysis of the mechanical response of biomimetic materials with highly oriented microstructures through 3D printing,mechanical testing and modeling[J].Journal of the mechanical behavior of biomedical materials,2015, 48：70-85.

[10]Feilden E, Ferraro C, Zhang Q, et al.3D printing bioinspired ceramic composites[J].Scientific reports,2017,7(1)：13759.

[11]Fox B, Subic A.An industry 4.0 approach to the 3D printing of composite materials[J]. Engineering,2019,5(4)：621-623.

[12]Tan G, Zhang J, Zheng L, et al.Nature-inspired nacre-like composites combining human tooth -matching elasticity and hardness with exceptional damage tolerance[J].Advanced Materials, 2019,31(52)：1904603.

[13]宗梓煦,郑鹏,邓泽田,等.仿生牙根桩承载性能透明土模型试验研究[J].土木与环境工程学报(中英文),2023,45(4)：19-28.

## 3.5 树根仿生

### 3.5.1 概述

长期以来,人们都清晰地认识到植物与土壤之间是相互影响的关系,不仅仅土壤决定植物的生长类型,植物的生长也会影响土壤的相关力学性质。通过有效穿透基质,根系能够固定植物并寻找水和养分等重要资源。通过生长和发育(包括分枝),根系可以在周围土壤中探索和定殖,优化对这些资源的获取。为了应对土壤环境的动态多变性,根系会表现出各种适应性,如缩小直径、改变根系结构构造和分泌黏液[1,2]。这些适应性不仅能提高植物获取资源的能力,还能影响周围的土壤介质,根系结构示意图见图3.5.1。当今的政治、经济和环境受到自然和人为威胁(如飓风、地震、气候变化、恐怖袭击)的影响,因此,对适应性、可持续性和弹性设施的需求正变得越来越大。同时,大多数基础设施组件和系统是在静态的、单一功能的、保守的、过度设计的基础上构建的,无法满足新出现的需求。因此,通过对自然界无处不在的基础——植物根系的锚固方式的学习,可以给予我们设计新型锚固杆件的灵感,可能会激发岩土基础设施设计和建设的新范式,即树根启发岩土技术。

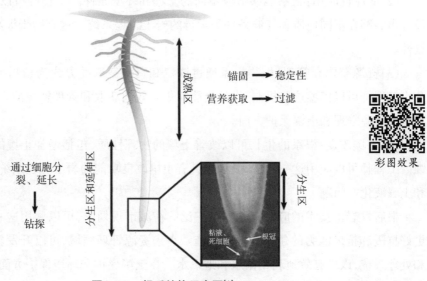

**图3.5.1 根系结构示意图[1]**

基于根的岩土工程为传统的岩土设计提供了另一种视角,不仅促进了生物工程的应用,而且更广泛地说,为开发新型弹性和可持续的岩土工程解决方案提供了更开放和更广阔的思维方式,并且植物根系具有许多独特特性,可以为基础设施设计提供灵感。首先,根系能够适应变化。它们包含内源性状和外源反应,使植物能够感知和响应环境条件和刺激。植物的根是生物系统中一个具有代表性的例子,它将多种功能整合到一个单一的有机体中,而不降低功效。根系负责几个重要的任务，包括：①定位、获取和运输资源（如矿物质、水）；②锚定；③储存能量；④繁殖[3]。此外，根系在资源分配方面是有效的，它们的生存和繁殖依赖于此，并且通过进化适应，尽管不是所有植物物种都一样，根系根据可用的营养物质调节其生长和发育。例如，在矿物有限的环境中，植物可能会将更多的资源用于对土壤进行更大范围的勘探。

植物根系在土壤中的作用是复杂而多样的，它们通过细致的生长、分枝和根系结构的调整，为植物提供所需的支持和养分。这种复杂性激发了科学家和工程师的兴趣，试图将植物根系的进化特性应用于岩土工程领域。这一领域的研究和应用，被称为根启发岩土技术，已经取得了一系列突破，为解决现代社会面临的挑战提供了新的途径。这项技术不仅有助于改善现有的基础设施，还为新的基础设施项目提供了更灵活和创新的设计思路。根启发岩土技术的应用领域涵盖了城市规划、水资源管理、土壤保护和环境保护等多个领域。

根启发岩土技术的关键原则包括以下几个方面：

（1）根系结构的模仿：工程师研究植物根系的结构，包括根系的形状、分枝方式和根系密度。这些信息有助于设计具有类似结构的岩土工程元素，如桩和锚杆，以提供更好的土壤支撑和稳定性。

（2）适应性应用：根系能够适应不同的土壤和环境条件。工程师可以借鉴这种适应性，设计出能够在不同地质和气候条件下运行的岩土工程系统。这有助于提高基础设施的可持续性。

（3）资源获取和管理：植物根系通过锚定和资源获取的方式为植物提供所需的水和养分。工程师可以借鉴这些机制，设计出能够更有效地获取和管理资源的岩土工程系统，特别是在水资源管理和土壤保护方面。

（4）土壤改良：根系的生长可以改善土壤的物理性质，包括增加土壤的稳定性和减少侵蚀。工程师可以应用这一原理，设计出具有土壤改良功能的岩土工程系统，以减轻土壤侵蚀和土壤液化等问题。

根启发岩土技术的应用范围非常广泛。在城市规划中，可以利用这一技术来设计具有更好抗震和抗风能力的建筑和基础设施。在水资源管理领域，可以开发新型的水资源收集和处理系统，以更有效地利用雨水和地下水。在土壤保护和环境保护方面，可以设计出具有生态友好特性的岩土工程系统，有助于保护土壤和生态系统。总的来说，根启发岩土技术代表了一种新的思维方式，将生物学的原理与岩土工程相结合，为基础设施设计和建设提供了更具创新性和可持续性的解决方案。通过深入研究植物根系的特性和适应性，工程师能够开发出能够更好地适应不断变化的环境和挑战的岩土工程系统。这一领域的不断发展将有助于提高基础设施的可持续性，并为社会的未来发展提供更多可能性。

本章将重点介绍根系结构、生长方式以及其加固土体的原理和目前较为成熟的根系锚杆仿生应用。

### 3.5.2 根系锚固的特征及原理

#### 3.5.2.1 根系主要结构

根结构通常由四个区域来描述[4]。从根的末端开始,分别是根冠区、细胞分裂区、伸长区和成熟区。位于细胞分裂区域的根冠和根尖分生组织是唯一的穿过土壤的区域。其他区域通常保持静止。通过在伸长区(即径向生长)添加次生组织,根直径逐渐增加。最后,成熟区域是产生根毛的地方。根毛通常与土壤颗粒紧密接触,增加了根的总水分和矿物质营养吸收表面。

根有三种主要类型:主根(即精根)、不定根(即节根)和侧根[5]。主根源于种子,而节根起源于非根组织,并与地上芽的发育相协调。许多成熟植物都有直根(粗壮、垂直、位于中心的主根)和弥漫的须根(即节根)系统。侧根通过分枝发展,分枝与根的伸长相协调[6],根的数量和长度之间保持平衡。从空间角度看,结构"粗"根(有时称为基生根)通常靠近茎基部。它们的主要功能是锚固,可能会出现相当程度的次生增粗。"细"根通常离茎更远(有时称为远端根)。它们的主要功能是探索土壤,获取水分和养分。

轴向生长和径向生长是根生长过程的两种主要类型[7]。轴向生长的定义是根的长度向外延伸,根尖向前伸入土壤,伸长区后面的根部分锚定在土壤中。根系伸长的方向是由不同的向性引发的,如向重力性和向水性[8]。当存在高土壤机械阻力区域时,轴向生长受到明显限制[9]。径向生长被定义为单根上的额外生长层、根增厚或次生增厚[7]。这一生长过程对于扩大根的功能范围非常重要,包括轴向运输特性、机械强度和锚固、储存能力以及对捕食、干旱或病原体的抵御。

根系结构或根系的空间结构因植物种类、土壤成分、水分、养分和矿物质的可用性而有很大不同,根系的形状以根系占据土壤的方式为特征,具体由根深度、侧根扩展和根长密度等特征决定。根的形状也可以用分形维数等抽象的合成描述符来描述[10]。根系结构的特征是根系成分及其关系,由根系梯度、横截面、拓扑结构和根系之间的连接(即分枝角)等特征定义。根拓扑描述了根分支的抽象模式。拓扑顺序是根系性状分析的一个重要参数,因为它比根直径更能预测机械特性[11]。

根系形态主要有三种类型[12]:板状形态常见于成熟树木,其特征是粗大的侧根从主茎水平或略斜向外辐射,然后逐渐变细和分枝,此外还有从靠近茎的侧根产生的下沉根。在双子叶植物物种[13]和一些雨林先驱种[14]中经常发现主根形态,其特征是单一的、位于中心的主根。冠状根和支柱根的形态在单子叶植物中经常被发现,它们不能进行径向生长,因此不能产生主根。这种类型的特点是粗木质化节根从茎斜生长。许多物种具有中间形态,在森林中看到的根嫁接被认为有助于机械支持和养分交换[15]。此外,根系形态可以受到根际共生根-微生物关系的影响,如菌根真菌和放线菌细菌[7]。

### 3.5.2.2 根系生长和锚固机理

#### 1.根系生长

为了在富含水分或养分的土壤中有效部署,根系通过模块化根系结构和沿根轴的组织分化表现出显著的形态可塑性[7]。Drew 和 Saker[16]报告说,块状土壤中的侧根萌发增加,而Linkohr 等人[17]则发现块状土壤外的侧根伸长受到抑制。当资源吸收不足时,根系也会脱落。根在生长过程中必须克服土壤的阻力来置换土壤颗粒。因此,随着土壤强度的增加,根直径增加,根伸长减少[18]。变抗性土壤会影响根系的生长速率、形态和方向。与散装土壤相比,根系通常遵循阻力最小的路径,导致不同的生长形态[19]。

为了在土壤中生长,根尖需要产生足够的力在土壤中扩大一个孔,超过根尖与土壤颗粒的摩擦阻力,超过根细胞壁的内部张力[20]。据认为,高达80%的总穿透阻力来自摩擦[21]。土壤颗粒与根系之间的摩擦、根毛的存在以及潜在的根系轨迹也有助于锚定根系,因此伸长区的组织可以推动根尖向前。圆周运动存在于所有植物器官中[22-24],是差异生长的结果,导致积极的生长运动沿着左边或右边旋转的椭圆路径[25]。根尖旋转的作用目前仍有争议,但Dottore 等人[26]发现,这种运动降低了渗透土壤所需的压力和能量。

根被动地在根际分泌低分子量有机化合物,称为根渗出物。这些渗出物通过黏附作用促进微生物活动和土壤稳定,称为黏液。快速的润湿/干燥循环导致土壤收缩和裂开,由于土壤基质中存在大孔隙,从而降低了水力导电性。Czarnes 等人[27]发现,根黏液类似物(例如聚半乳糖醛酸)稳定了土壤结构,使其免受干湿循环的破坏性影响。不仅如此,在许多植物类群中都发现了可收缩根,它们大多生活在干旱或低温等恶劣的环境中[28]。这种行为通过将植物器官和幼芽拉入土壤来保护它们免受恶劣条件的影响,也被认为可以改善植物的锚定和水分吸收[4,29]。

#### 2.根系与土壤的相互作用

在 Coutts[30]及其相关文献中,各种关于根土在应力作用下行为的研究发现,树根可使土壤抗剪强度提高 1~17kPa。当根-土界面阻力大于周围土体强度时,根-土在荷载作用下表现为一个整体,称为根-土板。这种现象在连根拔起的树上尤其明显。根-土阻力受根的分枝、根的数量和大小分布的影响。根使土壤变硬类似于钢筋使梁变硬,因为它们主要抵抗拉伸载荷。根据不同的土壤条件,根系断裂和在土壤中滑动是主要的破坏机制。在黏土土壤中,土壤阻力较大,根系滑移而不是断裂,这意味着根-土阻力受土壤阻力的影响更大,而不是根的形态和强度[31]。当土壤含水量略低于其饱和点时,根系形态和强度的作用更大。

Ennos[32]在一项关于向日葵的研究中指出,根毛通过增加与土壤接触的有效根表面积,对幼芽植物的锚定起着重要作用,防止连根拔起。此外,Stolzy 和 Barley[33]发现,有根毛的豌豆(Pisum sativum)幼苗单根的抗张力性比没有根毛的幼苗有所增加。根据Ennos的研究，根毛在成熟植物的锚固中发挥作用的可能性要小得多，因为根毛只在成熟区伸长根的尖端附近产生，而在成熟区，大型成熟植物的机械应力相对较低。在这种情况下，根毛的主要机械作用是在根尖生长中，因为根毛固定了根，而根尖向前推进穿过土壤[20]。

树木通过地表以下的粗根和细根网络减少土壤侵蚀，防止浅层滑坡，这些网络增加了土壤介质的抗剪强度，而下沉根则将表层锚定在更深、更稳定的土壤中[34]。结构性根系质量在斜坡上暴露的树木的上坡侧更大，这解释了对上坡倾覆阻力的增加。Liang等人[35]在使用3D打印根系结构的边坡稳定性模拟中证明，根系强化将土壤剪切面推入土壤深处。根系强度取决于物种特有的根系力学特性、周围围应力、初始土壤滑移面深度和根系形态。根系加固的最大加固效果可能需要增加下沉根的根深和横向伸展来提高土壤的抗剪强度。Arnon等人[36]在纤维束模型(FBM)框架下估计根系黏聚力，发现根系吸水对边坡稳定性的影响可能比力学加固更为显著，尤其是在细土中。

3.树根对于地面侧向力的反应

侧向力(例如风)作用下锚固的组成和相关参数包括根-土板尺寸、板下的根和土抗拉强度，特别是迎风侧的根-土阻力以及树基部支点的刚度。在风荷载作用下，树木的根系通过与刺激平面对齐的根系的生长而做出反应。在背风面，弯曲和压缩力推动根-土界面对抗下面的土壤。在迎风面，由于抬升，存在拉伸或剪切力。

Tamasi等[10]的一项研究表明，风荷载作用于幼栎树时，与对照树相比，风胁迫树侧根总数和长度增加。风荷载似乎导致更多侧根的生长和背风侧结构根质量的增加。暴露在自然盛行风下的云杉成树根系背风面比迎风面结构根质量更高。Stokes[37]对云杉树的研究表明，云杉树的迎风侧和背风侧树根数量更多，根的形态较复杂，直径也更大。

尽管树根在初始树木锚固中起作用，但有证据表明，侧根是动态加载条件下锚固的主要组成部分[38]。然而，如果土壤中有太多的根，土壤很可能在土根板边缘的剪切和拉伸下失效。当植物暴露于连根拔起的潜在环境时，通过只加强(即增厚)根系的基部，可以将锚固的总能量成本降至最低。根的位置决定了它们的横截面形状。弯曲阻力似乎是通过结构根部截面的变化而发生的，产生了工字梁、T形梁和椭圆形截面[39]。板的形态有三个组成部分的锚固:风铰对弯曲的阻力，迎风根对连根拔起的阻力，以及根土板的重量。主根形态具有土体抗压性和主根抗弯性两个组成部分。冠状根和支柱根的形态也有两个组成部分:迎风根的土壤抗压性和抗屈曲性。

根与茎之间不均匀的次生增厚导致了支撑物的发育[4]。Crook等[14]研究了主根系统的锚固:Aglaia和Nephelium的支撑树具有下沉的根，Mallotuswrayi的非支撑树具有薄的侧根。扶壁提供的锚固比无扶壁树木的薄侧根多6倍，约60%的锚固作用于拉伸和压缩。热带树木的扶壁更常出现在不对称树冠密度较低的一侧，这表明扶壁在一定程度上起到张力元件的作用,以平衡机械应力。此外,扶壁被认为可以降低屈曲破坏的风险,并减少树底部的弯曲和应力集中。

### 3.5.3 根系锚固的仿生应用

植物根启发的岩土技术寻求利用地球上最普遍的基础元素之一的原理来重新设计或增强传统的岩土基础设施。特别是,纤维根系统的锚固特性和材料属性被囊括在一种新型的受根启发的锚固体系中,这种锚固系统具有超越传统锚固系统的能力(例如回拉、锚固、板锚和桩锚),特别是在土壤薄弱或空间限制的地区。

树根系统已被人类直接用于几种自然建筑中。这些建筑是生物利用或生物技术的一个例子,与传统的工程或技术部件相结合,可以采取生物混合的形式。

#### 3.5.3.1 根桩

最早记录在案的以根为灵感的岩土技术的例子之一是"paliradice structure",即根桩,它通常用于支撑土壤和边坡的稳定性[40]。在20世纪初期,普通桩和灌入桩都由于临近建筑等复杂地形出现支护失效的问题,因此提出了"paliradice structure"的概念,如图3.5.2(a)-(b)所示。地基加固由两组小直径桩组成,通过旋转钻孔穿过现有的砌体,并在地下达到适当的深度。当混凝土浇筑时,桩与上部结构自动黏合:不需要补充连接结构,不需要在墙壁上进行危险的切割,也不会对建筑物的活动造成干扰。这些桩沿着墙的底部分开,不会对现有结构的稳定性造成任何风险。没有有害的振动。桩的施工不会给墙壁或地面带来任何特别的应力,这对建筑物,特别是古代纪念碑至关重要,在这些建筑物中,无论多么不稳定,保持现有的平衡是至关重要的。根桩可以在任何地面上钻孔,不管它可能包含什么巨石、旧地基或其他障碍物。

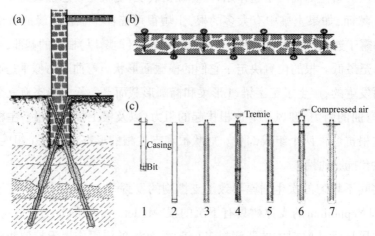

图3.5.2　(a)根桩支撑的典型方案的垂直截面;(b)水平截面;(c)根桩的构造顺序:①钻井;②钻孔完毕;③钢筋的放置;④通过微管灌浆;⑤注浆完毕;⑥抽出套管;⑦完成。

图3.5.2(c)展示了根桩的构造顺序,①通过一个旋转套管逐步插入地下进行钻井,然后通过旋转转盘从顶部引入冲洗水或膨润土泥浆来清除废石;②一旦钻孔达到合适的深度,钢筋就会被放置:直径较小(100mm)的单根钢筋,较大直径(最大可达300mm)的保持架或保持管。在托换中,一般优先选用较小的直径;③然后将浆液通过导管放置,混合物包括每立方米筛砂的600~800kg水泥,是一种高强度的灌浆料。一旦套管被填满,就会被逐渐抽出。与此同时,从顶部引入的压缩空气将管道外的混合物推向钻孔。空气压力被限制在6~8bar,以避免土壤破裂,同时也足以使桩的外表面非常粗糙。这样就能明显地黏附在土壤上,这也是根桩的一个基本特征。

垫层工程中使用的根桩的最大特点是能够对结构的任何移动(无论多么轻微)做出反应。这一基本特征得益于其施工技术,即根桩本质上是一种摩擦桩。人们注意到,即使在高荷载的情况下,根桩的沉降量也非常小,大约只有几毫米。根桩地基的构造并不会取代现有地基。从一开始,它的功能就是互补,只有在必要时才会对地基有所贡献。建筑物继续依靠原有的地基土壤,只有当建筑物发生沉降时,才会要求桩基提供帮助,这就是根桩在地基工程中如此受欢迎的最重要原因。需要进一步说明的是,根桩地基支撑在施工时实际上是静态的。如果建筑物随后发生沉降,尽管沉降量很小,桩基会立即做出反应,吸收部分荷载,同时减少土壤上的压力。尽管如此,如果建筑物继续沉降,桩基仍将继续承受荷载,直到最后由桩基承受建筑物的全部荷载。因此即使在最极端的情况下,根桩的沉降量也仅限于几毫米。

Paliradice系统用途广泛,可在任何地面和场地条件下施工,因此在20世纪得到了广泛应用。以下是一些当时实际的工程案例。

(1)意大利威尼斯的"Tre archi"桥:这是威尼斯唯一一座三拱桥(见图3.5.3)。它建于17世纪,横跨最重要的城市水道之一。由于沉降非常严重,最初决定将其拆除。然而,通过使用根桩(pali radice)进行全面垫底、使用"reticolo cementato"系统(灌浆钢筋网)加固砌体以及使用钢筋混凝土鞍座加固拱顶,该桥得到了全面修复。并在现有拱顶和鞍座之间的连接处使用了树脂,以改善这两个构件之间的黏结。

图3.5.3　意大利威尼斯的"Tre archi"桥

（2）法国埃尔Tourny纪念教堂：该历史建筑的状况非常糟糕，地基出现了明显的差异沉降。而采用根桩进行地基修复不会对现有结构造成任何额外损害（见图3.5.4）。

图3.5.4　法国埃尔Tourny纪念教堂

（3）比利时根特"Het Toreken"建筑：该建筑的整体静态状况非常危急，需要先对上部砌体进行全面的初步修复，然后才能使用根桩进行支撑加固（见图3.5.5）。

图3.5.5　比利时根特"'Het Toreken"建筑

（4）英国德比圣玛丽桥：德比德文特河上的圣玛丽桥（见图3.5.6）建于1778—1794年，是以巴黎Neuilly桥为蓝本建造的。这座桥是在一座老桥的地基上建造的，这座老桥的历史可以追溯到丹麦入侵时期。由于冲刷造成的大面积下沉，两个中央桥墩的地基沉降，因此需要加固。即先用袋装混凝土填充空洞，然后用从桥面穿过砖石并深入黏土约12m的根桩进行支撑。

图3.5.6 英国德比圣玛丽桥

(5)意大利特拉帕尼 Pepoli 博物馆：Pepoli 博物馆由钙质凝灰岩砌筑而成,许多地方都有受力的痕迹。最明显的是回廊门廊的西北角、教堂和小教堂的交界处以及西端。此外,门廊明显不垂直,门廊四边相对于中间部分明显隆起。初步调查显示,该建筑受到了底土不稳定的影响,由于土壤类型的原因,附近一些水井的开采造成的地下水位变动对其影响尤为明显。在门廊拱门与相邻建筑的对应关系中,还发现了其他明显的分离现象。除了对上层砖石进行修复外,还用根桩对地基进行了加固(见图3.5.7)。

图3.5.7 意大利特拉帕尼 Pepoli 博物馆

(6)意大利佛罗伦萨维奇奥桥的地基：这项工程于1962—1963年进行。由于年代久远、上次战争(维奇奥桥是唯一一座在战争期间所有桥梁遭到系统性破坏后仍幸存下来的桥梁)以及交通造成的振动,该结构岌岌可危,因此有必要进行这项工程。如图3.5.8所示,桥基是典型的帕利弧形结构,在需要支撑的结构上打桩。由于可以从拱桥下进行施工,在拱桥下安装所有设备并使用耙式弧顶,因此没有触及桥梁的上部。这是一个非常重要的优势。在1966年佛罗伦萨遭受的灾难性洪水中,这一支撑结构经受了异常严峻的考验。维奇奥桥的小拱跨度就像一座大坝,必须承受水流及其携带的垃圾的巨大冲击力。这次灾难性事件使得有必要通过将拱桥下的混凝土地面降低50cm来实现维奇奥桥扩大水流容量这一目标。

**图3.5.8　意大利佛罗伦萨维奇奥桥**

任何人工建筑的支撑都是土壤。但是,新建筑选址的天然土壤并不总是具有足够的强度。为了满足这一基本要求,自古以来采用了几种不同的方法。最古老的方法是扩大新建筑的墙基,以便根据土壤的机械特性,将土壤的单位应力降低到可接受的范围内。在非常松软的土壤中,可以通过在墙基中心打入小木桩来增加整体阻力。这种系统自古以来就在使用,并取得了巨大的成功(以威尼斯为例),直到最近,它还是土壤加固的唯一范例。一方面,由于现有打桩方法的限制,无法更广泛地使用打桩法。打桩的主要目的是间接承受建筑的垂直荷载,但并没有解决工程师面临的所有问题。在某些情况下,还需要对土壤进行"直接"加固。另一方面,在有些情况下,由于现有结构的存在,即使是小规模的挖掘也是不可能的,因此不能接受任何应力状态、改变现有的平衡、体积变化或渗透性变化,土壤必须保持原状,原地不动,这就是根桩的应用领域。

### 3.5.3.2　根式地锚

地锚的设计目的是为大型基础设施提供额外的抗阻能力,如水坝、挡土墙或风力涡轮机。上部结构作用于锚杆上的荷载通过调动土体抗剪强度传递给周围土体,锚杆承载力由锚杆单元沿临界破坏面的集体抗剪强度控制。一般来说,锚杆可根据其典型的失效模式分为"深"或"浅"两种,失效模式与锚杆的长宽比(H/D)以及土壤特性高度相关[41,42]。传统的深层锚杆(H/D>6~10)在圆柱形土壤–锚杆表面发生环向破坏,而在承载表面则会发生额外的流动机制。因此,深层锚杆的承载力主要是土壤–锚杆界面抗剪强度和界面表面积的乘积。与此相反,浅层锚杆可能会出现断裂型失效,即土壤内部失效,与锚杆一起被限制在失效面内的大量土壤向施加荷载的方向移动。因此,与深层锚杆相比,浅层锚杆的单位长度承载力更高,因为它能动员更大体积的土壤。

然而,由于经济和安装可行性的限制,通常选择和施工深锚(如回拉、土钉、拔微桩),其所需的能力通常可以通过锚参数(如锚数、黏接长度、总直径)、土壤性质和场地条件之间的经济平衡来实现。在某些情况下,特别是在软弱土壤、空间限制或多模态荷载的情况下,工程师可以通过加宽锚(即降低长宽比)来增加剪切面的大小以及形状,从而增加锚的能力。之前扩大锚固宽度的尝试包括后灌浆、扩孔、螺旋桩和板锚等。因此需要研发一种新型锚固系统,能够像传统的深锚一样易于安装,同时获得更大直径锚固的能力。

为了设计出这样的锚,植物根系为重新构想传统的锚固元件提供了极大的灵感,因为植物根系是几乎所有植物的唯一锚固机制,而且具有多功能性、适应性和材料效率等特点。此外,纤维状植物根系具有特殊的根系结构,具有更高效的抗拔承载能力。许多种类的草和谷物都有须根系,其特点是从一个点分支出许多根系。与浅锚一样,纤维根系类似物在从致密沙土中上浮时,也会出现断裂型破坏。

基于植物根系的锚固特性,提出了一种基于须根系原理的新型锚固系统的设计方案。随后,还讨论了预测这种锚固系统隆升(破裂)能力的方法[43]。根式地锚是由以下组件组成(见图3.5.9):一个应力元件,用于转移施加在土壤表面的机械载荷,一个模拟根机构,在安装过程中扩展其灵活的根元件,以及胶结回填体,包围锚固组件。

根式地锚的安装程序与传统的拉杆和土钉类似。首先,按照最适合地面条件的钻孔程序在土壤中钻孔。然后将根式地锚放入孔中,使其处于未膨胀状态,并在受力元件周围放置空心套管,使其与仿根机制接触。然后用水泥基流体回填土填充环形孔。在地表,应力元件周围固定了一个空心液压千斤顶。当液压千斤顶被限制在受力元件末端和套管之间时,千斤顶的扩张会对套管施加力,从而对根系模拟机制施加力。这种作用力会使机械装置膨胀,并将根部元件压入钻孔周围的土壤中。顶升一直持续到根式地锚达到膨胀状态,并根据需要通过扣环将其固定在该位置。顶管系统和套管拆除后可重新使用。水泥基回填土固化后,根式地锚便可承受机械荷载。

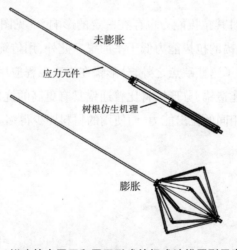

**图3.5.9 拟建的未展开和展开形式的根式地锚原型示意图**[43]

根式地锚的几何形状和安装程序都试图在加载过程中最大化土的抗剪强度。为了利用不同的根元素，根式地锚寻求利用纤维植物根系的原理和受根启发的锚模型，允许出现突破型破坏表面。在抬升过程中，土壤不是流经单个根元素，而是随着根系移动了一整块土壤，这主要是由于土壤拱起。根间距-深度比、土-根刚度比和土-根界面抗剪强度对跨根构件拱的发展至关重要，因此是突出型拔出破坏的表现形式。因此，考虑到特定的土壤和场地条件，根式地锚（即 Root-inspired ground anchor，RIGA）的几何形状，包括根模拟机制中根元素的数量、长度和扩展角度，可以进行修改，以允许有利的突破类型条件。然而，即使不形成突出型剪切破坏面，单纯的扩展根单元也可以通过土体与扩展根单元的被动相互作用来增强锚固能力。基于在致密硅砂中对 3D 打印的根型锚进行的 1g 实验测试，容量的相对增加随着根元素的数量而减少，其中容量有效地在 6 个元素左右趋于平稳。测试还表明，锚固材料效率最高的是锚固轴方向为 75° 的根单元，尽管由于全尺寸 RIGAs 的刚度特性不同，在全尺寸时可能会有所不同，改进根式地锚整体应变兼容性的设计修改可能会进一步增加其容量。

在某些条件下，根式地锚与线性地锚系统相比有几个潜在的优势。其中最重要的是每个锚长度的预期容量增加。模拟根机构的扩展宽度仅受钻孔长度和锚杆组成材料的应力极限的限制，而不受孔本身直径的限制。

因此，由于破坏模式的差异，根式地锚的承载力可能大大超过相同长度和轴径的线性锚杆系统。由于根式地锚的拔出能力与轴直径相对独立，因此在相同容量的情况下，可以使用比线性锚更小直径的轴来安装根式地锚。此外，与板锚系统不同，板锚系统也可能出现突出型故障，根式地锚的安装不需要挖掘土壤来放置锚。对过去在原位扩展锚杆设计的测试表明，模拟根机制的有效地下扩展是可能的。RIGAs 的安装也不需要延迟时间、设备和额外的材料，无需注浆后的线性锚。这些因素表明，RIGAs 可以用于减少安装一系列地锚所需的经济资源，并且还可以使地锚的工程设计具有竞争力，否则由于资金或空间限制，它们可能不切实际。

根式地锚几何形状对其拉拔能力也存在一定的影响[44]（见图 3.5.10），研究结果表明，在相同直径的情况下，分形锚的拉拔能力低于平面锚。此外，用传统方法生产分形形状会增加制造成本。尽管如此，除了这些缺点之外，分形锚在岩土工程应用中有一个显著的优势——如果用相同数量的材料建造锚，分形锚将比普通锚具有更高的抗拔能力。换句话说，分形锚可以达到与普通形状锚相同的拉出能力，而使用的材料要少得多。

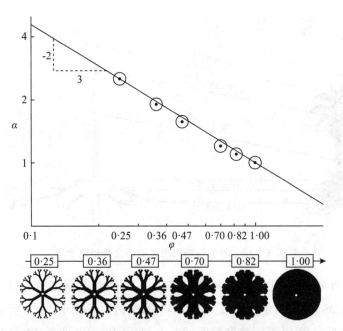

**图3.5.10　形状系数 $a$ 与锚面比率 $y$ 的对数函数关系。符号代表图中所示锚点对应的形状系数；斜线代表趋势函数**[44]

#### 3.5.3.3　沙巴棕榈树根仿生新型地基

Shrestha等人将风力涡轮机与椰子树、棕榈树、沙棘树等高大的树木进行比较，发现在人工系统的风力涡轮机塔和自然系统的树木之间有许多共同的特征[45]，如图3.5.11所示。

**图3.5.11　高大树木与高大风力涡轮机之间的相似之处示意图：(a)椰子树；(b)棕榈树；(c)沙棘树；(d)风力涡轮机**[45]

受沙巴棕榈树和椰子树的树根系统的启发，研究者提出了一种新型的生物启发基础，用于风力涡轮机[45]。沙巴棕榈树的根部很强壮，能够抵抗大风带来的力量。它的根系有一个地下的短球茎（在本研究中称为球茎或者说根球），周围是密密麻麻的扭曲根系，直径通常为1.2~1.5m，可深入4.6~6.1m。图3.5.12显示了树木和风力涡轮机类似部件的比较。

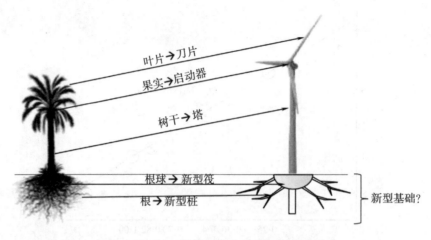

**图3.5.12　沙巴棕榈树启发的仿生基础概念**[45]

　　基础系统由半球体结构代表树球/根球、钻孔主桩(PP)代表主根、钻孔二次桩(SP)代表次根、钻孔竖井(DS)代表树主根组成。PP和SP的横截面呈圆形,沿长度呈锥形,与真实树根的几何形状近似。PP以不同角度贴在球茎上,每个PP上贴两个SP,与PP成20°夹角,SP与PP保持在同一平面上。钻出的竖井起到了主根的作用,主根是从中心垂直向下生长的。目前该基础还处于概念性提出的阶段,通过有限元软件ABAQUS进行建模,探究(a)球茎/根球的几何形状,(b)主桩PP的数量、尺寸和方向,以及(c)主桩PP长度方向上SP的数量、几何形状、方向和位置对地基系统性能的影响,最有效的配置可通过若干参数研究获得。因此创建了六个简化配置:第一个模型是在球茎顶部以20°的角度连接六个聚丙烯,因为顶部的树根几乎是水平的(见图3.5.13(a))。第二个模型是在第一个模型的基础上,在球茎的中间部分以37.5°的角度增加了六个PP(见图3.5.13(c))。第三个模型是在第二个模型的基础上,在灯泡底部以55°的角度增加六个PP(见图3.5.13(e))。此外,通过在每个PP上增加两个与PP轴呈20°偏差的SP,又创建了三个模型(见图3.5.13(b)、(d)和(f))。球茎直径为5m,PP长度为10m顶部直径为0.5m,底部直径为0.12m。同样,SP的长度为5m,顶部直径为0.16m,底部直径为0.08m。在球中心放置了一个直径1m、长10m的垂直钻孔轴,以增加垂直荷载能力。随后进行压缩和拉伸荷载作用。随着PPs数量的增加,垂直沉降减小,在主桩中加入二次桩对垂直沉降的影响不显著。沿桩身的Mises应力分布表明,最大应力发生在桩头(PP球连接)处,最小应力发生在桩尖处。这些信息可用于桩的结构设计。此外,增加PP的长度降低了竖向沉降,除了6根PP承受较高的2次荷载的配置外,桩长的影响不显著。这表明在某些载荷条件下,较长的PP可能会超过设计值。

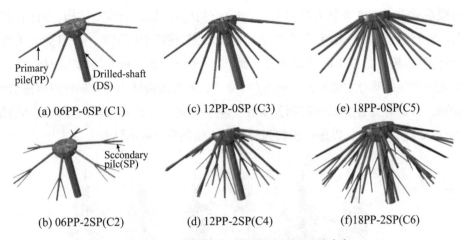

(a) 06PP-0SP (C1)　　　(c) 12PP-0SP (C3)　　　(e) 18PP-0SP(C5)

(b) 06PP-2SP(C2)　　　(d) 12PP-2SP(C4)　　　(f)18PP-2SP(C6)

**图3.5.13　简化后的新基础配置树形根系[45]**

根据有限的研究得出的结论是,主桩在支撑荷载方面的作用很大,而副桩的作用不大。但目前的研究还比较初步,因此不能得出明确的结论。为了更好地判断承载机理和有效配置,有必要进行广泛的调查,这就需要探索主根和副根的不同数量、大小、位置和方向的多种配置。

### 3.5.3.4　根系启发的概念性桩基

根系的土壤渗透可以更好地在土壤中发挥锚固作用,因此可以为现在新型基础的设计提供非常契合的灵感[46]:

(1)受根系启发的第一个土壤渗透概念是基桩桩尖,其灵感来源于有利于土壤渗透的锥形根尖几何形状。半柔性线性元素的顶端几何形状会影响其与土壤颗粒的相互作用,以及在插入土壤过程中穿过土壤的路径。因此,控制桩尖的几何形状可引导半柔性桩遵循特定路径(见图3.5.14(a))。

(2)根系启发的第二个土壤渗透概念是分枝基础,源于上一个关于桩尖几何形状的概念。首先,将由半柔性材料制成的桩的横截面扩展为多个较薄的元素。将这种剖分的桩打入土壤中会产生一个增加承载面积的分枝几何结构。分枝几何结构预计是由桩的材料特性、剖分元素及其顶端的几何形状以及土壤特性共同作用的结果(见图3.5.14(b)A)。桩尖的几何形状也可以通过主动控制,以特定的排列方式在整个土壤中分布分枝结构。这种分枝地基的概念可应用于整个桩尖(见图3.5.14(b)A)或桩尖部分(见图3.5.14(b)B)。

(3)根系启发的土壤渗透的第三个概念是分层基础,其基础是根系仅通过最初插入线性元素在土壤中产生复杂分支结构的能力。这种策略有利于土壤渗透,同时在后期提供结构支撑。以此类推,地基的设计可分多个阶段进行。首先可将光滑的线性垂直基桩插入地下,然后将较细的线性构件从垂直基桩横向推入土壤,以提高锚固性(见图3.5.14(c))。

(4)根系式土壤穿透装置的第四个概念是通过材料的腐烂来改变结构。可生物降解材料放置在高度纹理的基础桩周围,以创造光滑的表面,促进土壤渗透。一旦插入土壤,这种材料就会生物降解并暴露出高度纹理的表面,这是第三个基于根的结构支撑概念。对于这个概念,定向摩擦的额外生物灵感是有趣的,特别是如果表面结构的方向性可以随着时间的推移而改变,并通过这种方式来控制元素在土壤中的运动。已知可以沉淀碳酸钙的细菌可以在生物可降解层下引入,以进一步加强地基与土壤颗粒之间的结合。

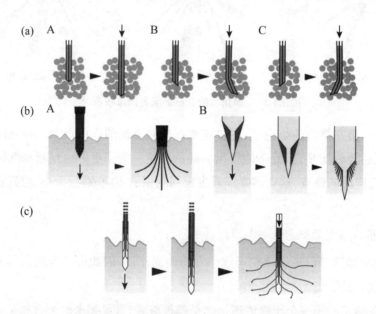

图3.5.14　(a)桩尖概念——桩尖对称的半柔性基桩在打入土中时保持笔直(A)。在实际操作中,根据桩和土的性质,土粒的排列会引起轻微的挠度。有了不对称的尖端,同样的桩预计将转向锐角侧(B,C);(b)分枝基础概念——该图显示了对整个桩(A)或部分桩尖(B)的应用。当桩被打入土壤中时,根据其几何形状、灵活性和土壤特性,被分割的单元遵循不同的路径。可以控制所解剖的元件达到所需的深度;(c)分层基础概念——首先,将光滑的垂直桩打入土中(左图)。一旦桩就位,单个的半柔性构件被横向推入土壤(右图)。[46]

除此以外,还可以运用根系的变形行为在三个不同的概念中被使用,以抵消桩在土壤中插入的便利性和桩的表面摩擦之间的权衡:

(1)基于吸湿材料在吸水时的膨胀特性。吸湿材料位于沿桩表面的可生物降解层后面。在土壤中放置并分解生物可降解层后,吸湿材料在湿地土壤中暴露于水。水触发材料膨胀,形成三维结构,以增加与土壤的表面接触(见图3.5.15(a))。

(2)基于双层材料,它在湿度梯度下改变曲率。受松果的启发,双层胶合板材料在湿度梯度下的弯曲能力得到了研究,并应用于建筑原型[47]。这种复合材料位于基桩表面。一旦插入土壤中,吸水会引起双层单元的曲率变化(见图3.5.15(b))。这种形状变化概念的成功还取决于土壤颗粒的阻力。

（3）基于负泊松比的减振结构的行为。当在一个方向上拉伸或压缩时，它们也分别在垂直方向上膨胀或压缩。通过将辅助和非辅助结构组装在一个平面上，在一个方向上拉伸组件（见图3.5.15（c）中的竖向箭头）会引起结构的几何变化（见图3.5.15（c）中的横向箭头）[48]。该组件需要由半柔性材料制成，以允许材料变形。平面组件可以滚动以产生用于基桩的圆柱形结构。在土壤插入期间，结构可以被锁定，一旦到位，就可以释放。抗压或抗拉荷载作用于辅助基桩上，会产生褶皱，导致承载表面积增大（见图3.5.15（c））。

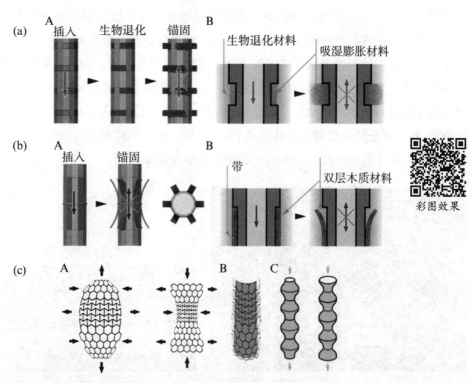

图3.5.15　（a）基于吸湿材料的变形地基——将光滑的地基桩打入土壤（A左），然后生物可降解材料腐烂（A中）。材料分解将吸湿性材料暴露在饱和土壤中，通过摩擦导致三维结构和锚固增加（A右），以及生物降解材料分解前后材料的处置情况（B）；（b）基于双层材料的变形地基——将光滑的地基桩打入土中（A）。随着时间的推移，暴露在湿度下的双层复合材料向外弯曲，通过摩擦从而产生锚固，以及曲率变化前后双层复合材料及其固定带的分布情况（B）；（c）基于补缺行为的变形基础——补缺结构与非补缺结构在一个平面上的组合在压缩或拉伸时产生边缘曲率（A）。当这种组合结构纵向拉伸时（即黄色箭头），补缺部分（即红色）拉伸，非补缺部分（即蓝色）缩短（A左）。当组合结构纵向压缩（A右）时，会发生相反的行为。当卷成圆柱体（B）时，纵向压缩或拉伸产生水平皱褶（C），该圆柱体可作为竖向基础桩，以抵抗压缩和拉伸荷载。

### 3.5.3.5 红树林启发的新型桩组合结构

红树林植被自然生长在亚热带地区的海岸线上,影响着沿岸地区的发展。红树林植被提供了广泛的生态系统功能,如减少海岸侵蚀,促进生物多样性,去除氮和磷以及二氧化碳固存。红树林物种有各种复杂的根系。海参有配备皮孔的吸气孔(向上的根),氧气可以被动地通过根部扩散(见图3.5.16(a))。皮孔可以闭合、部分打开或完全打开,这取决于环境条件。海绵状肺细胞通常很短(小于30cm),然而,在厌氧和石油污染的条件下,生长得更大,数量更多。氧气也能穿透肺细胞的非透镜细胞部分。支柱根是根霉属植物的气根,它们中的许多都生活在佛罗里达州的印第安河潟湖和佛罗里达州的鸦巢湾。水下支柱的根为各种海洋无脊椎动物的附着提供了坚实的表面。此外,许多鱼类将该栖息地用作苗圃;错综复杂的树根为其提供了理想的避难所。红树林仅占全球沿海海洋面积的0.5%左右,但它们通过复杂的生物过程从大气中捕获二氧化碳,占碳固存总量的近10%~15%。它们能够储存的二氧化碳,相当于全球年二氧化碳排放量的近2.5倍。生长在软沉积物中的红树林可以被动和主动地从上游排放的水流和沿海海洋的潮汐水中捕获碳。

图3.5.16 (a)佛罗里达州沃斯湖潟湖(Lake Worth Lagoon)的红树林涌现出的斑块通过积聚沉积物为物种提供了苗圃栖息地,并因其浓密的根系结构而阻碍了侵蚀(2020年8月28日);(b)密根主导的上升阻力产生较小的漩涡,影响床层剪应力。顶部的箭头和线条分别代表了漩涡脱落和速度分布,漩涡脱落和速度分布通过调节近床流结构来增强泥沙圈闭。[49]

红树林支柱的根影响水流结构和湍流,进而影响泥沙的运输。红树林的根系扰乱了河床附近的流速和湍流强度分布,这与光秃秃的河道上的水流有所不同。因此,当水流经过红树林沼泽时,沉积物的运输行为会发生特别的改变。有红树林的河流含有更多的沉积物,比没有植被的河流携带更多的有机和营养成分(见图3.5.16(b))。水流经过红树林根部时会产生湍流,近床湍流在控制侵蚀发生方面起着重要作用,并通过将大尺度的水流能量转化为耗散尾流尺度的湍流来影响泥沙分布,预计红树林模型中孔隙度较高的区域将与高水平的小尺度湍流有关。然而,原则上,湍流并不总是随着红树林孔隙度的增加而增加。在低孔隙土壤,水流可以变得缓慢,只有有限的湍流产生。因此,可能存在一个最佳的土壤孔隙度,该孔隙度可以产生最大的能量耗散,并且由于初始运动所需的较高速度而降低了侵蚀。此外,关于生态地貌反馈存在一个问题,即红树林在最佳根系孔隙度中生长根系,以促进根系附近的冲刷,防止埋藏,同时在森林内部更远的地方产生低能量的沉积物沉积区域,以这种方式促进红树林沼泽的繁殖。

基于红树林的结构特征,提出了一种减轻局部冲刷的方法[49]。模拟红树林支柱根系,在单桩(代表树干或淹没的基础)周围放置一组相对较小的桩(代表根)。图3.5.17所示为裙桩群构型示意图,中心单桩被代表红树林支柱根的圆形裙桩群包围。周围裙桩在土表面以上的部分将形成一个屏障,以降低从任何方向接近的水流的速度以及单桩附近的水流诱发的床层剪应力。采用计算流体力学(CFD)模型和实验室水槽试验对该仿生减冲系统的潜力进行了评估,并就其中裙边桩的淹没高度、裙边桩与单桩之间的间距以及裙边桩的环数进行了变化,以优化所提出的设计。

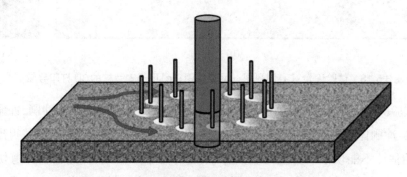

图3.5.17　红树林启发裙堆群周围的单桩示意图[49]

为了研究该组合结构的相关性能,亚利桑那州立大学坦佩校区地球与空间探索学院在明渠水槽中进行了水槽试验,研究裙边桩淹没比、裙边桩环间距、裙边桩环数对单桩流速、河床剪应力分布及冲刷床特征的影响。水槽通过管网与水库相连;储液器被放置在通道的下游,并与电机相连,以驱动流经通道和再循环管道的流体。在水库入口放置铝板作为尾板,控制水流高度,在通道入口放置蜂窝状水流矫直器,使水流均匀,流速由控制台控制面板监测和控制。其试验布局如图3.5.18所示。在实验室规模试验中,单桩和裙桩的直径被缩小以模拟桥梁墩和红树林支柱根系,随后采用气淋法制备水槽内的泥沙。然后使用3D打印指南安装桩,并将砂床压平。以相对较低的泵送速率将水流引入通道,以避免在较低流深处产生初始冲刷。流速逐渐增大,水流高度通过调节水槽末端尾板来控制。当流速达到目标值0.236m/s时,试验开始。试验过程中,使用粘在单桩前端的卷尺测量冲刷深度。如果冲刷深度连续两小时保持不变,则认为达到了最大冲刷深度。在达到最大冲刷深度后,水被缓慢排干,使冲刷层表面露出水面。

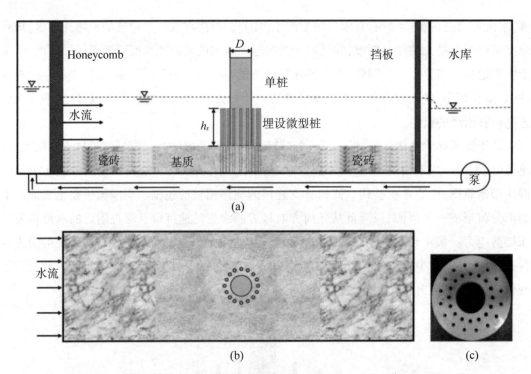

图3.5.18  试验设置:(a)侧视图;(b)俯视图;(c)用于安装桩的3D打印导轨。[50]

水槽试验的主要结果表明,单桩基础周围的裙边桩能显著减少局部冲刷,冲刷深度比对照降低65%,冲刷体积比对照降低90%。通过对模拟结果和试验结果的分析,得出了单桩周围冲刷势的估计不能仅依靠剪应力及其分布(合并为单一参数,即加权临界剪切区面积)。通过假设其他冲刷机制的影响,如近层下流强度和由于在松散沉积物中安装裙边桩而导致的致密化,为简化CFD模拟和实验中呈现的复杂趋势提供了一致的解释。

上述研究模拟红树林系统的多孔结构,研究红树林如何承受和衰减上游水流,并影响下游区域的流速和阻力。然而,他们并没有考虑使用红树林启发的一组圆柱体作为下游桥梁桥墩的冲刷对策。虽然在河流中种植红树林来缓解桥墩周围的局部冲刷是不现实的,但它们的关键形态特征仍然可以提取和研究,用于工程设计。红树林"森林"的一些显著特征是相对密集的直径相对较小的(半)垂直"树干"(桩)和(半)水平"根"(横木)的存在。图3.5.19显示了红树林的这些特征如何启发了传统牺牲桩群的改进设计[50]。

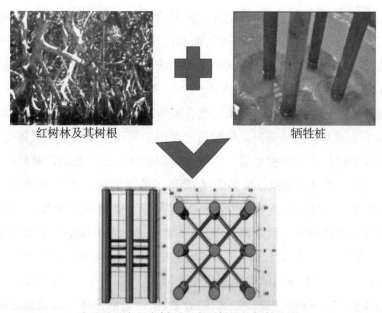

改进后具有竖向树干和水平树根的牺牲桩群

**图3.5.19 以红树林为灵感的牺牲桩群构想[50]**

提取红树林的形态特征,由树干和气根组成的"森林",设计了一个由垂直小桩和水平横杆组成的牺牲桩群。采用计算流体动力学(CFD)计算方法,对有无横杆两种不同配置对流场分布和床层剪应力的影响进行了评价。模拟结果表明,微桩组的存在显著降低了水平方向和垂直方向的流速以及床层的抗剪强度。这些树干造成了大部分的减少。横杆的加入进一步降低了水平速度,但更重要的是,它们显著降低甚至逆转了单桩底部附近锋面的向下流动速度。水平速度的减小和垂直速度的减小和反转都有望减弱马蹄形涡的强度,而马蹄形涡是冲刷的主要驱动力。引入红树林牺牲桩组后,单桩周围的临界区面积和最大剪应力分别降低了80%和40%。与其他情况相比,水平横杆情况的临界区面积和最大剪应力值最小。由于这些参数是减少冲刷的唯一指标,因此将在未来进行水槽试验,以验证这些红树林启发的桥墩和单桩基础减少冲刷的可行性。尽管人们对利用红树林进行海岸线保护和其他与水动力有关的研究非常感兴趣,但利用红树林的特征来减轻水下基础(如桥墩和海上风力涡轮机的单桩基础)的局部冲刷的研究仍然有限。

在前文中,我们深入研究了根系启发的不同锚固方式和应用。这些方法利用了自然界中植物根系结构的精妙设计,以改善地基和基础设施的稳定性和效能。然而,尽管已经取得了显著进展,但在根系仿生领域仍然存在许多未来的可能性和挑战,根系仿生锚固系统的未来展望包括:

(1)生物多样性和生态系统的保护:一个令人鼓舞的方向是将根系启发的技术与生态保护和生物多样性维护相结合。自然生态系统中的根系是多样化的,不同植物物种的根部结构各不相同。这意味着根系启发的方法可以根据特定环境和生态条件进行调整。例如,某些植物根系可以抵御风暴引发的土壤侵蚀,而其他树木的根系则有助于过滤水体中的有害物质。未来的研究可以探索如何在不同的生态系统中应用根系仿生技术,以维护和恢复受威胁的生态系统,如沿海红树林或荒漠地区。

(2)根系通风系统:植物根系通过根内气孔吸取所需的氧气,同时释放二氧化碳。这一自然原理可以用于地下结构的通风。植物通过微小的气孔和孔道实现气体交换,这一过程可以在地下结构中模仿。仿生根系通风系统可以创建具有适当孔道的材料或结构,以促进自然气流。这减少了对机械通风系统的依赖,降低了能源消耗。同样,根系也对土壤中的湿度进行调控。仿生设计可以包括湿度传感器,以监测地下结构的湿度水平。如果湿度升高,系统可以通过释放湿度调节材料来降低湿度,或者通过引入干燥空气来实现湿度控制。这对于防止霉菌和腐烂等问题很有帮助。通过将这些植物根系启发的通风原理应用于地下基础设施,我们可以改善地下空间的通风和空气质量,从而提高了地下停车场、地下通道等地下结构的使用体验。这不仅可以改善人们的舒适性,还有助于降低对机械通风和空气净化系统的依赖,从而提高了可持续性。

(3)根系感应技术:植物的根部具有出色的感应能力,可以检测并适应土壤条件的变化,这为基础设施的可持续性和稳定性提供了有力的灵感。仿生设计可以包括在基础设施周围嵌入各种传感器,这些传感器模仿了植物根部的感应机制。这些传感器可以监测土壤湿度、养分含量和污染物浓度等关键参数。例如,湿度传感器可以检测土壤中的水分水平,从而帮助预测土壤的液化风险,这对于地震易感地区的基础设施至关重要。养分含量传感器可以指示土壤中关键养分的水平,帮助决定适当的土壤处理和植被管理。污染物传感器可以监测土壤中的有害物质,提前发现环境问题。通过这些传感器,基础设施可以实时监测土壤条件,以更好地预测和应对地基问题。这些数据可以集成到智能控制系统中,实现自动化决策,例如自动调整基础设施的支撑结构或土壤处理过程。这不仅有助于提高基础设施的稳定性,还有助于减少维护成本和延长使用寿命。

(4)悬浮式基础设施:借鉴了植物根系在土体中的生长和支持特性,为建筑和基础设施领域带来了创新的可能性。这种仿生设计的核心思想是创建一种不直接接触地面的基础结构,类似于植物的根系在土体中生长并支撑整个植物。在液化地区或软土壤上,传统的基础设施容易受到沉陷和稳定性问题的困扰,这可能会对建筑物和基础设施的安全性和持久性构成威胁。悬浮式基础设施的设计可以通过在地面之上或以下引入支撑结构来应对这些挑战。这些支撑结构可以采用多种形式,例如柱状支撑、气垫、浮力系统或其他创新技术,以确保基础设施脱离地面并悬浮在软土壤之上。悬浮式基础设施的概念不仅可以有效减轻土壤液化风险,还有助于解决地基不稳定性问题。通过借鉴植物根系的灵感,这些设计可以提供更均匀的分布支持,减少地基局部承受的压力,从而提高基础设施的稳定性。此外,悬浮式基础还可以在地震或洪水等自然灾害发生时提供更好的保护,因为其能够避免与液化土壤接触,降低损害风险。

总的来说,根系启发的技术是一个充满潜力的领域,将为未来的基础设施建设和城市规划带来革命性的变化。这些创新将不仅提高基础设施的质量和安全性,还将为城市规划和可持续性发展带来更多机会。通过将自然界的工程原理与工程实践相结合,我们可以建立更具韧性和可持续性的城市,更好地适应不断变化的环境条件。

**【思考题】**

1.请思考设计树根仿生岩土工程构件的变量包括哪些?

2.如何利用根启发岩土技术改善城市基础设施的抗震和抗风能力?针对不同地质条件和环境要求,工程师可以采取哪些措施?

3.在土壤保护和环境保护方面,根启发岩土技术如何设计出生态友好的岩土工程系统?这些系统对于土壤和生态系统的保护有哪些实际效益?

**【参考文献】**

[1]Popova L,Van Dusschoten D,Nagel K A,et al.Plant root tortuosity:an indicator of root path formation in soil with different composition and density[J].Annals of botany,2016,118(4):685-698.

[2]Gregory P.Plant roots[M].Wiley Online Library,2007.

[3]Mallett S D.Mechanical behavior of fibrous root-inspired anchorage systems[D].Atlanta:Georgia Institute of Technology,2019.

[4]Bidlack J E,Jansky S H,Stern K R.Chapter 5:Roots and Soils[J].Stern's Introductory Plant Biology,McGraw-Hill New York,NY,2011:622.

[5]Malamy J E.Intrinsic and environmental response pathways that regulate root system architecture[J].Plant,cell & environment,2005,28(1):67-77.

[6]Lecompte F,Pagès L.Apical diameter and branching density affect lateral root elongation rates in banana[J].Environmental and Experimental Botany,2007,59(3):243-251.

[7]Hodge A,Berta G,Doussan C,et al.Plant root growth,architecture and function[M].Berlin:Springer,2009.

[8]Lynch J P,Brown K M.Topsoil foraging-an architectural adaptation of plants to low phosphorus availability[J].Plant and Soil,2001,237:225-237.

[9]Cattivelli L,Rizza F,Badeck F W,et al.Drought tolerance improvement in crop plants:an

integrated view from breeding to genomics[J].Field crops research,2008,105(1-2):1-14.

[10]Tatsumi J,Yamauchi A,Kono Y.Fractal analysis of plant root systems[J].Annals of Botany, 1989,64(5):499-503.

[11]Mao Z,Wang Y,McCormack M L,et al.Mechanical traits of fine roots as a function of topology and anatomy[J].Annals of botany,2018,122(7):1103-1116.

[12]Ennos A.The mechanics of root anchorage[J].Advances in Botanical Research,2000,33: 133-157.

[13]Ennos A R,Fitter A H.Comparative functional morphology of the anchorage systems of annual dicots[J].Functional ecology,1992:71-78.

[14]Crook M J,Ennos A R,Banks J R.The function of buttress roots:a comparative study of the anchorage systems of buttressed (Aglaia and Nephelium ramboutan species) and non-buttressed (Mallotus wrayi) tropical trees[J].Journal of Experimental Botany,1997,48(9): 1703-1716.

[15]Graham B F,Bormann F H.Natural root grafts[J].The Botanical Review,1966,32:255-292.

[16]Drew M C,Saker L R,Ashley T W.Nutrient supply and the growth of the seminal root system in barley:I.The effect of nitrate concentration on the growth of axes and laterals [J].Journal of Experimental Botany,1973,24(6):1189-1202.

[17]Linkohr B I,Williamson L C,Fitter A H,et al.Nitrate and phosphate availability and distribution have different effects on root system architecture of Arabidopsis[J].The Plant Journal,2002,29(6):751-760.

[18]Correa J,Postma J A,Watt M,et al.Soil compaction and the architectural plasticity of root systems[J].Journal of experimental botany,2019,70(21):6019-6034.

[19]Pierret A,Moran C J,Pankhurst C E.Differentiation of soil properties related to the spatial association of wheat roots and soil macropores[J].Plant and Soil,1999,211:51-58.

[20]Bengough A G,McKenzie B M,Hallett P D,et al.Root elongation,water stress,and mechanical impedance:a review of limiting stresses and beneficial root tip traits[J].Journal of experimental botany,2011,62(1):59-68.

[21]Bengough A G,Mullins C E,Wilson G.Estimating soil frictional resistance to metal probes and its relevance to the penetration of soil by roots[J].European journal of soil science, 1997,48(4):603-612.

[22]Mancuso S,Shabala S.Rhythms in plants:phenomenology,mechanisms,and adaptive significance[M].Berlin:Springer Science & Business Media,2007.

[23]Hart J W.Plant tropisms:and other growth movements[M].Berlin:Springer Science &

Business Media,1990.

[24]Kiss J Z.Up,down,and all around:how plants sense and respond to environmental stimuli [J].Proceedings of the National Academy of Sciences,National Acad Sciences,2006,103 (4):829-830.

[25]Johnsson A.Circumnutations:results from recent experiments on Earth and in space[J]. Planta,1997,203:S147-S158.

[26]Del Dottore E,Mondini A,Sadeghi A,et al.An efficient soil penetration strategy for explorative robots inspired by plant root circumnutation movements[J].Bioinspiration & biomimetics,IOP Publishing,2017,13(1):015003.

[27]Czarnes S,Hallett P D,Bengough A G,et al.Root-and microbial-derived mucilages affect soil structure and water transport[J].European Journal of Soil Science,Wiley Online Library, 2000,51(3):435-443.

[28]Eshel A,Beeckman T.Plant roots:the hidden half[M].Boca Raton:CRC press,2013.

[29]North G B,Brinton E K,Garrett T Y.Contractile roots in succulent monocots:convergence, divergence and adaptation to limited rainfall[J].Plant,Cell & Environment,Wiley Online Library,2008,31(8):1179-1189.

[30]Coutts M P.Root architecture and tree stability[J].Tree root systems and their mycorrhizas, Springer,1983:171-188.

[31]Waldron L J.The Shear Resistance of Root-Permeated Homogeneous and Stratified Soil[J]. Soil Science Society of America Journal,1977,41(5):843-849.

[32]Ennos A R.The mechanics of anchorage in seedlings of sunflower,Helianthus annuus L. [J].New Phytologist,Wiley Online Library,1989,113(2):185-192.

[33]Stolzy L H,Barley K P.Mechanical resistance encountered by roots entering compact soils [J].Soil Science,LWW,1968,105(5):297-301.

[34]Nicoll B C,Achim A,Mochan S,et al.Does steep terrain influence tree stability? A field investigation[J].Canadian Journal of Forest Research,NRC Research Press Ottawa,Canada, 2005,35(10):2360-2367.

[35]Liang T,Knappett J A,Bengough A G,et al.Small-scale modelling of plant root systems using 3D printing,with applications to investigate the role of vegetation on earthquake-induced landslides[J].Landslides,Springer,2017,14:1747-1765.

[36]Arnone E,Caracciolo D,Noto L V,et al.Modeling the hydrological and mechanical effect of roots on shallow landslides[J].Water Resources Research,Wiley Online Library,2016, 52(11):8590-8612.

[37] Stokes A, Nicoll B C, Coutts M P, et al. Responses of young Sitka spruce clones to mechanical perturbation and nutrition: effects on biomass allocation, root development, and resistance to bending[J]. Canadian Journal of Forest Research, NRC Research Press Ottawa, Canada, 1997, 27(7): 1049-1057.

[38] Cucchi V, Meredieu C, Stokes A, et al. Root anchorage of inner and edge trees in stands of Maritime pine (Pinus pinaster Ait.) growing in different podzolic soil conditions[J]. Trees, Springer, 2004, 18: 460-466.

[39] Rigg G B, Harrar E S. The root systems of trees growing in sphagnum[J]. American Journal of Botany, JSTOR, 1931: 391-397.

[40] Lizzi F. 'Pali radice' structures[J]. Underpinning and retention, 1993, 5: 84-156.

[41] Meyerhof G G, Adams J I. The ultimate uplift capacity of foundations[J]. Canadian geotechnical journal, NRC Research Press Ottawa, Canada, 1968, 5(4): 225-244.

[42] Vesić A S, Boutwell G P, Tai T-L. Theoretical studies of cratering mechanisms affecting the stability of cratered slopes[M]. Durham: Duke University School of Engineering, 1967.

[43] Mallett S D, Frost J D, Huntoon J A. Root-Inspired Anchorage Systems for Uplift and Lateral Force Resistance[A]. IFCEE 2021[C]. Dallas, Texas: American Society of Civil Engineers, 2021: 299-307.

[44] Dyson A S, Rognon P G. Pull-out capacity of tree root inspired anchors in shallow granular soils[J]. Géotechnique Letters, 2014, 4(4): 301-305.

[45] Shrestha S, Marathe S, Ravichandran N. Prospective of Biomimicking Tree Root Anchorage Mechanism to Develop an Innovative Foundation System[A]. Geo-Congress 2022[C]. Charlotte, North Carolina: American Society of Civil Engineers, 2022: 123-133.

[46] Stachew E, Houette T, Gruber P. Root Systems Research for Bioinspired Resilient Design: A Concept Framework for Foundation and Coastal Engineering[J]. Frontiers in Robotics and AI, 2021, 8: 548444.

[47] Menges A, Reichert S. Performative wood: physically programming the responsive architecture of the HygroScope and HygroSkin projects[J]. Architectural Design, Wiley Online Library, 2015, 85(5): 66-73.

[48] Mirzaali M J, Janbaz S, Strano M, et al. Shape-matching soft mechanical metamaterials[J]. Scientific reports, Nature Publishing Group UK London, 2018, 8(1): 965.

[49] Li X, Van Paassen L, Tao J. Investigation of using mangrove-inspired skirt pile group as a scour countermeasure[J]. Ocean Engineering, 2022, 266: 113133.

[50] Li X, Tao J, van Paassen L. Numerical Simulations of Mangrove-Inspired Sacrificial Pile

Group for Scour Mitigation［A］.Geo-Congress 2022［C］.Charlotte，North Carolina：American Society of Civil Engineers，2022：385-394.

**他山之石**

论文：Role of root morphological and architectural traits：Insights into root-inspired anchorage and foundation systems

本文主要介绍了根系形态与结构特征对根土相互作用的影响，以及树根仿生锚杆的基本原理与应用前景。

论文：仿生牙根桩承载性能透明土模型试验研究

本文基于仿生学原理并结合哺乳动物下颌磨牙承载力高的特点，提出一种模仿哺乳动物下颌磨牙的仿生牙根桩。

论文：Investigation of the penetration characteristics of snake skin-inspired pile using DEM

受蛇鳞的启发，本研究探讨了蛇皮仿生桩的贯桩过程的特点。

# 第4章  仿生构筑物

## 4.1  龟壳仿生

### 4.1.1  概述

乌龟为脊椎动物门爬行纲龟鳖目动物的统称。龟类爬行动物有多个品种,比较常见的有海龟(见图4.1.1和图4.1.2)、山龟(见图4.1.3)、巴西龟(见图4.1.4)、中华草龟等。最常见的一个特征便是其背部和腹部都覆盖有坚硬的外壳,背部是向上凸起的椭圆形状背甲,腹部是平面状的腹甲,二者通过身体两侧的甲桥连接,这两部分的外壳共同构成了龟甲(壳)。整体外观上形成一种匣状结构,并在其前方和后方都有提供头和尾活动伸缩的空隙。

彩图效果

图4.1.1  群居的绿海龟

图4.1.2  海龟

彩图效果

彩图效果

图4.1.3  山龟

图4.1.4  巴西红耳龟

彩图效果

乌龟是中国传统文化中的长寿动物,也是中国古代四灵之一。早在《山海经》就有对龟的记载:"其状如龟而鸟首虺尾","其音如判木,佩之不聋,可以为底。"清光绪年间,就有学者在中药材上的"龙骨"片(龟甲)发现有古文字,即是后来的甲骨文。从历史角度来讲,甲骨文作为现存发现得最早的文字,其篆刻于龟甲或兽骨上,拥有从商代至今的悠久历史,也从侧面反映出其外壳具有耐久性好的特点。在《本草纲目》中记录龟甲有补心、补肾、补血等药用功效。在现代仿生学设计的角度下,我们不再一味地照搬外形,而是从更深层次出发研究了龟壳的构造和材料组成等方面,使得龟壳(甲)在现代科学与技术发展中有了更大的用处。

师法自然,从古自今人类大都从自然界来获取灵感达到科技创新的目的。乌龟作为世界上最古老的物种之一,在长时间的演变进化下,其生长出了力学性能优良的外壳,用来抵御捕食者抓咬、摔落和碰撞。与骨骼、贝壳等天然生物材料相比,它具有更好的韧性和强度。因此国内外的仿生研究学者对龟壳的构造材料、外观形态和力学性能进行分析和研究。靳宏博等[1]研究表明龟壳是具有良好力学性能的多尺度天然生物复合结构,拥有良好的力学性能,在必要的条件下还可以调节温度,储存水和脂肪。龟壳是一种典型的高强度、高韧性,材料和结构一体化的多尺度复合结构材料。对龟壳材料的多尺度微结构构筑方式及多尺度力学性能开展系统的研究,能为轻量化、高强韧、材料结构一体化的新型防护结构材料设计和制备提供新思想。

从仿生学角度来看,龟壳仿生设计在建筑工程、航空航天、海洋工程和军事工程等领域具有重要应用[1]。例如,在建筑工程中,可用于轻质高强结构的设计,如体育场和拱桥;在航空航天领域,飞行器和空间站外壳采用龟壳仿生,提高抗冲击性、强度和韧性;在海洋工程中,深海建筑和海洋航行器借鉴龟壳结构,以增强抗压能力和摩擦性能;而在军事工程中,坦克、航母及士兵防护盔甲的设计也可借助龟壳仿生以提升防护性能。本章节主要探讨龟壳仿生在土木工程领域的应用。

## 4.1.2　龟壳结构特性及原理

### 4.1.2.1　原理

龟壳拥有如此优秀的力学性能与其宏观微观结构以及龟壳的材料成分息息相关。下面从宏观结构、微观结构以及龟壳材料做相关介绍。

1.宏观结构(圆拱薄壳)

整体来看,龟壳结构是呈匣状,背部和腹部都覆盖有坚硬的外壳,背部是向上凸起的椭圆形状背甲,腹部是平面状的腹甲,二者通过甲桥连接。在身体两侧间还有加强肋,该部位的作用也是不可小觑的。首先在面对外部荷载时加强肋可以承受背甲传来的荷载并将荷载传递到腹甲上,以便于传给大地来消耗能量。其次加强肋可以起到支撑的作用,保护乌龟的身体部分。在龟壳的前方后方及两侧都留有空隙,以便于头、尾和四肢可以自由地活动。背甲是从边缘向中间隆起的薄形拱状结构,拱状结构为乌龟的身体提供了更大的内部活动空间。Alibardi等[2]从生物物理学方向探讨了龟壳在水中的疏水能力以及防浸润特性,解释了流线型外壳的游动优势。这种流线型还能减小乌龟在水中游动时的摩阻力,体现了其适应各种环境的特点,布局也十分合理。在龟甲中间有一条明显的脊椎线,并以脊椎线为中心线两边对称分布角质盾片(见图4.1.5),盾片表面也存在许多凹凸不平的棱纹,颜色越深,棱纹越粗(见图4.1.6、图4.1.7)。另外盾片表面覆盖了透明角质层可以进一步减少龟壳表面摩阻力。位于背甲和腹甲的角质盾片也呈不均匀交错分布,之间的交界线称作缝线(见图4.1.8、图4.1.9),这种不整齐的交界面也使得龟壳结构更加坚固。这种圆拱薄壳状的宏观结构为龟壳本身增加了抗压性能,并减轻了自身的重量。

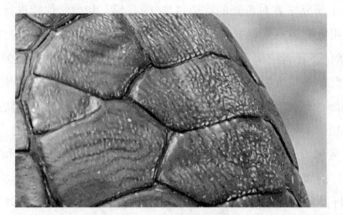

彩图效果

图4.1.5　相邻盾片交界面

彩图效果

图4.1.6　棱线分布

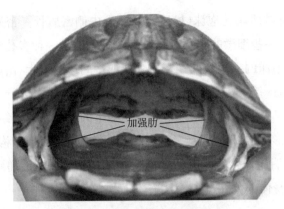

彩图效果

图4.1.7 四个加强肋位置[13]

彩图效果

图4.1.8 龟壳的椎骨结构

彩图效果

图4.1.9 椎骨局部结构[13]

2.微观结构(三明治夹心微观结构)

首先从横截面来讲,张志强等[1]通过CT检查设备进行扫描观察,发现龟壳横截面是一种典型的三层结构。横断面的结构类似于三明治夹心结构,从上到下依次是坚硬外侧密质骨、随机分布的柔软纤维质闭孔泡沫(松质层)、坚硬内侧密质骨。密质骨结构十分紧密,由胶原纤维构成,分布着一些细微的小孔。纤维泡沫中间层是一种多孔结构,是由胶原纤维缠绕而成。中间的闭孔泡沫的大小从两端密质骨层向中间逐渐增大,由内而外逐渐紧凑,呈梯状分布。Edward Ampaw等[3]人使用了从金龟龟壳中提取的样本进行了压缩试验,采用了成像技术和机械测试相结合的方法来检查龟壳在压缩下的层次结构。结果揭示龟壳的多孔结构是一个很好的抗变形结构,可用于生物仿生设计,设计出抗变形结构。这种三明治夹心的微观构造能够极大地消耗外界的冲击动能(见图4.1.10),导致能传递到内部的能量很少,能够很好地保护乌龟的身体部分。

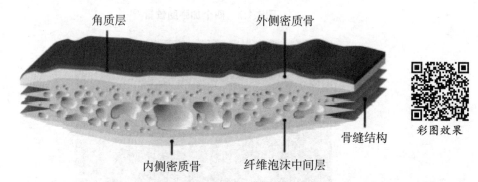

图4.1.10　三明治夹心结构[1]

另外,上文提到的盾片交错连接,而这个接缝组织也是微观结构中的一个重要因素。盾片(骨板)之间存在着一种接缝组织,为骨缝结构(见图4.1.11)。这种骨缝结构是类似于一种齿轮状的啮合骨结构,接缝内交错的骨齿相互接触。Krauss等[4]将骨缝微观组织切片染色,分析得到骨缝组织里填充了柔软的胶原蛋白,两侧为逐渐变硬的矿化物,同时这种接缝组织在不同的应力状态下可消耗动能并产生细微的变形,以便于乌龟可以自由地活动头部和四肢以及在温度变化下抵抗热胀冷缩变形的作用。因此这种特殊的接缝结构不仅保证了龟壳结构的稳固性还可以承受细微的变形,以便于乌龟在各种环境中生存[5]。

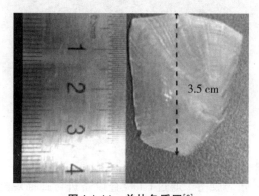

图4.1.11　单片角质层[6]

　　龟壳除了骨质层外还有其上表面的角质层部分,这两部分组成了龟壳的多尺度层状复合结构。角质层与骨质层相比厚度更薄,试验表明角质层的微结构是由有机物组成的微薄片,其中间厚边缘薄,便于相互间的连接和相互间的作用。大量的微薄片堆砌在一起就形成了角质层的层状结构,呈各向异性。角质层虽然薄,但其优良性能不容小觑,有角质层龟壳的冲击韧性是无角质层情况下的三倍。杨爽[6]对其角质层材料进行分析,得到这些薄片成分是蛋白质,主要是α-蛋白质和β-蛋白质。并且在微薄片的层间存在离散蛋白质桥连接着上下界面,因此蛋白质填充中还存在着许多空隙。这些由蛋白质构成的微薄片堆积在一起并紧密地覆盖在龟壳的骨质层上方,是龟壳结构的第一道防线。

　　3.龟壳材料成分

　　有学者通过扫描电子显微镜(SEM)观察能谱图发现,龟壳的成分主要是由钙、磷、氧、氮、碳、氯、钠、硫、铝和镁等元素组成,不同的龟壳中磷和钙元素的含量存在差异。在背甲盾片中主要是存在碳、氮和氧元素。在同一个体的腹甲中,主要含有碳、氮、氧、磷和钙元素,还含有少量镁、铝和钾等元素。在同一腹甲中元素的含量也会随着腹甲位置的变化而变化。例如钙和磷元素的含量就会从腹甲外到内逐渐增加。总的说来,龟壳中包含了乌龟体内几乎所有的钙、镁和磷酸盐,并且龟壳中还存在角质、蛋白质、动物胶和脂肪等多个成分。这也表明了龟壳是种复合结构,它的生物组分十分复杂,因此在研究中将龟壳结构视为复合材料进行研究。

### 4.1.2.2　力学性能分析

　　1.龟壳强度(硬度)分析

　　硬度即是对材料软硬度进行定量表征的一种物理参量。要分析龟壳的力学性能必不可少地就要分析其硬度。自然界中,乌龟面临捕食者的抓咬时,龟壳的硬度是其保命之道。谷翠云[7]采用了显微硬度计测量龟壳的维氏硬度,对背甲和腹甲进行取样测量,选取盾片上较为平坦的部位为测量点并进行打磨使之受力均匀。测量结果表明对于背甲和腹甲来说硬度差别很细微,龟壳的硬度主要是随着体重和年龄的增长而变大,并且当龟壳在不含水的情况下硬度更高。因此老龟的龟壳硬度远高于幼龟,海龟龟壳的硬度通常低于陆地上生存的同体形龟类。

　　2.拉伸力学性能

　　学者谷翠云[7]对巴西龟的龟壳进行了拉伸试验,从巴西龟的龟壳应力应变曲线来看,刚开始受力时应力应变曲线近似为直线,龟壳发生弹性变形。随着拉力的增大,曲线趋于平缓,出现非线性变化(见图4.1.12)。这时不仅有弹性变形还有塑性变形。应力继续增加直至龟壳发生破坏拉伸断裂破坏时,角质层薄片从层中拔出断裂。由此分析可得到龟壳为脆性材料,具有弹-塑性性质。由于龟壳属于各向异性材料,不同部位的抗拉强度也会存在差异。有连接缝处的龟壳拉伸强度要明显低于不含接缝处的龟壳样本。

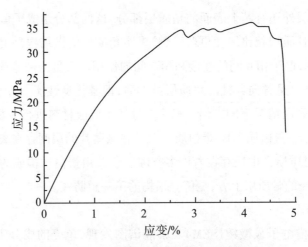

**图4.1.12 巴西龟壳的拉伸应力应变曲线**[7]

3.弯曲力学性能

弯曲试验中可采用三点或四点弯曲的方式。为了比较龟壳不同方向上的弯曲力学性能，将分为纵向和横向进行试验。纵向是沿着乌龟体长方向，横向则是沿着乌龟的体宽方向。谷翠云[7]试验得出，龟壳不同方向及不同部位的弯曲性能相差很大。无论有无缝线(盾片间连接线)，龟壳的横向弯曲强度总是大于纵向的弯曲强度。同时，骨缝的三维犬牙交错微观结构不仅能保证龟壳盾片间连接的坚固性还具有一定的变形能力。在受到弯曲作用时，这种犬牙交错结构使骨缝组织变得有柔性以便于抵抗变形，这也为龟壳的弯曲性能提供了良好的支撑。

4.抗磨损性能(耐久性)

从历史记载和生物选择上就能体现出龟壳的良好耐磨性能。磨料的磨损是指在没有粘连和润滑作用时，硬质颗粒或硬质微凸体在遭受外界对其表面切割和刮削作用时产生的磨损，这也是最为简单的一种磨损方式。一般来说其硬度越高磨损性能就会越好。龟壳盾片的表面存在着大量的棱纹，因此乌龟在正常生命活动中最先磨损的便是表面的棱纹结构，即受控于龟壳的表面形态。当表面的棱纹结构被磨损后就会转变为自身材料的磨损。研究表明，对于龟壳的磨料磨损的磨损量来说，磨料的尺寸影响是最大的，其次便是龟壳的磨损滑行速度。

5.整体抗压能力

龟壳的整体抗压能力是龟壳结构最明显的力学特点之一。由于拱形的薄壳体的宏观结构，龟壳具有极好的抗压能力，这也是对乌龟来说最重要的一个能力，在面临捕食者的抓咬时自身良好的抗压能力是保护身体的关键因素。龟壳承受压力时，上文提到的加强肋和椎骨便是承压核心关键部位，它们起到传递荷载、消耗能量和保护躯干的作用。Magwene等[8]发现龟壳在承受较大静态压力时，失效裂开的位置一般位于背甲与腹甲的连接处边缘，而并不是骨缝结构处,这也说明了龟壳的骨缝结构能在一定程度上起到限制裂纹扩展的作用。另外,Hu等[9]学者通过对比不同种类的龟壳,表明龟壳的厚度随着体形的增大而增厚,并且小龟壳比大龟壳在受压失效破坏前发生的变形更大。因此龟壳的抗压能力与其龟壳的大小成正比关系。

6.动态力学性能(抗冲击性能)

乌龟在生存中不仅会面临着其捕食者对它的瞬间抓咬摔落或啄食,还可能会因为自身的原因从高处跌落,并且这些情况往往都十分的常见。因此对于乌龟来说,龟壳的抗冲击性能尤为重要和关键。Zhang等[10]从有限元数值模拟角度分析了龟壳低空跌落的撞击情况,发现动态响应多集中在距乌龟内脏较远的边缘部位,证明了龟壳整体结构具有动态抗压性能。Achrai等[11]试验表明在冲击荷载作用下有骨缝的龟壳甲片比无骨缝的龟壳甲片能吸收更多的冲击能量,因此有骨缝的甲片抗冲击性能更加优良。这是由于骨缝结构在面对外部冲击荷载时会表现出更大的韧性来抵挡变形和消耗能量。此外,覆盖在骨质层表面的角质层也是龟壳优良抗冲击性能的关键因素。学者Achrai等[11]的低速冲击试验表明,湿润状态下含有表面角质层的龟壳甲片能量吸收能力比去除角质层的龟壳甲片高出3倍以上。因为角质层与骨质层覆盖紧密,当承受冲击荷载时角质层与骨质层之间会发生角蛋白的断裂,这样会消耗一部分能量。再者,角质层的覆盖使龟壳受力变得均匀。在受力均匀状态下产生的裂缝不会快速地传播,更大程度地增大了耗能,保证了龟壳结构的抗冲击性能[1]。

### 4.1.3 龟壳结构的仿生应用

#### 4.1.3.1 建筑结构仿生

1.龟壳壳体仿生结构

壳体建筑主要是仿生龟壳、蛋壳或贝壳等的一类薄壳拱状结构建筑,是目前运用较为成熟的仿生建筑设计。壳体结构具有薄壁和张力大的特点:薄壁的特点能很大程度地减少建筑用材,在保证安全性能的同时极大地节约材料;张力大的特点能使作用在自身的外力沿着不同方向进行分解,很好地减少了破损的情况,增强了其整体性。并且壳体结构的仿生建筑具有很强的设计感和观赏性,极具美感,能成为一个城市甚至国家的地标建筑物。其圆拱形的结构也增大了建筑物内部的空间,适合作为大型公用建筑的构造选型。

其中有名的一个壳体结构建筑便是中国国家大剧院(见图4.1.13)。其作为我国的地标建筑在国际上也享有盛誉。中国国家大剧院是由法国著名建筑师保罗·安德鲁设计,也是新中国成立后的第一批大型公用建筑。国家大剧院的外部是一种钢结构的壳体,呈半椭球形,它的壳体是由18000多块经过特殊氧化处理的钛金属板拼接而成,类似于龟壳盾片的拼接。并且钛金属板的形状几乎各不相同,只有四块完全一样。

特殊的氧化处理也使得钛金属片不易褪色，并且表面极具光泽质感。中部为渐开式玻璃幕墙，由1200多块超白玻璃巧妙拼接而成。整体高度大概有十层楼的高度，整个壳体钢结构重达6475t，东西向长轴跨度212.2m，是世界上最大的穹顶。这种向上拱起的椭圆形壳体与龟壳结构极为类似，表面拼接而成的钛金属片与龟壳表面由接缝组织连接的盾片有异曲同工之妙。类似的仿生壳体建筑还有新加坡滨海艺术中心等（见图4.1.14）。

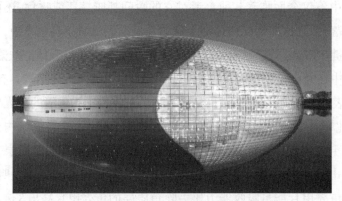

彩图效果

图4.1.13　中国国家大剧院

彩图效果

图4.1.14　新加坡滨海艺术中心

在桥梁设计方面，仿生学也提供了很多新思路和新方法。拱桥作为一种主要承受压力的桥梁形式，是我国十分常见又历史悠久的一种桥梁。根据拱桥结构形式特点从仿生学理念出发可以对拱桥结构设计形式进行创新性研究和优化。因为拱桥在建筑周期中主要承受压力荷载作用，所以拱桥设计时如何提高其抗压承载能力是拱桥研究的重点之一。龟壳良好的抗压力学特性与拱桥结构形式设计特点不谋而合，因此龟壳结构形式为提高拱桥承载力设计提供了研究思路。通过分析比较，可以看出龟壳结构与拱桥结构具有较多的相似相近性，而且龟壳结构的各项力学性能都比较优异，因此对拱桥结构进行龟壳仿生设计和优化具有重要意义和参考价值。上文从宏观和微观的角度来讲，龟壳都是一种优良抗压性能的结构。而其良好抗压性能背后的支撑因素便是加强肋、椎骨。因此在拱桥的仿生设计中要重点考虑加强肋和椎骨的作用,考虑如何设计类似于加强肋和椎骨结构用来承担仿生拱桥的主要荷载,在保持仿生拱桥结构合理性的前提下,达到增强仿生拱桥承载力的效果。

学者侯居光[12]根据CT扫描和3D打印分析龟壳的抗压性能,得出了拱桥仿生龟壳的优化设计模型(见图4.1.15、图4.1.16、图4.1.17),并通过建模对仿生设计模型与普通的同类拱桥进行抗压能力测试并比较分析,发现经过龟壳仿生后的拱桥抗压承载能力显著提高。

由此可见对拱桥进行龟壳仿生设计能进一步优化传统钢筋混凝土拱桥设计,提高抗压承载力,增加结构刚度,丰富传统拱桥结构形式。

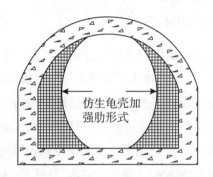

图4.1.15　拱桥仿生设计形式1[12]

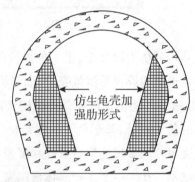

图4.1.16　拱桥仿生设计形式2[12]

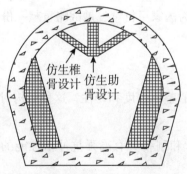

图4.1.16　拱桥仿生设计形式2[12]

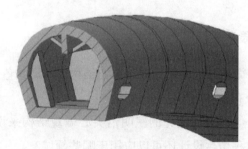

图4.1.17　拱桥仿生3D图[12]

### 4.1.3.2　建筑材料仿生

龟壳表面的角质层和盾片间的骨缝组织是良好抗冲击性能的关键,其三明治夹心微观结构中的松质层以及骨缝结构表现出的韧性可以极大地消耗冲击动能,减小材料的损耗。Han BS等[13]学者受龟壳的三明治泡沫夹心结构启发,对已经广泛应用于抗冲击防护和能量吸收领域的轻质泡沫铝结构进行了仿生优化改造,制备了两侧密度高、中间密度低的复合式梯度泡沫铝结构材料(见图4.1.18)。在土木工程材料的仿生设计中采用这种仿生思想得到的高强抗冲击性能结构材料可以广泛应用于军事建筑、核电站及核试验基地等,保障其安全性和抗冲击性能。

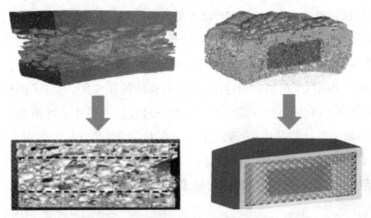

**图4.1.18　复合式梯度泡沫铝结构**[13]

在结构的仿生设计上,上文的拱桥仿生设计在未来也可以类似地运用于隧道。通过为隧道的拱形结构设置类似龟壳的"加强肋""椎骨"结构,可以极大增强隧道结构的抗压能力。另外,Chen等[14]还根据龟壳骨缝结构交错连接的特点设计了相应的抗冲击防护结构。除了对结构的仿生设计,基于龟壳的建筑材料仿生设计也是未来的一个重要趋势。在未来可以基于龟壳甲片的多尺度构造形式和复合材料分布特点等进行创新仿生设计得到轻质高性能材料和结构。作为一个高建筑体量国家,在我国"碳中和和碳达峰"的"双碳"目标下,土木工程材料的选择尤为重要,而更绿色、更环保、更高性能的材料则是所追求的目标。在未来,龟壳仿生材料将更趋于绿色和天然性,实现循环利用,为国家可持续发展战略贡献一份力量。

**【思考题】**

1.微观结构中的三明治夹心结构如何影响龟壳的整体强度和韧性？这种结构对龟壳的应力分布和各向异性有何影响？

2.如何利用龟壳的三明治夹心微观结构来设计和制备具有高强抗冲击性能的建筑材料？这种仿生设计还可以应用于哪些领域？

**【参考文献】**

[1]靳宏博,张志强,宋亮.龟壳结构的力学性能研究现状及展望[J].力学与实践,2020,42(2):143-150.

[2]ALIBARDI L,TONI M.Skin structure and cornification proteins in the soft-shelled turtle Trionyx spiniferus[J].Zoology,2006,109(3):182-195.

[3]AMPAW E,OWOSENI T A,DU F,et al.Compressive deformation and failure of trabecular structures in a turtle shell[J].Acta Biomaterialia,2019,97:535-543.

[4]KRAUSS S,MONSONEGO-ORNAN E,ZELZER E,et al.Mechanical Function of a Complex Three-Dimensional Suture Joining the Bony Elements in the Shell of the Red-Eared Slider Turtle[J].Advanced Materials,2009,21(4):407-412.

[5]张晨朝.乌龟壳力学性能分析[D].大连:大连理工大学,2011.

[6]杨爽,彭志龙,姚寅,等.龟壳角质层的微结构特征及拉伸力学性能[J].中国科学:物理学力学天文学 ,2020,50(9):189-197.

[7]谷翠云.巴西龟壳结构与性能[D].长春:吉林大学,2009.

[8]MAGWENE P M,SOCHA J J.Biomechanics of Turtle Shells:How Whole Shells Fail in Compression[J].Journal of Experimental Zoology Part a-Ecological and Integrative Physiology,2013,319A(2):86-98.

[9]HU D L,SIELERT K,GORDON M.TURTLE SHELL AND MAMMAL SKULL RESISTANCE TO FRACTURE DUE TO PREDATOR BITES AND GROUND IMPACT[J].Journal of Mechanics of Materials and Structures,2011,6(9):1197-1211.

[10]ZHANG W,WU C,ZHANG C,et al.Numerical Study of the Mechanical Response of Turtle Shell[J].Journal of Bionic Engineering,2012,9(3):330-335.

[11]ACHRAI B,BAR-ON B,WAGNER H D.Biological armors under impact-effect of keratin coating,and synthetic bio-inspired analogues[J].Bioinspiration & Biomimetics,2015,10(1):016009.

[12]侯居光.基于龟壳的拱桥仿生设计研究[D].重庆:重庆交通大学,2020.

[13]HAN B-S,XU Y-J,GUO E-Y,et al.Microstructure and Mechanical Properties of Tortoise Carapace Structure Bio-Inspired Hybrid Composite[J].Acta Metallurgica Sinica(English Letters)[J].2018,31(9):945-952.

[14]CHEN I H,YANG W,MEYERS M A.Leatherback sea turtle shell:A tough and flexible biological design[J].Acta Biomaterialia,2015,28:2-12.

## 4.2 竹子仿生:轻质高性能结构体系

### 4.2.1 概述

#### 4.2.1.1 竹文化

竹文化是我国特有的一种文化现象,其在中国文化中具有很高的地位。北宋著名文学家苏轼曾在《於潜僧绿筠轩》中抒发对竹的喜爱之情:"宁可食无肉,不可居无竹。无肉令人瘦,无竹令人俗。人瘦尚可肥,士俗不可医"。竹在我国的传统文化中是一种精神的象征,既是正直善良的君子,又是虚怀若谷的典范,因此明清时期的文人士大夫经常把竹用在家具和器物中,是谓增加"居有竹"之意趣。竹子的造型千姿百态,竹竿、竹节、竹根、竹叶都具有独特的审美趣味和审美内涵。在仿竹器具的造型中也常常去模仿竹子的这些特征,如明晚期黄花梨仿竹六仙桌(见图4.2.1)、清代瘿木仿竹节如意(见图4.2.2)、清代天蓝釉仿竹叶笔筒(见图4.2.3)等,这些仿竹器具的出现标志着早在明清时代我国就形成了独特的仿竹文化[1]。

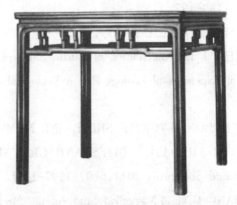

*彩图效果*

**图4.2.1　明晚期黄花梨仿竹六仙桌**[1]

*彩图效果*

**图4.2.2　清代瘿木仿竹节如意**[1]

*彩图效果*

**图4.2.3　清代天蓝釉仿竹叶笔筒**[1]

### 4.2.1.2 竹子的介绍

竹子原产于中国,属单子叶植物纲,是禾本科目的一个分支,种类繁多。在自然界中,竹子主要承受自重和外界的风雪荷载。竹子生长极快并且是一种可再生且拥有优秀的力学性能的材料,经过长期自然进化已经形成了一种从宏观到微观不同尺度的分级结构,这种独特的结构使竹子具有优异的力学性能[2]。

竹子是一种可再生、可降解、节能的自然资源,是一种极具潜力的环境可持续发展的建筑材料。与木材、钢材和混凝土等传统材料相比,它具有优异的强度与重量比,竹子在强度和刚度效率方面可以与钢铁相媲美,而竹子(每立方米)所需的生产能源仅为钢铁所需的0.1%。平均茎长可达8~15m。直径5~12cm,壁厚5~10mm,抗拉强度约为100MPa,抗压强度约为拉伸强度的三分之一[3]。

从宏观尺度来看,竹子是一种从根部向上逐渐变细的圆锥空心结构,每隔几厘米至几十厘米会有一个突起,并且在根部要比顶部更加致密,竹子的整体中空结构大幅降低了自重,所以竹子可以生长得很高,这种特性使竹子的长细比达到1:150~1:250,这是常规结构难以实现的,如此特殊的空心锥(柱)状结构相对同样的实心结构大幅提升了抗弯性能。因为这种中空圆柱状结构在产生大的弯曲的时候会产生塌陷,所以在进化的过程中竹子逐渐进化出了一种每隔一段距离生长一个实心结构来抵抗这种破坏,其被称为"竹隔"或者"竹节"。这使竹子形成了"竹节间中空、竹节处实心"的特殊结构(见图4.2.4)。竹节是竹材的主要力学加强结构,相对于无竹节的竹材大幅度提升了竹子整体的抗剪能力和横向抗压能力[2]。

**图4.2.4 竹节**

从微观尺度来看,按力学性质分类竹壁中分离出来的结构可以主要分为两种:第一种是基本组织细胞(薄壁细胞),起传递载荷的作用;第二种是维管束,其被基本组织细胞包裹,起承受荷载的作用。维管束主要由木质部和韧皮部成束状排列形成,其分布密度沿径向从内向外连续增大,彼此交织连接,如图4.2.5所示,维管束的梯度排布是竹材力学强度最主要的原因,纤维含量是竹材纵向力学性能的决定性因素[2]。

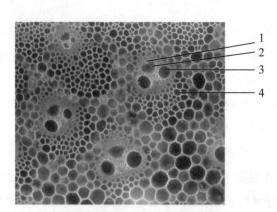

1.初生木质部导管的阶梯形和环形;
2.韧皮部;
3.后生木质部梯形导管;
4.薄壁细胞

**图4.2.5 竹壁微观结构图[2]**

　　根据维管束和基体组织分布比例不一样,又可以将两者之间的部分进一步细分:即外侧维管束小、分布密集的部分为竹青,竹青是竹壁的外侧部分,结构紧密,质地坚硬;靠近内侧维管束大、分布稀疏的部分为竹黄,竹黄位于竹壁的内侧,结构疏松,质地脆弱,一般呈黄色;竹青与竹黄两者之间部分为竹肉,由维管束和基本组织构成(见图4.2.6)。

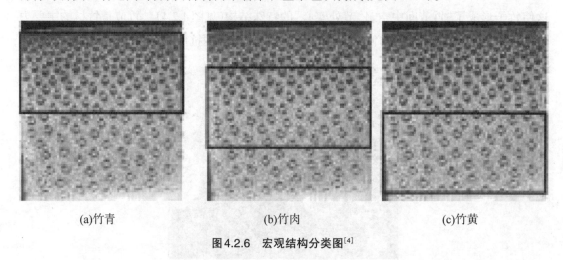

(a)竹青　　　　　　　　　　(b)竹肉　　　　　　　　　　(c)竹黄

**图4.2.6 宏观结构分类图[4]**

　　竹茎是竹子生长于地下的横向主茎,既是竹子养分贮存和运输的主要器官,又显著影响着竹子的力学行为。竹茎因其独特的鞭状结构(见图4.2.7),又被称为竹鞭。竹鞭和竹子本身结构相似,亦由节和节间组成,外形圆而中空。竹的鞭根系统是竹生长发育的基础,竹子通过鞭根繁育新笋,鞭根系统的年龄与空间结构直接影响着新笋的萌发。新笋能够在短时间内发育完成高生长也依赖于老竹的鞭根系统为其输送营养物质。

**图 4.2.7　竹茎的形态**

## 4.2.2　竹结构的特性及原理

竹子力学性能之优越,与其缜密和规律的宏微观结构形式是分不开的[5]。从宏观上看,竹子的茎秆结构由若干段竹节构成,呈空心夹层且底端固定悬臂梁结构。在成长环境中茎秆承受自重、风载、雪载等引起的弯矩、剪力和扭矩的作用,具有极强的抗弯力。竹节是竹子不同于其他植物结构的一个重要特征,其节部由秆环(外部环箍)、节隔(内部横隔板)组成,起着水分横向运输和加强竹子秆直立的作用,无论在竹子的功能或结构上都不可或缺,竹节的存在提高了竹子整体结构的强度及稳定性。从微观上看,竹子是天然长纤维增强复合材料,其增强纤维是维管束,基体是薄壁细胞。维管束中包括纤维帽、导管和筛管,其中圆形薄壁结构在竹子受载时起到载荷传递作用;维管束起到了承重作用。竹材的管壁从内到外可以分为 3 层,维管束分布依次从稀到密,呈梯度分布,因此竹子结构可以被认定为是一种功能梯度材料。

### 4.2.2.1　竹筒的特性及原理

竹子是天然的高耸结构,其主要的结构特征是沿高度方向直径和壁厚的变化,并且沿竹身高度方向每隔一段距离都有竹节的存在[6],见图 4.2.8。

**图 4.2.8　竹子结构[6]**

通过对多组具有代表性的竹子结构几何参数进行实测与文献对比，得出竹身直径、壁厚和竹节间距的平均值沿高度方向的变化，见图4.2.9。

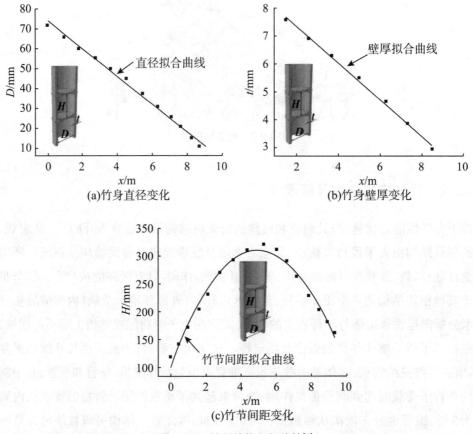

(a)竹身直径变化  (b)竹身壁厚变化

(c)竹节间距变化

**图4.2.9　竹子结构几何特性**[6]

从图4.2.9可看出竹子所具有的不同于其他植物茎秆的独特特点。总结归纳如下：①竹子的茎秆直径分布呈自底部到顶部逐渐减小趋势，并且减小趋势呈近似线性关系。②竹子的茎秆壁厚分布并不均匀，从整体上看，自底部至顶部呈逐渐减小趋势。③竹子节间距自底而上先增大，而后随着竹子高度的增加，间距逐渐减小。从宏观上看，竹子是个功能梯度型结构。

在风载荷均匀分布且大小不变的情况下，实际测得竹子弯矩$M$和截面模量$W$沿轴向的曲线变化图如图4.2.10所示。

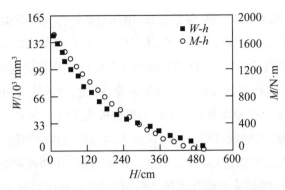

图4.2.10　弯矩 $M$ 和截面模量 $W$ 沿轴向变化图[7]

由图4.2.10可以看出,竹子茎秆弯矩 $M$ 和弯曲模量 $W$ 在根部达到最大值,并沿轴向随着高度的增加而逐渐减小。这种规律性的变化也正符合了由大自然中的风载荷所产生的弯矩的分布,也说明竹子茎秆在距离根部越小的位置,抵抗弯曲变形的能力越大。由 $\sigma = \dfrac{M}{W}$ 可得出弯曲应力 $\sigma$ 变化不大[7],随着高度的增加,竹子弯曲应力 $\sigma$ 接近于一定值,这说明竹子各段在风载作用下抵抗弯曲变形的能力大体相同,这也就近似体现了等强度设计原理。因此,可以说竹子在漫长的进化过程中,不断地优化自身结构,形成了这种宏观智能型结构。

通过分析竹子的宏观结构特征,得知竹子优异的力学性能得益于其合理的宏观结构分布,但不是唯一因素。竹子优良的力学性能更能体现在其独特的微观组织结构上。竹节间的竹壁是由竹纤维组成的维管束和薄壁细胞组成的基体构成,对竹材横切片在显微镜下进行观察可以看出维管束和基体组织的分布情况,如图4.2.11所示为竹子截面微观组织形态,从图中可看出,靠近竹壁外侧的维管束形态较小且分布密集,基本组织所占的比例较小,从竹壁的外侧沿径向方向到竹壁的中部,维管束的分布逐渐稀疏,且维管束的形态逐渐变大,相反基本组织所占的比例逐渐变大,到竹壁内侧维管束的分布就比较稀少了,大部分为基本组织,整体上其横截面维管束的分布形式呈梯度状态分布。

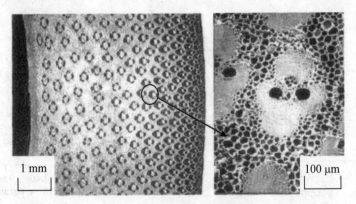

图4.2.11　竹截面微观结构[7]

　　维管束与薄壁组织的力学性能、细胞形态、胞间层黏结方式均有很大的差别。研究资料显示,维管束纤维强度为600MPa,几乎是基体强度的12倍,维管束纤维的杨氏模量(46GPa)远远高于基体的杨氏模量(2GPa)。竹子外侧的维管束纤维含量比内侧的多,内侧的基体含量比外侧的多,但纤维的强度远远高于基体的强度,因此,竹子外层的纤维比内部的纤维更能承受拉伸或压缩强度。这种现象有助于竹子抵御极端天气。

　　从显微结构下观察,竹壁内可以分辨出两种不同形态结构的细胞,即厚壁细胞和薄壁细胞,分别构成了维管束和基体,但从力学角度出发来分析,这两种细胞承担着不同的角色。由薄壁细胞为主体构成的基体组织起着传递载荷的作用,而由厚壁细胞为主体构成的维管束起着关键的承载作用,对于竹秆的弯曲强度等力学性能有重大的贡献,可以理解为竹子的轴向加强筋。竹子的力学性能在很大程度上取决于维管束的含量及分布情况。因此,研究竹子维管束的纤维含量分布对研究竹子的力学性质有重要意义。

　　将不同竹子相同层的纤维百分含量求平均,绘制平均百分含量对位置参数P的散点图,见图4.2.12(a)观察点分布趋势可知,维管束百分含量沿径向大体上呈指数分布,这是天然竹在漫长的进化过程中逐步优化的结果。竹子在受力弯曲时,位置参数P值越大的地方所受的应力越大,纤维含量的增加能增强竹子承受应力的能力。因此,竹子中纤维含量的这种分布规律在力学原理上是合理的和极为有效的。对具有相同位置参数P的所有纤维直径数据和纤维周向平均距离数据分别取平均值,做出它们与位置参数P的关系图,由图4.2.12(b)、图4.2.12(c)可知,越接近外壁,纤维的直径越小,纤维沿周向的间距也越小。竹纤维的这种分布有利于提高竹筒外侧的承载能力,因此,相对于沿竹筒轴向的拉压载荷来说,竹筒承受弯曲载荷的能力更强,也可认为竹子结构天生就是为承受弯曲载荷而生的[8]。

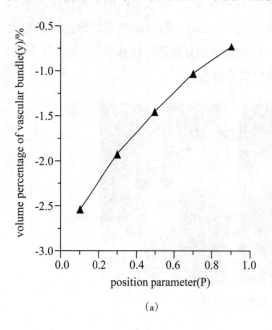

(a)

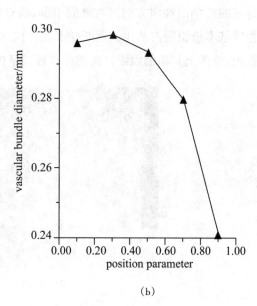

(b)

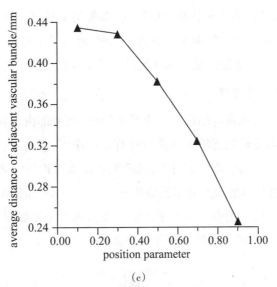

(c)

**图 4.2.12** (a)纤维百分含量沿径向的分布,(b)纤维直径沿径向的变化规律,(c)纤维平均周向间距沿径向的变化规律[8]

综上所述,可得出如下结论:①纤维百分含量由内壁到外壁沿径向呈指数式增加。②纤维直径由外壁至内壁逐渐增加,在距内壁1/3处达到最大,之后略有缩小。③纤维平均周向间距由内至外逐渐减小,在外边缘几乎接近纤维直径,说明越靠近外边缘纤维分布越集中,这对仿生设计具有重要的指导意义。

在光学显微镜下只能看到竹子的韧皮纤维是空心多层的,要看清竹纤维的微观结构,只能求助于SEM(扫描电子显微镜)和TEM(透射电子显微镜),图4.2.13是竹纤维的微观结构。

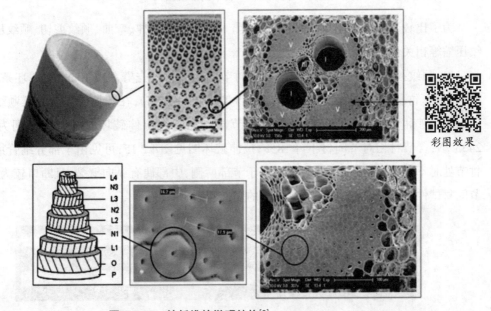

彩图效果

**图 4.2.13** 竹纤维的微观结构[9]

由图可见,竹纤维是由薄厚交替的多层构成的,而每层又是更小的微纤丝构成的,微纤丝是按螺旋方式排布的,在厚层中的螺旋升角为3°~10°,而薄层中的微纤丝升角为30°~90°,多数情况为30°~45°[10]。竹纤维复杂精细的结构提高了综合刚度性质与结构的稳定性。

#### 4.2.2.2　竹节的特性及原理

竹节是竹子不同于其他植物结构的一个重要特征,其节部由秆环(外部环箍)、节隔(内部横隔板)组成,起着水分横向运输和加强竹秆直立的作用,无论在竹子的功能或结构上都不可或缺。竹节在根部要比顶部致密得多,其纤维结构也与竹节间是不同的,图4.2.14所示为竹节的宏观结构。竹节自底而上并不是成比例地增长,节间的距离先逐渐增大,而后随着高度增加又逐渐减小。竹节的存在是竹子为适应大自然进化发展而来,所以无论是研究竹子的结构或力学性能,都不可忽视竹节的存在和影响[7]。

1 竹壁　2 竹节

**图4.2.14　竹节的宏观结构[7]**

为了比较竹节与节间材的强度差异,前人做了顺纹拉伸、弯曲、顺纹剪切、顺纹压缩和横纹压缩等相关试验。

(1)顺纹拉伸试验:将不含竹节和含竹节的相邻竹秆先劈制成10mm宽的坯条,再参照国家标准《竹材物理力学性质试验标准GB/T　15780~1995》,在数控铣床上加工顺纹抗拉试件,最后测得竹子在自然态下节间材和节部材在顺纹拉伸破坏时的载荷分别为2987N、2435.7N,含节材相对节间材下降18%,拉伸破坏图见图4.2.15,可见由于部分维管束在通过竹节处时不连续,含节试件的破坏均始于节部两侧,中部偶有纵向劈裂,且断口较为平齐;而节间材试件破坏均沿纵向劈裂,呈典型的韧性断裂[11]。

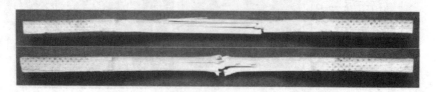

**图4.2.15　不含节与含节竹试件的拉伸破坏[11]**

（2）弯曲试验：竹材弯曲试件的总体尺寸为160mm×10mm×$t$（竹壁厚$t$约10mm），含节试件的节子位于中间。三点弯曲，两支座间的跨距为120mm，最后可知节间和节部材试件的弯曲极限载荷分别为850.8N、1047.9N，节部材试件大于节间材试件23%，弯曲破坏图见图4.2.16，说明竹子在自然状态下使用，因节部组织增大可以明显增强竹杆的抗弯能力[11]。

**图4.2.16　不含节与含节竹试件的弯曲破坏[11]**

（3）顺纹剪切试验：试验最后可知节间和节部材试件的顺纹抗剪极限载荷分别为1954.3N、2516.2N，节部材试件大于节间材试件29%[11]。剪切破坏见图4.2.17。

**图4.2.17　不含节与含节竹试件的剪切破坏[11]**

（4）顺纹压缩试验：竹材顺纹抗压试件的尺寸为30mm×10mm×$t$（竹壁厚$t$约10mm），为避免受压试件易曲屈失稳，试件高度由30mm减为尺寸为20mm，且因节部已刨平，最后可知节间和节部材试件的弯曲极限载荷分别为13.71N、14.7N，节部试件的顺纹抗压屈服极限均比节间材略高出6%~7%，且差异显著。产生差异的原因均为节部材竹纤维含量比节间材竹纤维高所致[11]。

（5）横纹压缩试验：竹材横纹抗压强度是径向加载，须将竹青竹黄及竹节均刨去刨平，试件的尺寸为20mm×20mm×6mm，最后可知节间和节部材试件的径向抗压强度分别为18.8MPa、24.9MPa，竹材节部较节间材提高32%，差异显著，其原因也是节部材竹纤维含量比节间材高所致[11]。

综合以上试验结果可知，除顺纹抗拉强度外，弯曲强度、顺纹剪切强度、抗压强度等力学性能均未见有降低影响，相反还有着不同程度的增强作用。因此，竹节可提高竹子整体结构的强度及稳定性。

为了研究普通结构和仿竹结构之间的区别，建立竹子结构数值分析模型（有竹节），同时按照材料用量相等的原则，建立相同高度的普通等截面圆柱壳（无竹节）作为对比。采用Pushover方法对两模型进行倾覆破坏分析，对比两者的倾覆破坏情况，见图4.2.18。

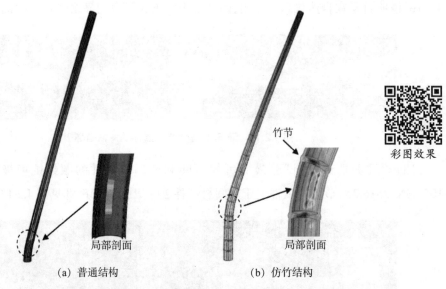

（a）普通结构　　　　　　　　　　（b）仿竹结构

**图4.2.18　倾覆破坏应力云图[6]**

从图4.2.18可看出，在水平荷载作用下，竹子结构整体应力分布比较均匀，均在根部产生应力集中，竹节中部位置应力远小于竹节边缘部位的应力，说明竹节边缘部位主要参与受力，可见竹节可看作加劲环，竹子结构塑性铰发生在两竹节中间位置，而不是在竹节部位，说明竹节的存在起到了加固作用，提高了局部稳定性[6]。

竹节可提高整个竹秆的机械刚度，通过密集的隔膜，可以增强竹秆在弯曲状态下的稳定性，竹材是一种高度各向异性的材料，竹纤维沿纵向分布，但在竹节附近，部分纤维偏离它们的纵向取向，竹节位置的纤维分布方式可提高竹秆的抗弯刚度和抗纵向劈裂能力。解剖竹子可以发现，构成竹节的材料为普通植物纤维，虽然其尺寸远小于竹管纤维，且竹节的质量相对很小，但却产生了明显的增强效果。对竹子节部进行CT扫描，发现毛竹维管束在节间是严格的纵向分布，而在节部维管束的走向却错综复杂。节间维管束在通过节部时会发生不同程度的弯曲，部分会出现分支，产生次级维管束。竹节处维管束的走向有以下几种情况：

（1）大部分竹秆维管束会在竹节处稍微弯曲之后直行通过竹节，并保持原有方向（见图4.2.19（a）），该部分维管束是竹竿整体承载的主体。

（2）部分次级维管束沿竹秆径向分布，从竹壁外侧延伸到内侧，伸向竹节（见图4.2.21（b），图4.2.19（c）），该部分维管束使竹节及其与竹秆的连接得到加强。

（3）多数次级纤维管在竹秆内侧沿周向盘绕，并从竹秆内侧向竹节中心逐渐减少，使竹隔膜部分呈现出四周厚中间薄的形态（图4.2.19（d），图4.2.19（e））。该部分维管束使竹秆的纵向劈裂强度得到加强[12]。

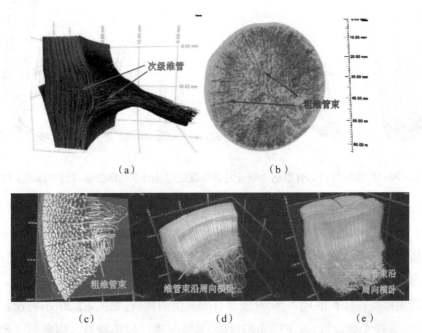

图4.2.19 竹节部纤维分布CT扫描图:(a)维管束在节部发生弯曲并产生分支(即次级维管束);(b)距离根部6m处竹节;(c)横穿竹壁的次级维管束;(d)不带枝条竹节局部图;(e)带枝条竹节局部图[12]

### 4.2.2.3 竹茎的特性及原理

生物学家从竹子地下茎的形态出发,将竹茎分为两大类,即合轴型("粗短型")与单轴型("细长型")。合轴型又分为合轴丛生型与合轴散生型;单轴型则分为复轴混生型与单轴散生型[13]。

合轴丛生型如图4.2.20(a)所示,其最大特点是没有伸长的秆柄,地下茎大都十分简短,不能在土中做长距离横走,秆基的芽成笋,不会形成鞭,长成的新秆一般都靠近老秆,因而密集成丛,具有这种繁殖特性的竹子称为丛生竹。由于没有横向生长的秆柄,从力学角度来说,合轴丛生型的竹子单根抗拔、抗倒伏能力要弱于其他几类。但它的地下茎更粗短,更粗的直径保证其能提供更大的摩擦力,更短的茎则保证了新生的竹子一定生长在老竹周围,这就使得一丛竹之间相互支持,具有良好的整体效应。因此,合轴丛生型的竹子在自然选择过程中也能占有一席之地。

合轴散生型如图4.2.20(b)所示,其秆柄延长,形成"假鞭"。之所以称之为假鞭,是因为假鞭无芽无根,维管束的后生木质部仅有一大型导管。从广义上来讲,合轴散生型地下茎的竹子仍属于散生竹。具有合轴散生型地下茎的竹子有横向生长的秆柄,这使得其抗倒伏、抗拔能力更强,也就更能适应狂风暴雪等恶劣天气。

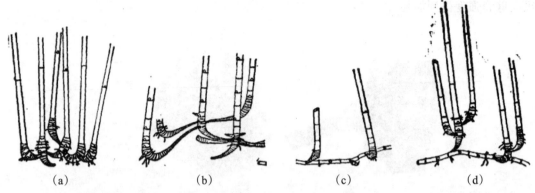

图4.2.20　竹茎种类:(a)合轴丛生型;(b)合轴散生型;(c)单轴散生型;(d)复轴混生型[13]

单轴散生型如图4.2.20(c)所示,其具有横向生长的地下茎,俗称"竹鞭",其节上有芽、有根,根称为"鞭根",芽则发育成新竹。因地下茎横向游走距离较远,所以从地下茎上的芽发育而来的新竹间距常常较大,表现出散生的特点。横向生长的地下茎将散生的竹连成整体,竹抵抗外力的能力进一步提高。

复轴混生型既有伸长的地下茎,又兼有合轴丛生的特点,如图4.2.20(d)所示。秆基的芽抽出竹鞭,能直接发育成竹;地下横走的竹鞭,其节上也能发笋成竹。因此拥有此类地下茎的竹种,既有丛生又有散生,通常称为混生竹。从力学角度来说,显然复轴混生型能提供最大的抗力。一方面,丛生的特点加强了单竹的抗力;另一方面,横走的竹鞭加强了整体的联系,提供了更大的抗拔、抗倒伏和抗弯能力。

### 4.2.3　竹的仿生应用

长期以来,由于竹子本身具有质轻、高强、韧性好等多种优点,自古就被用于建筑及受力结构。而近年来随着科学技术的发展,人们不但将竹材广泛用于土建行业,对竹子的仿生结构也有了新的研究,许多竹子仿生建筑应运而生。竹子的茎秆每隔一段就会长有竹节,相当于一个横向抗扭箱,抵抗水平方向上的扭矩,同时能大大提高竹子横向抗挤压和抗剪切的能力。竹子在风载作用下各段抵抗弯曲变形能力基本相同,相当于一种阶梯状变截面秆,是一种近似的"等强度秆"。而其下粗上细的特点也刚好适应于下部弯矩大、上部弯矩小的需要,所以其在风雨中也不会折断受损。竹子的这种结构主要是良好的力学模型,人们引用仿生学原理,将这种结构应用于高层建筑设计。我们可以这样想象,竹的纤维相当于混凝土中的钢筋,其他木质部相当于混凝土。这种结构的高层建筑稳定性强,抗风能力和抵抗地震横波的冲击能力较好。随着现代建设的飞速发展,建设用地越来越紧张,为了在较小的土地范围内建造更多的建筑面积,建筑物不得不向高层、超高层发展,比如台北101大楼、西尔斯大厦、吉隆坡石油双塔、中国国际贸易中心等。竹子多生长在河边,河边多为砂性土。那么竹子为何能完好地在那里成长,而不会被河边的大风吹倒,甚至被洪水冲走呢? 其实这也源于它根系的特别,和茎秆一样,竹的根也有分节,它的须根系分布很有特点。这样就使得其根部更牢固。我们可以把这点利用仿生学原理,应用到建筑基础的设计和处理中,比如PCC桩(现浇混凝土大直径管桩)、异形桩、地下连续桩墙等。

### 4.2.3.1　台北101大楼

台北101大楼坐落于中国台湾台北市的CBD信义规划区,原名为台北国际金融中心,后转变成综合性的商业建筑(见图4.2.21)。其英文名称Taipei 101,除代表中国台北外,还有科技(Technology)、艺术(Art)、创新(Innovation)、人性(People)、环保(Environment)和认同(Identity)的意义,并以层数101的数字,代表超越[14],其长宽各约175m,基地面积约30277m²。建筑设计为塔、裙楼各一栋,塔楼为高度508m之101层超高层大楼,主要作为金融机构办公室之用,裙楼则为地上6层之购物商场,建筑总楼地板面积约374000m²。

大楼由建筑师李祖原设计,建筑师团队召集了42个国家和地区的专业技术人员,KTRT团队建造,造价共达580亿元新台币,由12家银行及产业界共同出资。大楼于1998年1月奠基,1999年7月主体工程开工,2003年7月1日主体结构完成,其塔顶则在2003年10月17日完成。台湾位于地震带上,在台北盆地的范围内,又有三条小断层,为了兴建台北101,这座建筑的设计必须能够防止强震的破坏。台湾每年夏天都会受到太平洋上形成的台风影响,防震和防风是台北101所面对的两大难题。

**图4.2.21　台北101大楼立面图**

为了增加大楼的弹性,避免强震可能带来的破坏,台北101采用新式的"巨型结构",在大楼的四个外侧分别各有两支巨柱,共八支巨柱,每支柱截面长3m、宽2.4m,自地下5楼贯通至地上90楼,柱内灌入高密度混凝土,外以钢板包裹[14],为了减小高空强风及台风吹拂造成的摇晃,大楼内设置了"调谐质块阻尼器",即当有外力作用于建筑物使建筑物产生摆动时,调谐质块阻尼器会产生相反的摆动,使建筑物本身的摆动减少。

大楼的外形呈锯齿状,台北101大楼立面图见图4.2.21,从图中可以看出,台北101大楼超越了单一量体的设计馆,采取了分节的设计,这一设计思路来源于竹子,竹子因竹节的构造使抵抗横向剪切的能力增强,而101大楼被分为11节,这样的设计使得101大楼在抗震与防风的能力上都得到了极大的提升。以中国人的吉祥数字"8"为设计单位,以8层楼为一结构单元,内斜7°的建筑面层层往上递增,彼此接续,在外观上形成了有节奏的律动美感,开创了国际摩天大楼新风格。多节式外观,以高科技巨型结构确保防灾防风的显著效益。每8层形成一组自主构成的空间,自动化解了高层建筑引起的气流对地面造成的风场效应,透过建筑绿化植栽区的区隔,也保证了行人的安全与舒适性。台北101大楼的造型宛如劲竹节节高升、柔韧有余,象征着华夏子孙的生生不息。经由风洞测试,能减少30%~40%风所产生的摇晃等响应。

### 4.2.3.2 西尔斯大厦

西尔斯大厦是位于美国伊利诺伊州芝加哥的一幢摩天大楼,楼高443m,由9座塔楼组成。西尔斯大厦有110层,一度是世界上最高的办公楼,在第103层有一个供观光者俯瞰全市的观望台,它距地面412m,天气晴朗时可以看到美国的四个州(见图4.2.22)。

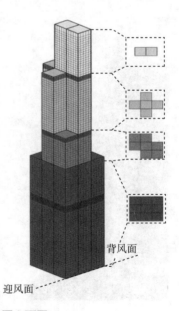

背风面

迎风面

图4.2.22 西尔斯大厦立面图

大厦结构工程师是美籍建筑师F.卡恩。他为解决像西尔斯大厦这样的高层建筑的关键性抗风结构问题,提出了束筒结构体系的概念并付诸实践。整幢大楼被当作一个悬挑的束筒空间结构,离地面越远剪力越小,大厦顶部由风压引起的振动也明显减轻,所有的塔楼宽度相同,但高度不一,大厦外面的黑色环带巧妙地遮住了服务性设施区,大厦采用由钢框架构成的束筒结构体系,外部用黑铝和镀层玻璃幕墙围护,其外形的特点是逐渐上收,即1~50层为9个宽度为23.86m的方形筒组成的正方形平面;51~66层截去一对对角方筒单元;67~90层再截去另一对对角方筒单元,形成十字形;91~110层由两个方筒单元直升到顶。这样,既可以减小风压,又取得外部造型的变化效果。

大厦的造型由9个高低不一的方形空心筒子集束在一起(见图4.2.22),挺拔利索、简洁稳定,这与竹子的空心构造有异曲同工之妙。不同方面的立面形态各不相同,突破了一般高层建筑呆板对称的造型手法,这种束筒结构体系是建筑设计与结构创新相结合的成果。因为空心束筒结构与竹子空心构造相似,所以达到了"轻量化"的效果,每平方米用钢量比采用框架剪力墙结构体系的帝国大厦降低20%,仅相当于采用5跨框架结构的50%,这种束筒结构体系概念的提出和应用是高层建筑抗风结构设计的明显进步。

### 4.2.3.3　吉隆坡石油双塔

吉隆坡石油双塔(见图4.2.23)曾经是世界上最高的摩天大楼,坐落于吉隆坡市中心。[15]石油双塔利用中间核心筒和周边巨型框架达到452m的高度,该楼虽只有88层,却相当于95层。

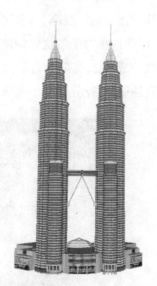

图4.2.23　吉隆坡石油双塔立面图

塔楼值得一提的特色是在第42层处的天桥,如建筑师所称,这座有人字形支架的桥似乎像一座登天门。双塔的楼面构成以及其优雅的剪影给人们带来了独特的轮廓。双塔的外檐为46.33m直径的混凝土外筒,中心部位是22.8m×22.98m高强钢筋混凝土内筒,0.46m高轧制钢梁支托的金属板与混凝土复合楼板将内外筒联系在一起。4架钢筋混凝土空腹格梁在第38层内筒四角处与外筒结合。塔楼由一个筏式基础和长达103.6m但达不到基岩层之1.22m×2.74m截面长方形摩擦桩(或称作发卡桩)承托。

双塔楼是一个典型的"仿竹"杰作。外形为两个圆柱体，每幢楼直径为46.2m，由16根柱子组成，该楼在60、70、82、85和88层处逐渐收缩，且在41层和42层处有一座天桥将两幢高楼连接在一起。每幢楼16根环形柱，其尺寸是变化的，混凝土强度也是不同等级的，在基础处的柱，混凝土采用C80，然后在不同高度处分别采用C60和C40，塔楼柱的直径从基础处的2.4m变化到最高处的1.2m，所有柱浇灌混凝土都使用钢模板，模板均经过平整和涂刷隔离剂[15]。从宏观上看，石油双塔底部宽大，到一定的高度就变细一节，就好似竹子的直径随高度逐渐变小；石油双塔柱环形柱的尺寸和强度也是变化的，大致都是随着塔楼高度的增加而逐渐减低，这也与竹子的壁厚随高度逐渐减小有相似之处，因此总的来说，石油双塔是一种阶梯状等强度管状结构，是一种仿竹高层结构，正是因为石油双塔具有合理的力学结构，才被大胆地建在一个多台风的海边城市。

#### 4.2.3.4　中国国际贸易中心

中国国际贸易中心位于北京商务中心区核心地段，是中国规模最大的综合性高档商务服务企业之一，国贸中心地处北京商务中心区的核心地段，集办公、住宿、会议、展览、购物和娱乐等多功能于一体，是众多跨国公司和商社进驻北京的首选之地。

经研究可知，竹子直径、壁厚、竹节间距的变化并不是没有规律的，是可以用数学表达式来进行表达的，而前人将竹子的这些特性应用到了中国国际贸易中心的结构方案设计中，塔楼在高度方向被分成8段，底部受力最大，因此底部节间长度较小以增加塔楼稳定性。同时自下而上结构直径逐渐减小，以减小风荷载的作用(见图4.2.24)。

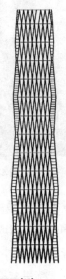

图4.2.24　中国国际贸易中心立面图[16]

结构采用外部巨型支撑+内部带伸臂桁架的框架核心筒双重结构体系,外部支撑结构和内部框筒结构都遵循同样的分布规律。外部巨型支撑结构相当于竹子的外壁纤维,内部结构的伸臂桁架就相当于竹节,桁架的分布与竹节的分布相类似,桁架间距在中部最大,在上下两头最小。可见,该高层建筑的整体形态及构件壁厚设计均参照了竹子的数学表达式,使超高层建筑达到了"轻质高强"的目的。

### 4.2.3.5 脱硫塔与筒式立体停车结构

#### 1.高耸薄壁脱硫塔结构

发电厂中采用的钢制脱硫塔属于典型的高耸薄壁结构(脱硫塔结构示意图见图4.2.25),近年来随着环保力度的增大,脱硫工艺逐步改进,促使结构高度不断提升,同时塔体顶部有质量较大的除尘设备,底部进烟口的存在也削弱了刚度,导致结构在地震作用下极易发生倒塌破坏,同为高耸薄壁的竹子在外界荷载作用下即使产生较大位移也不易倒塌,说明竹结构具有优越的力学性能,为了提高钢制脱硫塔结构的稳定性,可参照竹结构进行仿生设计。

根据竹身的刚度变化规律,基于刚度渐变的原则,脱硫塔壁厚从底部往顶部壁厚逐渐减小,可通过分段变壁厚来调整刚度。根据竹节分布特点,同时结合脱硫塔结构的实际情况,在脱硫塔外部设置环向加劲肋,通过试验可知,环向加劲肋的

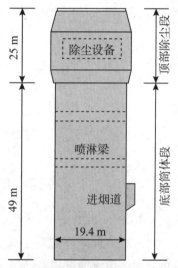

**图4.2.25 脱硫塔结构示意图**[6]

设置使结构的稳定性和整体性加强。最后,该仿竹脱硫塔在7、8级地震作用下的最大位移及应力均未超过规范允许的最大位移与材料许用应力,结构处于弹性状态,未产生破坏;在9级地震作用下,塔体最大应力超过工作温度下材料许用应力,塔体产生局部轻度弯曲,但仍未倒塌[6]。

#### 2.筒式立体停车结构

立体停车结构形式多样,其中垂直升降型电梯式高层立体停车结构具有占地面积小、车辆存取时间短等特点,成了大中城市解决停车问题的首选方案。垂直升降型高层钢结构立体车库这种高耸筒式结构与大自然中竹子的宏观结构形式十分相似,可统一为大长细比筒式结构,不同的是竹子沿高度方向每隔特定距离都会有竹节,而现有的筒式车库结构没有类似竹节的横向加强措施。

从结构仿生的角度出发,提出按照任意相邻两环箍层间结构等稳等侧移的仿竹原则,在结构特定高度布置环箍层,即在结构特定层前后两排沿纵向布置X形交叉支撑,同时在相应楼层两侧面的上下相邻两横梁及停车间平面的相邻两横梁间布置一定刚度的X型交叉支撑和竖撑,形成"中空外箍"的仿竹形筒式立体停车结构(见图4.2.26)。结果表明:按此原则布

置环箍层的仿竹型结构的抗侧刚度显著提高,层间位移小且均匀,利于升降设备运行;柱内力突变程度相对缓和,结构抗倾覆能力提高;结构整体稳定性由环箍层间等效短柱控制,稳定极限承载能力增强,验证了仿竹型立体停车结构中环箍层布置的合理性[17]。

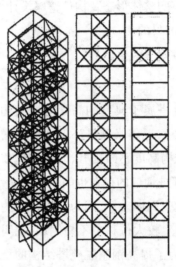

图4.2.26　仿竹形筒式立体停车结构立体图、正面图和侧面图[17]

#### 4.2.3.6　PCC桩

PCC桩即现浇混凝土大直径管桩,由刘汉龙教授首次提出并经过多年的发展、完善。PCC桩采用振动沉模自动排土现场灌注混凝土而成管桩,具体步骤是依靠沉腔上部锤头的振动力将内外双层套管所形成的环形腔体在活瓣桩靴的保护下打入预定的设计深度,在腔体内现成浇筑混凝土,之后振动拔管,在环形域中土体与外部的土体之间便形成混凝土管桩,其施工流程示意图如图4.2.27所示。

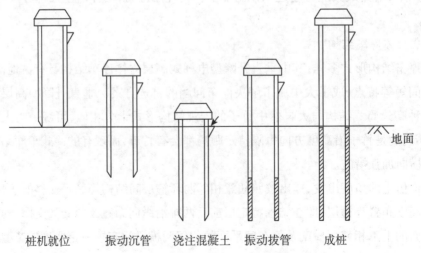

桩机就位　　振动沉管　　浇注混凝土　　振动拔管　　成桩

图4.2.27　PCC桩施工流程示意[18]

PCC桩技术具有许多优良的特点,在实际工程中可达到节约成本、缩短工期及提高工程质量等目的。与工程中广泛使用的粉喷桩复合地基对比,PCC桩具有如下优点。

(1)施工适用性。PCC桩属于刚性桩,桩身强度较高,桩直径可达1.5m,采用边振动边加压的沉管方式,地基处理深度大于25m。

(2)施工质量控制。PCC桩施工工艺简单,过程清晰,便于质量监督管理,可操作性强,混凝土现场质量易控制。

(3)桩基检测。PCC桩采用小应变或人工开挖进行检测,测试费用低,一般占工程总造价的1%~2%。由于采用无损测试,检测周期短,检测范围广。

(4)加固效果。PCC桩采用半排土半挤土沉管方式,桩端至持力层,承载力是粉喷桩的10倍,且沉降量很小[18]。

目前,PCC桩技术已走出国门,为越南首条城市轻轨项目——越南河内"吉灵–河东"线注入动力。PCC桩是现浇混凝土大直径管桩,与短粗的合轴丛生型竹茎有相似之处,更粗的直径保证了桩的强度以及具有良好的加固效果。

### 4.2.3.7 异形桩

异形桩近年来成为国内外学者研究的热点之一,所谓的异形桩有两种,第一是通过改变桩身纵向截面形状得到变截面异形桩,第二是通过改变桩截面几何形状得到异形截面桩,其共同目的是通过改变桩身形状来提高桩基承载力[19](异形桩截面图见图4.2.28)。

异形截面桩的成形理念是等面积异形周边扩大原理,即通过改变截面形状来增加桩–土接触面积,常见的异形桩有H形和I形钢桩。H形和I形钢桩通常指型钢焊接而成的部分挤土桩,一般通过增大翼缘的宽度和长度的方式增大截面面积,提高承载力,H形和I形钢桩不仅可用于承受竖向荷载又可用于承担水平荷载,H形和I形钢桩贯入各类地层的能力强,对地层的扰动小。自2008年以来,一种新型的异形截面桩——现浇X形混凝土桩被逐步研发并得以使用,X形桩通过将圆弧的正拱变成反拱,最终形成对称的X形截面,达到扩大截面周长、提高承载力的目的,X形桩单桩复合地基的极限承载力比等截面的圆形桩单桩复合地基提高30%左右。已被用于多个高速公路软基加固工程,如南京长江第四大桥北接线软基加固工程[19]。

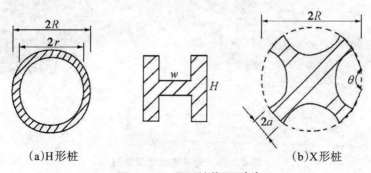

(a)H形桩　　　　　　　　　(b)X形桩

**图4.2.28　异形桩截面图**[19]

合轴散生型地下茎有着横向生长的秆柄，地下部分呈L形，能提供更强的抗力。这就启发着我们将桩做成异形的，从而提供更好的承载力。

#### 4.2.3.8　地下连续桩墙

地下连续墙施工技术起源于欧洲，它是从利用泥浆护壁打石油钻井和利用导管浇灌水下混凝土等施工技术的应用中，引申发展起来的新技术。1950年前后开始用于地下工程，当时在意大利城市米兰用得最多，故有"米兰法"之称。随着社会生产力的发展，城市建设和旧城改造规模的不断扩大，高层建筑和深基础工程越来越多，施工条件也越来越受到周围环境的限制，有些深基础工程已经不能再用传统的方法进行施工，因此，地下连续墙施工方法一经问世，便受到工程界的重视与推广，很快就被各国用来建造城市中的地下工程（地下连续墙示意图见图4.2.29），如日本东京地铁的地下五层车站、美国纽约的110层国际贸易中心大厦地下室等[20]。

地下连续桩墙是基础工程在地面上采用一种挖槽机械，沿着深开挖工程的周边轴线，在泥浆护壁条件下，开挖出一条狭长的深槽，清槽后，在槽内吊放钢筋笼，然后用导管法灌筑水下混凝土筑成一个单元槽段，如此逐段进行，在地下筑成一道连续的钢筋混凝土墙壁，作为截水、防渗、承重、挡土结构。地下连续桩墙具有许多优点，如：①施工时振动小、噪声低。②墙体刚度大，墙体厚度可达0.6~2.8m。③适用于多种地基条件，地下连续墙对地基的施工范围很广，各种软岩和硬岩等所有的地基都可以建造地下连续墙。④能承受更大的荷载。⑤功效高、工期短、质量可靠、经济效益高。单轴散生型竹茎因横向游走距离较远，将散生的竹连成整体，使竹抵抗力的能力进一步提高，而地下连续桩墙就与此类似，每一槽段连接在一起形成狭长的深槽，使基础的稳定性、强度和刚度提高，从而提高基础的承载能力。

**图4.2.29　地下连续墙示意图**

随着国内外学者对竹子研究的深入，竹子的优异力学性能已被广泛认可。目前有关竹子的力学研究主要在测定竹材的界面结构力学性能的变化规律、力学性能与竹子结构的对应机理、维管束梯度分布特异性的物理本质等。仿竹结构是以竹子的一种或多种生物特性为仿生单元体对已知结构进行仿生优化，但是由于竹子作为各向异性材料，三维力学性能复杂，目前为止还没有竹子的完整力学模型可供参考，因此在从事竹子力学性能研究时，要注意考虑多尺度结合，建立起宏观力学与微观结构之间的联系，才能提高对于其力学性能的认知。

竹子在土木工程中的应用，其潜在利用价值非常之大，虽然对于竹子的研究依然有尚未解决的许多问题，但是如果能更好地分析其潜在的力学特性，则更能有助于"仿竹"结构的应用，特别是在高层建筑中的应用，这既能缓解土地紧缺的压力，同时更有助于提高建筑物抵抗风载、地震等不良因素的能力。土木工程发展史上的每次革命性的突破都是建立在新型土建材料的发展基础上，而结构的创新是解决如何将这些材料更有效更合理地利用到土木工程中。竹正具备这样的特点，良好的天然绿色材料及力学结构都是可以很好利用的，继续挖掘竹子的潜在价值并合理地用于土木工程具有深远的意义。

【思考题】

1.请思考你身边有哪些基于竹子仿生的土木建筑或者基础设施。

2.在竹茎的特性与原理中，为何合轴丛生型竹子的抗拔能力较弱，但具有较好的整体效应？竹茎能为土木工程中的基础设计提供哪些灵感呢？

【参考文献】

[1]林峰.我国明清时期的仿竹文化探究[J].世界竹藤通讯,2018,16(3):41-45.

[2]刘国敏,马陈远.基于竹结构的仿生研究进展与发展趋势[J].林业和草原机械,2021,2(4):1-6.

[3]F.Albermani,G.Y.Goh,S.L.Chan.Lightweight bamboo double layer grid system[J].Engineering Structures,2006,29(7):1499-1506.

[4]刘念.基于差厚技术和仿生设计的轿车吸能结构抗撞性能研究[D].长春:吉林大学,2018.

[5]马建峰,陈五一,赵岭,等.基于竹子微观结构的柱状结构仿生设计[J].机械设计,2008,25(12):50-53.

[6]王希慧,宋波,徐明磊.仿竹设计在高耸薄壁脱硫塔结构中的应用[J].哈尔滨工业大学学报,2020,52(8):55-61.

[7]吴鹏.基于竹子宏微观特性的立柱结构仿生设计[D].秦皇岛:燕山大学,2015.

[8]尚新龙,毛腾飞,管鑫,等.天然竹筒内竹纤维的分布规律研究[J].玻璃钢/复合材料,2013(3):93-96.

[9]H.P.S.Abdul Khalil,I.U.H.Bhat,M.Jawaid,A.Zaidon,D.Hermawan,Y.S.Hadi.Bamboo fibre reinforced biocomposites:A review[J].Materials & Design,2012,42:353-368.

[10]李世红,付绍云,周本濂,等.竹子———一种天然生物复合材料的研究[J].材料研究学报,1994(2):188-192.

[11]邵卓平,黄盛霞,吴福社,等.毛竹节间材与节部材的构造与强度差异研究[J].竹子研究汇刊,2008(2):48-52.

[12]刘静毅,龙连春,陈凯.仿竹含隔空心结构力学性能分析[C] // 中国力学大会.中国力学大会论文集(CCTAM 2019),2019:401-412.

[13]方伟.竹子分类学[M].北京:中国林业出版社,1995.

[14]果莲.台北101:大厦十载[J].中国连锁,2013(10):84-87.

[15]陈禄如.吉隆坡.双塔楼[J].钢结构,1996(2):58-59.

[16]刘鹏,何伟明,郭家耀,等.中国国际贸易中心三期A主塔楼结构设计[J].建筑结构学报,2009,30(S1):8-13.

[17]贺拥军,刘小华,周绪红.仿竹型筒式立体停车结构的环箍层布置研究[J].湖南大学学报(自然科学版),2013,40(4):1-7.

[18]刘汉龙.一种新型的桩基技术———PCC桩技术[C] // 中国土木工程学会.中国土木工程学会第九届土力学及岩土工程学术会议论文集(上册),2003:656-661.

[19]吕亚茹,刘汉龙,王明洋,等.异形桩桩土荷载传递机理理论分析[J].岩土工程学报,2015,37(S1):212-217.

[20]陈怀伟.杭州地区地下连续墙施工工艺研究[D].上海:同济大学,2008.

## 4.3 蚁巢仿生

### 4.3.1 概述

动物在很久之前便开始建造巢穴,它们的建造技艺精湛,巢穴形态奇特。针对自然界中的动物建筑,我们往往对它们的认识还停留于外在形态之中,而忽视了巢穴建筑内在的空间建构,对巢穴建筑体系的研究仍然十分匮乏。人们对自己的建筑往往较为熟悉,而对这些存在于自然界中的建筑关注较少。因此,人类对动物巢穴这种建筑的认识还比较片面,并没有形成较为深入的认知。因此,进一步地分析动物巢穴下的空间建构,有助于我们对巢穴、空间、构建、建筑的认识。随着社会的发展,人类更多地关注于自己营造的空间,而弱化了对自然性特征的探索,因此难以开放地去追求自然。实际上,无论是建筑还是景观,都能给人以良好的审美效果,令人精神愉悦。

白蚁在建造巢穴时可以高达几米,不仅功能复杂,而且非常牢固,冬暖夏凉[1]。天然的"建筑师"是如何"建造"巢穴建筑的,它们利用何种建筑技艺,它们拥有什么样高超的建筑技艺,其巢穴建筑又是由什么元素组成? 本章以蚂蚁为例,探索其巢穴对仿生建筑工程的启发。

### 4.3.2　蚂蚁及蚁巢的特征

蚁类被称作是"天生杰出的建筑师"。广义上的"蚁"泛指蜂以外的社会性昆虫,即等翅目的白蚁和膜翅目的蚂蚁。蚂蚁分为地栖与树栖,大多数的蚂蚁是地栖,在土中筑巢,挖有隧道、小室和住所。树栖蚂蚁通常在树枝、树干、空竹子等地筑巢,少许特别的树栖蚂蚁经过幼虫吐丝将树叶黏合在一起构成蚁巢。有一些蚂蚁通过树枝和其他材料搭成高出地面的巢穴(见图4.3.1)。无论蚁类的种别是否有差异,蚁巢内蚂蚁的数目往往有很大的差别。最小的群体只有几十只或近百只,也有的有几千只蚁,而大的群体可以有几万只,甚至更多。蚁巢有各种形式,地栖蚁巢有的是平面式巢穴,只有单层或两层分布在一个水平面,有的是立体式巢穴,整体垂直向下,空间比较复杂。树栖的蚂蚁巢室结构布局基本是按照了植物原样,有些品种会啃咬出蚁道与蚁室。蚁巢由蚁道和蚁室构成,出口有单个也有多个,蚁类会将掘出的物质堆积在入口,有些蚁巢出口处会堆有细砂、土粒、树叶等,起保护作用,同时也显示出自己群落的强大。蚁后所在的位置比较靠内,巢穴内可以用来贮藏食物,哺养后代,而且巢穴设计合理,温湿度均衡稳定。

**图4.3.1　蚁巢空间结构**

在蚁类中,人们常常会误认为白蚁是蚂蚁的一种,实际上白蚁和蚂蚁是两种差别巨大的物种。白蚁是蚁类的一个分支,它们是巢居生活的昆虫,蚁巢是白蚁集中生活的大本营。各类白蚁都有或简或繁的蚁巢。这些巢有的在地上，有的筑在墙壁里、树木中。蚁巢在白蚁生活中占有极其重要的地位。蚁巢不仅具有保护白蚁群体免受外敌侵害的作用，而且还提供一个适于白蚁生活的稳定环境。蚁巢内的温度相对稳定，白蚁自身的活动和菌圃的代谢作用，都可以调节巢内的温度和湿度。蚁巢的形式十分复杂，由于种类不同，其建巢地点和形式也各不相同，同种蚁类也因环境的差别，其蚁巢结构不尽相同。

蚂蚁在"建筑学"上的成就和建造方式也是多种多样的。由于它们丰富的行为模式决定了蚂蚁能够遍布全球。盲切叶蚁是澳大利亚的物种，属于最原始的一类蚂蚁，它们的巢穴由地下挖掘的通道和洞穴组成。这种巢穴和分布于欧洲、亚洲的红褐林蚁修建的山丘形成了鲜明对比。而白蚁主要分布在热带和亚热带地区。大多数白蚁巢穴可以是木巢，可以是土壤，也可以像一个高高的土堆，同时白蚁更喜欢使用地下的通道和长廊作为自己的活动道路。

蚁巢为非线性空间。线性是量和量之间按比例、成直线的规律，在时间与空间上达到了完美的统一[2]。而非线性指不按照比例、不成直线的关系，代表无规则的运动和突变的特性。它不同于传统线性空间中的几何结构和传统因素，它可以整合为丰富的空间立体。非线性思维影响人类生产和探索的各个轨迹，建筑的运动发展轨迹也印证了世界万物的足迹。蚁巢所产生的非线性空间具有随机性、变化性与共生性，因此使得其能够较好地适应它所在的场地。整个非线性空间设计强调的是过程设计，在蚁巢的非线性空间内，空间布局和功能都得到了完美的体现。矶崎新的"未建成"理念、黑川纪章的"非空间"理念及赫尔佐格的"有意未完成"理念对非线性空间的探索，在世界建筑中都起到了一定积极意义。非线性空间以独特的姿态呈现在世人面前，科学辩证地对其研究与利用是当代设计师应有的责任与态度。

### 4.3.3 蚁巢的营造技艺

#### 4.3.3.1 挖掘下的"安居工程"

蚂蚁是惊人的建筑工人，能运送比它们身体重许多倍的物体，同时也建造挖掘出它们那壮观的地下建筑的内部结构[3]。白蚁和蚂蚁是大马力推土机和超强的地下打洞机，它们挖掘的"安居工程"堪称"建筑"奇观。此外，白蚁"住宅"中的空气调节也是值得一提的，很多种白蚁"住宅"的内部结构更是令人叹为观止。一个巨大的巢穴要起作用，不仅要具有全面的巢室设计，还要有适当的空间来修建蚁王室、不同年龄的白蚁群的"住宅"、真菌苗圃以及联合交通网。当大白蚁的土丘达到3~4m的高度时，便能容纳二百万只白蚁。它们在那里生活、劳动和呼吸。巨大的氧气消耗量使它们在没有通风设备的情况下，会在12h内窒息。

#### 4.3.3.2 无序的摩天大楼

自然界中，运动变化在实际的应用过程中都有着多种外在表现形式。不过我们仍然可以将其大致划分为有序的和无序的两种情况。有序主要是空间上有序排列,也就是按照一定的规则加以表达,其整体因果联系较为稳定。而无序则正好相反,无序呈现出的是不稳定性和随机性,是彼此之间的相互独立,无规则可言。人们建造摩天楼、纪念碑,但动物比人类更能建设出伟大的建筑。迄今为止发现的最大的蚁穴重达数百吨,如果将蚁穴连在一起,可以长达6000多千米。人人都知道蚂蚁是惊人的"建筑工人",它们能运比它们自身重许多的物体。但是,很少有人会换个角度去研究它们的"建筑"奇观。它们达到同比例人造建筑物的四倍大。只是这座建筑物会是空荡荡的,因为"建筑师"们都生活在地下,动物王国的这座帝国大厦坐落在非洲大平原上(见图4.3.2),一座高达20英尺的巨大城堡就是"建筑大师"白蚁的家[4]。

巢穴的内部结构几乎是圆柱形的,中心是蚁王室,以及很多巢室和通道。巢穴与厚而坚硬的外壁之间有一些狭窄的空域。它的下面有一个更大的空域,即地下室。主要结构坐落在一些圆锥形的支架上,此外还由一些侧柱所固定。巢穴上面还有一空隙,像烟囱一样,深深地延伸到巢穴之内。在脊丘侧,直接从顶端到基部。尽管在所有这些建筑物里都住有白蚁,但它们不像蜜蜂那样,把自己当作鼓风机,不断扇动翅翼给蜂房通风。蚁巢的通风系统是完全自动的,这是由白蚁巢穴独特的"建筑"通风结构形成的。白蚁巢穴确实是庞大的建筑物,有些地区由于存在着大量的这样的建筑物而形成了当地的景观特点。有些建筑物高达七八米,很多地下通道通向周围地区。白蚁可以生活在这些热带阳光暴晒的山丘上,是因为它们用了一层密实的"建筑材料"掩盖了这些山丘,如钢筋混凝土的外壳一样,根据它们的需要来调整巢穴内部的气候。

体形微小的白蚁之所以能够盖出"摩天大厦",成功的关键在于白蚁之间的明确分工和良好的协作。庞大的工蚁队伍负责蚁穴的扩建、改建和整修,它们经常为此忙前忙后。白蚁修筑出这样巨大的"建筑物",配备别出心裁的"通风系统",精雕细刻地造出巢穴的外层以及"通风缝"和"螺旋上升梯",这样的"建筑师"实在让人佩服。

图4.3.2 摩天大楼——白蚁巢

### 4.3.4　蚁巢的仿生应用

#### 4.3.4.1　矿井通风设计

蚂蚁是一种典型的社会性昆虫。一只蚂蚁个体的行为非常简单,但是蚁群行为非常复杂,可以做非常复杂的工作。这种现象能够为科学家提供一些思路。他们做了许多研究来揭示这种现象的本质。他们发现,蚁群之间信息交流的媒介是一种信息素。通过蚁群之间的这种信息交流,它们可以通过蚁群之间的合作来完成一项非常复杂的工作。蚂蚁之间的信息交流与合作非常重要,这使得蚂蚁群居行为的秩序井然有序。当蚂蚁移动时,信息素可以沿着它的路径散播。随后的蚂蚁可以发现这种激素并识别其密度。蚂蚁就会沿着激素密度较大的路径移动。因此,蚁群的行为是一种信息的正反馈。随着越来越多的蚂蚁沿着一条路径移动,该路径上的信息素会增多,使得后面的蚂蚁也沿着这条路径移动[5]。

通风系统的优化是在需要所有通风要求的条件下选择通风成本最低的最佳通风道路网络。由于通风系统选择的影响因素非常大,它们之间的关系非常复杂,因此通风系统的优化是一个非常复杂的网络优化问题[6]。蚁群算法可以很好地解决这个问题。以邯郸某煤矿通风系统优化为例验证这一新算法。由于这个煤矿的通风系统不合适,所以必须改进。在改进的过程中,必须充分利用原始通风道路,以使这种改进工作的成本最小。实际上,影响最佳通风系统的因素有很多,例如道路系统的优化,可以考虑道路开挖的成本,道路维护以及风扇布局的优化,通风量的优化和分流通气的优化等。通过蚁群算法可以很好地解决通风路网系统优化这个问题。使用蚁群算法优化通风系统可以很容易地扩展到更复杂的问题。然后,通过这种研究,可以找到一种更适合优化整个通风系统的方法。

采矿中通风系统的优化是一个非常复杂的路径组合优化问题。蚁群算法可以较好地解决这个问题。蚁群算法不仅可以解决通风系统的零件优化问题,还可以解决更复杂的整体优化问题。该方法不仅适用于新矿井通风系统的优化,也适用于旧矿井通风系统的改进。

#### 4.3.4.2　可持续社区规划

城市和自然是如何有效地过渡和衔接的? 许多人对一座城市的印象往往就是熙熙攘攘的街道、高耸的玻璃墙、拥挤的人群、阻塞的交通和嘈杂的社区以及封闭的城市生活。基于这样的时代背景,城市社区生活是否可以与自然环境相结合,构建一种新型的可持续绿色社区。"蚂蚁社区"是在此背景下提出的一种设计理念。在对"蚁群"特征研究的基础上,科学家们富有创造性地提出了新型的社区综合体——"蚂蚁社区"。"蚂蚁社区"强调社区综合体的每个空间是在满足不同功能的基础上组织和整合的,使每个空间紧密相连并且能够相互整合,其反映的是连接、整合和共生关系。

"蚂蚁社区"是以蚂蚁为灵感,强调将蚁群的生活与人类社会群落进行比较,并巧妙地利用自然主义的设计概念和仿生技术的设计方法来将人类生活社区与蚂蚁的群落联系起来。

"蚂蚁社区"概念的实际意义是,"蚁群"表达了大量事物的有序集合,这个可以扩展到对新事物集合的过程中,通过利用仿生形式、结构和特征的方法,构建一个将多样化居住区连接成一个整体的共生生态群落系统。第一,在社区综合体的设计中,将蚁群的高社会性作为一个高度包容和人性化的群落框架。第二,结合蚂蚁群落生存方面的特征与场地的历史文化,将场地的历史文化连接成一个由特色区域组成的文化轴。第三,结合蚁巢的生态结构,构建高密度城市居住区的内部微气候系统,优化城市社区环境。其功能重建过程见图4.3.3。

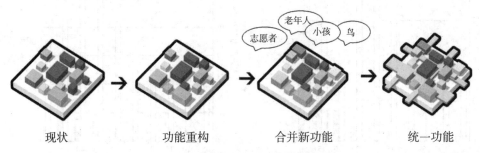

现状　　　　　　功能重构　　　　　合并新功能　　　　统一功能

**图4.3.3　场地的功能和空间重建过程**[7]

　　此外,微气候影响着人们的生产、生活和健康的各个方面,并在很大程度上决定了人们的生活质量。利用仿生结构的方法学习蚁巢的通风性能,通过蚁巢内风的上下起伏提供能量,而多层次的空间结构可以促进风的起伏运动。通过复合绿化、雨水收集和生态走廊,可以有效缓解场地内的热岛效应,营造出宜人的小气候环境(见图4.3.4)。

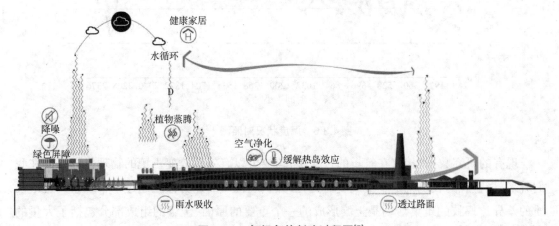

**图4.3.4　气候条件创建过程图**[7]

### 4.3.4.3　筑巢活动改变土性

　　在筑巢活动的过程中,蚂蚁改变了土壤的物理特性。研究人员对三种土壤内蚁巢的抗渗透能力、温度状况和粒径分布进行了研究。控制点选择位于俄罗斯的几个不同地区(梁赞地区和阿尔汉格尔斯克地区)的不同土壤(梁赞地区冲积洪沉积物上的厚土壤、砂壤土,阿尔汉格尔斯克地区冰碛上的土壤、浅壤土)。研究人员发现存在蚁巢的土壤与对照组的土壤相比,蚁巢的贯入阻力大幅降低(见图4.3.5)。但是蚁巢的温度状况更均匀,蚁巢的平均温度低于对照组。此外还有蚁巢组的土壤粒径分布相比于对照组变化得更大(见图4.3.6)。

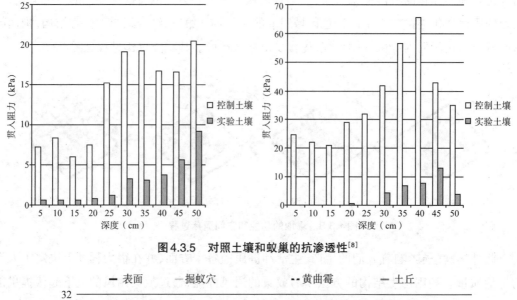

**图4.3.5 对照土壤和蚁巢的抗渗透性[8]**

**图4.3.6 温度状况对照图[8]**

现有的研究数据表明,在筑巢的过程中,蚂蚁可以有效地改变土壤的物理指标。而在我们看来,最直观的表现就是土壤硬度的变化,其物理性质的差异甚至超过了带状系列土壤性质的差异。蚂蚁的筑巢活动是土壤形成的一个重要的原因,土壤的组成部分包括了大量的蚂蚁巢穴,包括宿主土壤的有机层和矿物层,并具有特定的物理、化学和生物特性。这些部分的形成和存在完全受到控制,并与蚁群的重要活动有关。

改善干旱的沙漠生态系统:蚂蚁的存在可以干扰人工固沙的植被作用,其对维持人工种植优势灌木在营养成分和结构中的比例起着重要作用。这是由于它们起到了在土壤水再分配中的媒介作用(见图4.3.7)。较老植被覆盖地点的蚁巢分布显著增强了雨水向较深土壤的渗透,从而削弱了地表降雨的拦截作用,为深根灌木补充了水分。蚂蚁对地表的干扰有利于含沙植被进一步的恢复,阻止了植被的退化,促进了这一极端干旱沙漠地区人工植被的可持续发展。

图 4.3.7　沙漠植被中蚂蚁巢穴的分布[9]

形成高密度通道:在筑巢和维护的过程中,澳大利亚的昆虫能以很高的速度将大量的土壤移动到地面,从而创造了独特的漏斗形巢入口。尽管与白蚁和其他一些蚂蚁的土丘相比,其外观并不壮观,但这些土丘是由易侵蚀的物质组成,它们能以异常高的密度出现。仅这一点就使它们成为构成许多澳大利亚景观的重要特征。然而,漏斗的浅深在地下房间和画廊以及踏板和地貌背景下也十分重要。首先,大量的土壤在建设、维护和废弃的过程中移动和混合。其次,高密度的通道影响土壤结构,并产生了大孔隙的土壤网络,改变土壤孔隙率和随后的地下水流动。此外,还可以改变堆积和混合过程中的颗粒分布和土壤有机质浓度,以及真菌的直接作用(见图 4.3.8),来进一步改良土体性能。

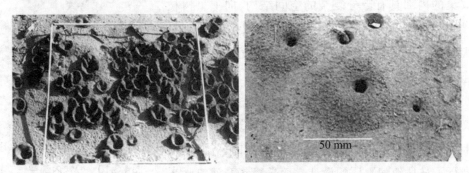

图 4.3.8　高密度的蚁巢入口[10]

#### 4.3.4.4　建筑自然通风和散热

白蚁巢穴存在机理:通风在某种意义上其实是为了散热,而在不需要任何空调系统的前提下就能实现散热,通风无疑是一种最好的途径。为了避开污染的室外环境,人们往往更愿意待在舒适的"空调屋"。如何让仿生技术的应用取代空调系统,这是一个值得思考的问题。笔者以白蚁巢穴的存在机理进行阐述,白蚁巢穴主要有通风和散热两个特性,与烟囱效应相似(见图4.3.9)。

蚁穴既能适应寒冷,又能保持温暖的原理是,将地下水位以下的深层土壤用作冷却源,同时让新鲜的空气通过土堆的下部进入,并留在底部冷却泥浆。这个设计精巧的结构大大提高了蚁穴的内部温度控制能力。其有效的通风保证了足够的氧气供应,并提供保暖隔热。

夜晚气温低,蚁穴上方的排气孔关闭,可以让暖空气留在蚁穴中;穴外温度开始上升,蚁穴内部循环加快;当温度升高或外界下雨时,蚁穴上方的排气孔打开,同时冷空气经过土壤降温,由于蚁穴内部气压降低导致新鲜空气被吸进蚁穴;当夜间温度适宜时,蚁穴内部气流与外界交换,直到低温时关闭(见图4.3.10)。蚁穴中工蚁不断地开挖和堵塞通气孔,使得空气像血管里的血液流动一样,受外界的气温和压力控制,从而保持内部温度恒定[7]。

**图4.3.9　烟囱通风示意**[10]

#### 4.3.4.5　蚁巢仿生建筑

白蚁的巢穴是在生物学研究领域的一个十分经典的案例,它以凹凸不平的塔体形状耸立在地面,有的甚至高达数米。无论外界气温如何变化,蚁穴内的温度都是稳定的。蚁巢的内部具有十分复杂的空间结构,向上呈树枝状,与蚁巢表面的开口相连,向下分成许多细孔道,呈现出辐射状延伸后又合并成粗孔道,通往阴凉深处。利用这些相互连通的空间结构,并且充分利用自然条件,使蚁穴内的空气保持新鲜,并且能将温度稳定在30℃左右。

蚁巢对于温度的调节能力引起众多建筑师的注意。除了米克·皮尔斯之外,英国伦敦的绍特设计事务所模仿蚁巢进行了马耳他啤酒厂的设计。而美籍华裔建筑师崔悦君也深受启发,提出了"终极塔楼"的建筑构想。借助非线性挖掘下无序形态的白蚁丘对人类的建筑成果进行更深一层次的解读与分析。

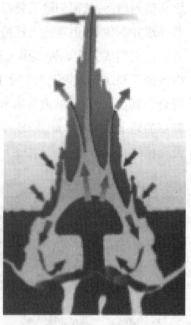

**图4.3.10　蚁穴内部空气交换**[10]

1.米克·皮尔斯——津巴布韦的哈拉雷东门中心

由建筑师米克·皮尔斯设计的津巴布韦东门中心是当代建筑仿生学的代表作品,该作品能够有效地体现生态仿生设计理念。津巴布韦的东门中心是首都哈拉雷最大的商业办公项目之一，其设计于1992年，在1996年建成并开始投入使用。整个建筑面积约为31000m²，建筑是由两栋平行的九层外廊式板楼组成，中间用中庭相连接（见图4.3.11）。

**图4.3.11　津巴布韦东门中心**

津巴布韦位于非洲东南部，哈拉雷属热带草原气候，夏季较为热，昼夜温差在10℃左右。在严酷的自然环境和苛刻的经济条件下，为了降低建筑造价和运行费用，决定不使用昂贵的空调设备，米克·皮尔斯放弃常规的做法，将目光转向了自然界，从自然界生命智慧中寻求解决方法。

建筑师米克·皮尔斯的灵感来源于白蚁丘这个自然生态智慧的设计，为了兼顾建筑在夏天和冬天都有良好的室内温度，借用白蚁筑巢的自然智慧，精心设计和模拟计算，从空间布局到细节设计再到蓄热材料利用以及立面肌理等方面，构建了良好的被动式通风降温系统来控制整个建筑的温度，最终使该建筑具有了和白蚁巢穴一样的气候调节功能（见图4.3.12）。东门中心在改善温度、通风空间和空间实用之间取得了良好的平衡。

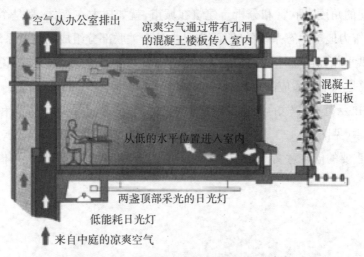

**图4.3.12　津巴布韦东门中心通风原理[10]**

183

## 2.墨尔本CH2示范办公楼

墨尔本CH2示范办公楼为未来的高层建筑提供了一个样例,为可持续设计树立了世界级的标准,可持续发展技术在CH2身上随处可见。澳大利亚绿色建筑理事会将墨尔本CH2示范办公楼评定为六星级绿色建筑(六星级是最高级)。CH2位于墨尔本市中心,2006年投入使用,建筑地上共有十层,大约有五百多名市政府工作人员在里面工作。CH2作为第一幢六星级绿色建筑,代表了CH2的设计在澳大利亚以及世界上都是处于遥遥领先的地位。

CH2的设计让使用者和周围环境互相协调。参照白蚁巢穴的中庭,考虑更多的是它的功能并非视觉层面的意义,米克·皮尔斯在设计该建筑物内部的时候参考了白蚁巢穴的运行方式,CH2的中庭使用预制波浪形混凝土吊顶。波浪形的空间尽可能地延伸,从而能够吸收下面的空间使用者所释放出的热量,促进空气流动。CH2不仅内部空间结构更为符合人类的审美,同时也是一种对非洲草原上白蚁巢穴美感的重现(见图4.3.13)。建筑物的北立面向上深色抽风管道可以吸收太阳的热能,提升室内温度,通过楼顶的风轮机将热空气带出建筑物。光电循环竹制挂毯覆盖了南立面,随阳光变化自动调节空气。在建筑物的楼顶,最引人注意的是橘红色的高大风机和太阳能板。室内是办公隔离间,配有冷却系统。窗口的光电循环竹制天窗挂毯随太阳光的轨迹自动调节室内温度。大楼里其他细微处的节能节水设计数不胜数。地下室有一套水处理设施,下水道的污水处理后再次利用提高用水率,一是冲厕,二是进行降温,用于大楼的制冷,在这个大楼中整个制冷系统都是用水来冷却降温的。建筑物的通风系统采用置换送风的方式,空气从高处被引入南面的淋浴塔后被冷却,然后进入建筑一层,再层层往上传送。此外,室内装有风速传感器,在夜间打开北墙和南墙上的窗户,第二天早上,空气清新且非常凉爽。CH2全年减少耗电量,可以有效减少温室气体排放,并且能够节水,减少污水排放,而且还减低了二氧化碳排放量。

澳大利亚首座获得六星级绿色建筑认证的建筑,它对于民用建筑来说是一种全新的诠释,可以从不同的角度来欣赏和分析。建筑在城市,就如树木在森林,都是个体对身处环境的回应。CH2作为地球生态系统的映像,它是由各个关联部分组成的复杂系统。内部供暖、制冷、供电和供水相互配合才能给整座大楼创造出一个和谐的环境。与其说它是一个凝固的雕塑,不如说是一个自适应的过程。

墨尔本CH2示范办公楼的设计根源来源于白蚁巢穴,这也表明了人类和大自然之间有更深层次的联系(见图4.3.13)。墨尔本市政府公开表明,CH2这座建筑不仅对于本土节能建筑的设计有着重要的借鉴意义,同时为全球范围内建筑物节能设计等提供可借鉴的典范。

彩图效果

图4.3.13 墨尔本CH2示范办公楼

3.全球健康社区(Global Health Community)

华南理工大学的研究团队提出了一种受蚁穴启发的全球健康社区建筑,旨在创造一个不使用电力进行供暖、制冷和通风,并且能够解决环境、生态和社会问题的生活环境。建筑设计方案占地近2km²,建筑直径500m,高320m,能容纳近2000人生活,如图4.3.14所示。

图4.3.14 受蚁穴启发的全球健康社区概念设计[11]

在暖通方面,全球健康社区(以白蚁巢穴为基础的设计)结构是一种被动式水冷设计,依靠重力、温差以及冷空气和热空气之间的行为互动发挥作用。其工作原理非常简单:白蚁深深地钻入地下,形成多个线性竖井,这些竖井成为来自地下水源(通常是含水层)的水管。含水层现有的地下水压将水向上推至白蚁挖掘和形成的一系列蓄水池。这一系列充满水的蓄水池成为整个白蚁巢穴的冷却源。冷却池的正上方是白蚁的孵卵室和相关的生活室。简单地说,冷空气在遇到白蚁身体的热量和上层各室的较高温度时就会上升。一系列同心圆壁悬挂在内室的天花板上,起到冷却片的作用,捕捉湿气并将其冷凝,从而冷却空气。这些内部热量会自然上升，并通过巢穴最上部的一系列通风烟囱排出。整个巢穴上部区域都有二级通风口，有研究表明，白蚁身体的振动是一种交流、建筑测量和监测通过通风烟囱的气流的方法。并且，设计方案试图模仿白蚁巢穴的比例尺度，在整个白蚁结构中保持相同的比例关系。

在结构方面，方案的目标是设计一种重心极低、空气动力效率极高、结构稳定的结构，并能在地震、台风、飓风、海啸等其他灾害级极端情况下表现良好。该结构的建造不需要特殊技能，因此研究团队研究了各种建造方法，以满足结构的形状和气候需求。考虑到一年中大部分时间都处于高温和潮湿的极端环境中，建造一个高度隔热、防水且凉爽的结构至关重要。它必须与该地区的潮湿空气隔绝，但又能通过水池的存在和人体热量产生的上升气流创造凉爽的空气流通。结构的形状必须通过通风烟囱被动地引导空气向上流动，而将热量凝结成水进行冷却则是结构成功的关键。

在考虑所有关键需求后，开发了一种具有内在稳定性和空气动力学特性的圆顶结构，并在圆顶的顶点区域设置了一系列通风管道。这种组合促进了内部的自然气流，引导暖空气向上流动，并加速空气通过通风管道。顶部穹顶结构的制造方式与因纽特人在北极冻原上的栖息地"冰屋"（Igloos）相似——冰块堆叠成穹顶结构。在本方案中，在砌块墙穹顶内使用了由钢筋和混凝土组成的回收泡沫塑料块，从而形成了一个钢筋混凝土格子。

巨型穹顶的中央上部是一个类似玻璃的隔热屋顶结构，由分层透明复合材料制成，可以让自然阳光照亮大部分内部空间。它还容纳了内张力冷凝壁板，形成了天花板上的同心星状岩墙。这种由有机材料和油基材料组合而成的分层隔热复合结构是一系列由空气隔开的复合层，形成一个隔热性能非常好的"三明治"体系，既能让自然光照射进来，又能隔绝热量。这种复合天窗系统的重量比玻璃轻数千倍，强度也更高。根据提供资料显示，每2cm厚度的隔热材料的 $R$ 值约为7，材料的抗拉和抗压能力相当于结构钢。

在建筑材料方面，研究人员找到了一种既耐用又能隔热的材料，是一种名为 Rastra Block 的可回收苯乙烯加固砌块系统，它是一种隔热和结构性建筑砌块，将其黏合在一起，堆叠成所需的长度和高度，然后填充重型钢筋和结构性混凝土，形成一个整体墙体系统，其隔热 $R$ 值超过50，分贝声级降低50，防水、防火和防白蚁。另一种适用于本项目的类似材料是 Quad-Lock 泡沫塑料系统。这是一种聚苯乙烯泡沫塑料墙结构系统，它有塑料横向支架，可将每个砌块连锁在一起，形成多层砌块，从而形成连续的墙体。由此形成的墙体是一种钢筋网格结构，能够抵御巨大的压缩和拉伸荷载。

总的来看，通过进一步的空气流动、温度和湿度试验，零能耗人类居住地的概念是可行的。第一个原型必然是最昂贵的，因为这样的结构以前从未建造过，材料的构成和细节也是独一无二的。鉴于该结构及其系统的性质，还建议建造过程本身具有灵活性，需要进行日常调整和补救决策。为了尽量减少昂贵的施工变更，必须将结构整体设计为预制构件，在场外预先安装和完善,并在现场以成品状态进行施工。通过实验室测试,我们可以创造出预先设计好的环境,对不同的条件变化(如风力、湿度、屋顶开度、阳光照射、雨水等的增加或减少)进行响应测试,这就为我们提供了一个可调整参数的极端范围。这样的设计目标是使室内居住环境具有适应机制,以适应室内生境与自然生境环境之间的任何变化。从某种意义上说,全球健康社区的环境是一个日复一日变化和适应的环境,而居住区本身就是一个有助于适应这些变化的规划结构。

仿生建筑的目标是创造一个智慧的、环保的、有利于人类适当支持和发展的环境,使其成为一种催化剂,促使人类摒弃过去傲慢、浪费和破坏性的方式方法,重新开始,正如爱因斯坦所说,"如果人类要生存下去,我们将需要一种全新的思维方式"。

此外,蚂蚁的"地下城堡"为什么不会坍塌?一直是工程学和蚂蚁生态学里悬而未决的重要疑问。为了探究蚂蚁挖掘行为的背后机制,安德拉德团队在一个装有500mL土壤和15只蚂蚁的容器中建立了微型蚁群。然后通过高分辨率X射线每10分钟扫描一次,在长达20个小时的时间里持续对每只蚂蚁和每粒土壤的位置进行观察。通过长时间的观测,研究人员准确掌握了蚂蚁挖掘的地下隧道的各种细节,以及被蚂蚁搬动过的每粒土壤颗粒的移动轨迹,该团队借此创建了一个计算机模型,以此了解蚂蚁作用在地下土体中的力。

在这个模型中,该团队重新创建了每个土壤颗粒的大小、形状和方向。除此之外,通过这个模型,可以精确计算每个颗粒受到的包括重力与摩擦力在内的各种力的方向和大小。最终,安德拉德团队通过试验测试发现,当蚂蚁在挖掘的过程中,会在土壤中形成一道弧形门户,该团队将其称为"拱门"。该拱门的直径大于洞体本身,从而减少了作用在拱门内土壤颗粒上的载荷,而蚂蚁正在此处建造巢穴。当蚂蚁清除土壤颗粒时,它们会巧妙地使得巢穴周围的力链进行重新排列,形成一种类似茧或衬垫的保护膜,极大地减轻蚂蚁搬运颗粒的压力。因此,蚂蚁可以轻松去除这些颗粒以延长洞穴,而不会造成塌陷。与此同时,拱门还使隧道变得更加坚固与耐用。此外,蚂蚁倾向于向下挖掘相对笔直的洞穴,形成一个大概40°左右的倾斜角,这种隧道可以凭借坡度,让颗粒材料自然下降。而且蚂蚁还会挑选正确的谷物用以在上方保护拱形。

"我们曾天真地认为蚂蚁可能在玩叠叠乐,事实上它们可能在摆动谷物,甚至可能正在抓住阻力最小的谷物。"安德拉德如此介绍。蚂蚁正在遵循一种与生俱来的行为算法。"我们发现它们似乎并不知道自己在做什么,这些蚂蚁没有系统地寻找土壤或者谷物颗粒中的软弱点。相反,它们进化到根据物理定律进行挖掘。"安德拉德表示。该团队认为,蚂蚁以一种偶然的方式发现了一种先进的挖掘技术,这种方式不仅符合物理定律,而且效率极高。但蚂蚁本身其实对该能力一无所知,只是在遵循一种随着时间推移而演变的非常简单的行为算法。他们的研究还提到,该算法并不只存在于一只蚂蚁中,而是所有忙碌的蚂蚁们突如其来的群体行为,就像一个超级有机体。但这种行为程序如何在所有蚂蚁的微小大脑中传播,尚是一种难以解释的自然世界的奇迹。

安德拉德在接受媒体采访时指出，希望接下来研究出一种可以模拟该种行为算法的人工智能方法，这样他就可以在计算机上模拟蚂蚁的挖掘方式。"模拟的一部分将确定如何为人类大小的巢穴扩展蚂蚁物理学。与流体或固体等其他材料相比，颗粒材料的缩放方式不同，通过缩放晶间摩擦系数，届时研究人员可以从晶粒尺度到米尺度进行试验。"安德拉德介绍道。该团队认为，无论是在地球上还是在其他行星体上，采矿业务对人类来说总是存在难以预料的危险。如果可以进一步分析并最终复制行为算法，不久后或许会出现替代人类去挖掘隧道的机器人蚂蚁。

**【思考题】**

1.蚁巢的结构和形式特点有哪些？

2.白蚁的巢穴结构对现代建筑设计有哪些启示？特别是在通风系统和材料选择方面，如何借鉴白蚁巢穴的设计特点来优化人类建筑？

3.与白蚁相关的人工智能算法有哪些？在土木工程中有哪些应用？

**【参考文献】**

[1]石晓园.基于三种动物巢穴"营造"方式的空间建构研究[D].南京:南京艺术学院,2018.

[2]蔡广基,张丽清,刘永清.投入产出的线性假设分析[J].华南理工大学学报(自然科学版),1998(10):84-88.

[3]邓刚,李维朝,张茵琪,等.堤坝白蚁巢穴探测技术的现状和展望[J].中国水利,2023(15):13-18.

[4]王龙.数字时代大学图书馆空间建构方式研究[D].厦门:厦门大学,2014.

[5]Rehman A,Mazhar Rathore M,Paul A,et al.Vehicular traffic optimisation and even distribution using ant colony in smart city environment[J].IET Intelligent Transport Systems,2018,12(7):594-601.

[6]田恒,张文虎,邓四二,等.基于改进蚁群算法的多值属性系统故障诊断策略[J].控制与决策,2021,36(11):2722-2728.

[7]Xu L,Liao Q,Liu Y,et al."Ant community":Community complex sustainable design based on design bionics—Case study of the Can Batlló community in Barcelona[C].IOP Conference Series:Earth and Environmental Science,2019:012038.

[8]Golichenkov M,Maksimova I,Zakalyukina Y V,et al.Ants' nesting activity as a factor of changes in soil physical properties[C].IOP Conference Series:Earth and Environmental Science,2019:012013.

［9］X.R.Lia，Y.H.Gao，J.Q.Su，et al.Ants mediate soil water in arid desert ecosystems：Mitigating rainfall interception induced by biological soil crusts［J］.Applied Soil Ecology，2014(78)：54-57.

［10］陈子颖.过去、现代和未来：未来城市发展构想——基于高层动态仿生建筑的探讨［D］.南京：南京理工大学，2018.

［11］Yang G，Zhou W，Qu W，et al.A review of ant nests and their implications for architecture ［J］.Buildings，2022,12(12)：2225.

**他山之石**

**论文：仿生土木工程研究进展与展望**

　　本文从仿生材料、仿生结构和仿生机械与构筑物3个方面阐述仿生学在土木工程中的应用,列举典型的应用案例,并对仿生土木工程进行总结和展望,为未来的研究提供基础材料。

# 第5章　仿生钻探与掘进

## 5.1　船蛆:盾构机的原型

### 5.1.1　概述

当前,山岭隧道以及地下工程是人类拓展空间、进行资源开发的主要方向之一,"上天入地"是人类向立体空间发展的必然趋势。21世纪以来,世界各地在隧道与地下空间的开发中涌现了大量的长隧道工程。在我国,尤其是我国西部地区,交通运输更成为了带动地区发展的重要因素。我国地质条件复杂、地形地貌多样,隧道连通起大山两侧的世界,极大地提高了交通的便利性。隧道修建的过程中常常采用盾构机掘进的方式开挖。近年来,随着我国隧道工程建设步伐的加快,"盾构机"一词出现在大众视野中的频率愈来愈高。同时,我国研发的超大直径的盾构机在技术上不仅走在了世界的前列,也在大量地出口海外。那么,盾构机是如何被发明出来的呢? 关于盾构机的起源又有哪些鲜为人知的故事呢? 本章内容将围绕人类从自然界中的船蛆所获得的灵感,展开关于船蛆——盾构机仿生内容的讲述。

### 5.1.2　船蛆的介绍

船蛆是破坏海洋中的木材建筑物的"专家",木桩、木质建筑的堤岸、码头等都是它的破坏对象。自远在使用木筏和小船过海的时代起,航海学家就意识到了钻孔生物对船体以及建筑的危害[1]。历史上船蛆为害最惨重的要数1730年荷兰堤岸的毁坏[2]。也正由此事件,促进了人类对船蛆的研究,国外学者早在18世纪就提出了船蛆属于软体动物,并报告了船蛆的种类,同时提出用煤焦油防除的方法[3]。到了1913年左右,船蛆在美国旧金山的海湾港口大肆破坏,造成的经济损失高达2500万美元,这就进一步促进了学术界对船蛆的研究。

《科学通报》中对船蛆的定义是这样的:船蛆,是生活在海洋里的一种软体动物,它能够钻入木材,所以又被称为"凿船贝"或者"凿船虫"[4]。船蛆所生长在的木材,表面看来好像很完整,但是剖开看的时候,就能看到由于船蛆密集,出现了许多洞穴,以至木材内部中空,完全丧失了木材的坚固性。船蛆这种动物在世界上分布广泛,除了北极区域之外几乎每个地区都会出现。根据过去所发表的文献记载的统计,发现它们的分布形式大致是以赤道为中心。大部分的船蛆都是分布在赤道附近,离赤道越远,种类越少。

船蛆在形态上表现为体前端有两个对称的白色小贝壳,通过一层很薄的白色石灰质管包住身体的其余部分,在船蛆的体末端有一个入水管和一个排水管。水管的基部有形似小铲的铠,在船蛆遇敌时水管缩入,并且用铠堵住孔口。虽然船蛆长得很像蠕虫,但是它们其实是一种蛤,通过利用两个白色小贝壳,它们能够轻而易举地钻进木材里进食并且生长。由于船蛆所生活在的木材种类大相径庭,导致船蛆的个头差异很大,个头小的只有2~3cm长,而大的则可以长到1m[5]。船蛆在钻孔的过程中,自身能够分泌出一种黏液,这种黏液会形成薄薄的石灰质的白色管子,将其柔软的身体保护起来,免得在钻洞的过程中与木材摩擦而导致受伤。身体前面的那对小而薄、对称的外壳,分前、中、腹三部分,包住身体前端。船蛆钻洞主要依靠的就是这对小贝壳(见图5.1.1)。也有学者认为,船蛆的足部可以分泌出溶解木材的物质,将木材溶解后再钻入。通过更加细致地观察船蛆前端的小贝壳,可以发现小贝壳前端分布着许多细密整齐的齿纹,齿轮的样子像木锉。船蛆就是利用它反复旋转摩擦,把木材锉下,凿穴而居的[6]。由于壳肌的伸缩,贝壳每分钟约旋转8~12次。另外船蛆末端极长的水管可以伸出洞口,从水中摄食和呼吸,并排出废物。根据已有的研究发现,全世界各海区的船蛆种类约有六十多种,我国沿海已发现十多种。

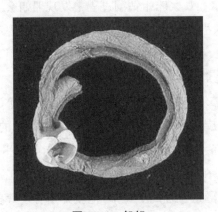

图5.1.1 船蛆

### 5.1.3 船蛆仿生故事

地铁作为便捷的交通工具横穿在整个城市的地下。在现在看来,地铁修建过程中的隧道开挖已经是一项成熟的技术了，但是在200年前，泰晤士河的河底隧道却让英国人吃了不少苦头，难题最后被一种仿生设计的机械设备所攻克。

图5.1.2展现了伦敦桥的拥堵情况，当时的伦敦港是世界上最繁忙的港口之一，但是货物过河又只能通过狭窄的伦敦桥。因此通过伦敦桥穿梭在两岸的几乎全是拉货的车。由此造成了非常大的拥堵，就有人打起了水下隧道的主意。然而泰晤士河的情况非常糟糕，河底有非常厚的透水砂砾、牡蛎壳等，这也就意味着要保证隧道的安全就得往更深处打[7]。可是隧道所处的深度越大，压力也会越大，以当时的建造技术来看，导致坍塌的风险较大。一开始，这项隧道工程的开展多半都因为渗水或坍塌而宣告终止。

**图5.1.2　伦敦桥的拥堵场景**

法国人马克·伊桑巴德·布鲁诺尔曾经为皇家海军工作，在造船厂里他仔细观察了船蛆这种神奇的动物。布鲁诺尔在观察船蛆钻洞过程中发现船蛆会从体内分泌一种液体涂在孔壁上形成保护壳，以抵抗木板潮湿后发生的膨胀。布鲁诺尔从这个现象中获得了灵感，连呼——"我有办法了！"于是，布鲁诺尔根据船蛆钻洞行为提出了盾构掘进隧道的原理，并取得了英国的专利[8]。这就是最开始的开放型手掘盾构的原型。

马克·伊桑巴德·布鲁诺尔与其儿子伊桑巴德·金德姆·布鲁诺尔完善了盾构结构的机械系统，设计采用了全断面螺旋式开挖的封闭式盾壳。他们设计的盾构机为一种金属圆柱体，内有复杂的机械和辅助设备。由千斤顶推动金属筒框向前水平前进，并有金属筒框支撑土（岩）体以防止塌方，同时还在金属筒框后进行衬砌结构的施工。自1823年起伊桑巴德·金德姆·布鲁诺尔被任命为该隧道工程的工程师，他就开始着手筹备以该技术兴建威平至洛特希隧道的策划，并在1824年得到连同威灵顿公爵等多个私人投资者注资成立了泰晤士河隧道公司。

隧道于1825年2月正式动工，由布鲁诺尔发明的矩形盾构机首次应用于伦敦泰晤士河隧道施工。挖掘隧道的盾构机的部件由机械发明家亨利·莫兹利位处兰贝斯的工房制造并运送到洛特希钻挖现场组装。这个最原始的盾构机由12块垂直并排的大铁板组成，然后再用两块铁板划分成水平 3 列为上层和中层提供立足点,如此构成 36 个工作空间,每一个空间靠着钻挖方向的泥土有一块可移动的门板。每一格由一名工人将门板移开后将前面一定量的泥土挖走,再将门板用工具固定在被挖出的空间深处。盾构机顶部和底层的每格都会以巨型螺丝顶住背后用来支撑隧道壁的砖墙切面,当盾构机前方的泥土已经被挖走,工人就转动螺丝令盾构机往更深处推移,盾构机上的工人一面挖走泥土,另一批工人就不停在背后敷设砖墙。盾构机每块垂直铁板超过 7 英吨重,整个盾构机重约 80 英吨,这种隧道钻挖法的好处在于为隧道内侧提供支撑以降低崩塌危险(见图 5.1.3)。

图 5.1.3　开放型手掘盾构

盾构机的创新之处在于它能够在向前掘进的同时保护工作面不发生坍塌,大大提高了隧道施工过程中的安全。我们可以把盾构机想象成一个底部开了大孔的杯子,把杯底朝前塞进隧道里,工人就在杯子内部通过那些大孔施工,掘进的同时工人在后方修建永久性的支撑结构,一边挖一边修,几乎跟船蛆一样。直到今天盾构法依然是隧道工程中的主流方法之一。

### 5.1.4　船蛆仿生类比

人类活动的地下挖掘与船蛆在木头钻洞的过程类似,都是挖出较长的洞并且需要保证洞体的稳定。因此通过类比仿生船蛆而建造一个类似的机器——盾构机(见图 5.1.4)。前文已介绍了船蛆钻洞的具体过程:它使用头部前段的贝壳,每分钟旋转约 8~12 次,利用壳面上的锉状嵴,将木材锉下,同时木屑又可作为船蛆的食料;船蛆身体分泌石灰质衬于穴道内壁,用于抵抗木板膨胀和保护自己;它钻入木材后靠两个管道与木材外界相连通,活动时两个管道自木材表面的洞口伸出,所需要的食料和新鲜海水从鳃管道流入体内,体内的废水和排泄物从排泄管道排出体外。最早时期,布鲁内尔受到船蛆挖洞的启发,想到可以通过圆筒来保护挖掘的人,然后圆筒向前移动,后边挖好的洞进行加固施工,防止塌方,就像船蛆分泌石灰质形成保护洞一样。

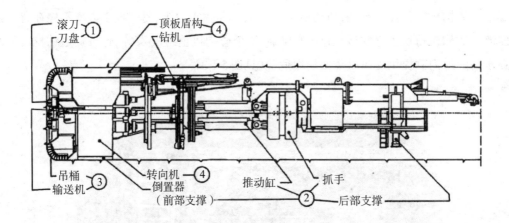

**图5.1.4　盾构机原型[9]**

　　最初的隧道开挖是由工人进行人工挖掘的,现代的盾构机已经采用机械化代替人工,它包括刀盘、出土系统、拼装系统和推动系统等(见图5.1.5)。盾构机的刀盘类似于船蛆的锉状嵴,通过旋转将前方泥土削下来,出土系统类似于船蛆的排泄管道,将泥土运到洞外,配装系统安装管片类似于船蛆分泌的石灰,在挖完的洞壁上形成坚固的硬壁,从而保护自己和挖好的洞。推动系统类似于船蛆的身体,推动刀盘向前方推进。

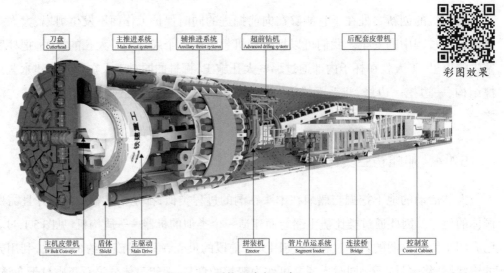

**图5.1.5　盾构机内部示意**

　　推动系统推动盾构机前进,刀盘旋转切割岩土,出土系统将岩土运出洞外,拼装系统将弧形管片拼接成圆洞,这样圆洞就在不断地加长,这就是盾构机的主要作业流程。本书将在下一节着重介绍盾构机的工作原理。

### 5.1.5　盾构机介绍

盾构机是一种使用盾构法的隧道掘进机,见图5.1.6。盾构的施工法是掘进机在掘进的同时构建(铺设)隧道之"盾"(指支撑性管片),它区别于敞开式施工法。国际上,广义盾构机也可以用于岩石地层,只是区别于敞开式(非盾构法)隧道掘进机。而在我国,习惯上将用于软土地层的隧道掘进机称为(狭义)盾构机,将用于岩石地层的称为(狭义)TBM。因此,TBM和盾构机的主要区别在于,它不具备通过承受泥浆压力、土压力或其他方式来支撑隧道表面的功能;盾构施工主要由支护掌子面、开挖排土、管片衬砌和回填灌浆四部分组成。本书将以国内定义的狭义盾构机展开描述。

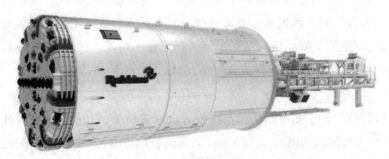

**图5.1.6　盾构机示意图**

盾构机在我国又称盾构施工机,是一种用于地下隧道开挖的施工机械。它有一个金属外壳,内部安装有部件和辅助设备;在壳体的保护下,盾构机进行挖土、排渣、机器推进、管片架设等工作,成型后用于修建隧道。盾构机是隧道开挖的一种专用工程机械。现代盾构机集机械、电气、液压、传感、信息技术于一体,具有土方开挖、运渣、分段衬砌、导航、纠偏等功能,广泛应用于地铁、铁路、公路、市政工程、水电工程等隧道工程中[10]。

盾构机的工作原理是钢结构组件在开挖土壤时沿隧道线形向前推进。钢结构的壳体称为"盾壳",盾壳在施工的过程中起到临时支撑无衬砌隧道段、承受周围土的土压力和地下水的水压力、防止地下水进入的作用。开挖、排土、隧道衬砌和其他工程在盾构外壳的保护下进行。因此盾壳对整个隧洞开挖具有明显的"屏蔽"和"保护"作用。

根据开挖面的形状,盾构机可分为单圆盾构机、多圆盾构机和非圆盾构机。多圆盾构机可分为椭圆盾构机、矩形盾构机、马蹄形盾构机、半圆盾构机和双圆盾构机。多圆盾构机和非圆盾构机统称为"异形盾构机"。盾构机根据工作原理一般分为手掘式盾构、挤压式盾构、半机械式盾构(局部气压、全局气压)、机械式盾构(开胸式切削盾构、气压式盾构、泥水加压盾构、土压平衡盾构、混合型盾构、异型盾构)。

40多年来,通过对土压平衡式、泥水式盾构机中的关键技术,如盾构机的有效密封,确保开挖面的稳定、控制地表隆起及塌陷在规定范围之内,刀具的使用寿命以及在密封条件下的刀具更换,对一些恶劣地质如高水压条件的处理技术等方面的探索和研究解决,使盾构机有了很快的发展。

而不同工程采用的盾构机类型相差很大,因此在不同工况下盾构机可以分为以下几种:

## 1.半敞开式

手掘式及半机械式盾构均为半敞开式开挖,这种方法适于地质条件较好,开挖面在掘进中能维持稳定或在有辅助措施时能维持稳定的情况,其开挖一般是从顶部开始逐层向下挖掘。若土层较差,还可借用千斤顶加撑板对开挖面进行临时支撑。采用敞开式开挖,处理孤立障碍物、纠偏、超挖均较其他方式容易。

## 2.机械切削式

机械切削式指与盾构直径相仿的全断面旋转切削刀盘开挖方式。根据地质条件的好坏,大刀盘可分为刀架间无封板及有封板两种。刀架间无封板适用于土质较好的条件。大刀盘开挖方式在弯道施工或纠偏时不如敞开式开挖便于超挖。此外,清除障碍物也不如敞开式开挖。使用大刀盘的盾构,机械构造复杂,消耗动力较大。

## 3.网格式

采用网格式开挖,开挖面由网格梁与格板分成许多格子。开挖面的支撑作用是由土的黏聚力和网格厚度范围内的阻力而产生的。当盾构机推进时,土体会从网格里挤出来,此外网格的开孔面积需要根据土体的性质来确定。采用网格式开挖时,在所有千斤顶缩回后,会产生较大的盾构后退现象,导致地表沉降,因此,在施工中务必采取有效措施,防止盾构后退。

## 4.挤压式

局部挤压式和全挤压式开挖,由于不出土或只部分出土,对地层有较大的扰动,在施工轴线时,应尽量避开地面建筑物。局部挤压式施工时,要精心控制出土量,以减少和控制地表变形;全挤压式施工时,盾构机把周围一定范围内的土体挤压密实。

隧道掘进机如何预制衬砌

### 5.1.6　我国盾构机的发展和应用

#### 5.1.6.1　人工挖孔盾构机的发展和应用

我国盾构机的开发和应用始于1953年,东北阜新煤矿修建了一条直径为11.6m的引水隧洞。1962年2月,上海市城建局隧道工程有限公司根据上海软土地层,对盾构机进行了系统的试验研究,他们开发了一台直径为4.16m的普通手挖敞开式盾构机(见图5.1.7和图5.1.8)。开挖试验在两个有代表性的地层中进行,其中排水或压缩空气用于稳定粉砂和软黏土地层。经过反复的地面演示和试验,单层钢筋混凝土管片隧道选用螺栓进行衬砌,接缝防水材料选用环氧煤焦油,机器成功开挖了68m。

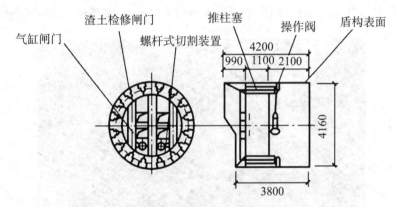

图5.1.7　手挖敞开式盾构机尺寸模型(单位:mm)[11]

图5.1.8　手挖敞开式盾构机[11]

#### 5.1.6.2　网格挤压式盾构机发展和应用

1965年3月,由隧道工程设计院设计、江南造船厂制造的两台直径为5.8m的网格挤压式盾构机于1966年建成了两条平行隧道,隧道长度为660m,地面沉降最大达10cm。1966年5月,由上海隧道工程设计院设计、江南造船厂制造的直径为10.22m的网格挤压式盾构机正在施工中国第一条水下高速公路隧道，即上海大浦路跨江隧道的主隧道（见图5.1.9和5.1.10）。通过气压稳定法保证开挖面的稳定，该盾构机在黄浦江下顺利完成掘进，总开挖长度为1322m，隧道于1970年底竣工通车。

1973年，上海金山石化厂利用1台直径为3.6m的网格挤压式盾构机和2台直径为4.3m的网格挤压式盾构机修建了1条污水隧道和2条引水隧道。

1980年，地铁1号线的一个试验段在上海建成，此项目开发了直径为6.412m的网格挤压式盾构机，该盾构机使用泥浆压力和局部空气压力进行隧道施工，并在粉质黏土地基上开挖了1130m的隧道。

1982年，上海隧道工程有限公司设计、江南造船厂制造的直径为11.3m的水力机械排渣网格挤压式盾构机（见图5.1.11）用于上海外滩延安东路北线1476m长的跨江圆形主隧道。

图5.1.9 直径为10.22m的网格挤压式盾构机[11]

图5.1.10 上海大浦路越江隧道施工现场[11]

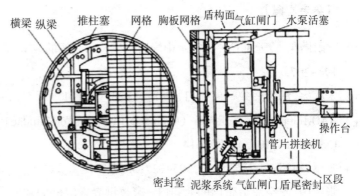

横梁 纵梁 推柱塞 网格 胸板网格 盾构面 气缸闸门 水泵活塞

操作台

管片拼接机

密封室 泥浆系统 气缸闸门 盾尾密封 区段

**图5.1.11　直径为11.3m的网格挤压式盾构机[11]**

### 5.1.6.3　叶片式盾构机的发展和应用

1986年,中国铁路隧道集团公司开始研制半断面盾构机,并成功用于北京地铁复兴门折返线的施工。半断面叶片式盾构机将"盾构法"和"浅埋隧道法"紧密结合,取消了小导管超前注浆,在盾壳和尾盾的保护下开挖隧道上半段。半断面盾构机可实现全液压传动、电控操作,并可自行推进、转向和转弯。它能有效控制地面沉降,降低工人的劳动强度,施工速度更快,日均速度为3~4m。

没有船蛆就没有盾构机,自布鲁诺尔从船蛆获得灵感发明盾构机以来,盾构机不断发展。未来,盾构推进将不再需要大量人员进行操作,而是通过计算机实现自动推进、自动纠偏、自动拼装、自动注浆,并同步完成自动化决策管控等。未来,"人工"和"智能"的工作比例将进一步发生变化,原本需要人工才能完成的工作,或者人机结合的工作,将逐渐由系统接管。就目前的趋势来说,管控中心将通过大数据分析和计算模型开发,走向智能化。比如针对盾构施工的地质环境等,实现地质超前探测、地表变形等数据的自动化采集;开展数据智能分析模型研发。通过数据自动采集和智能分析,实现智能辅助决策结合人工干预的管控模式。

从人工分析决策到智能辅助决策,实现远程、实时、智能、移动管理,这些在一步步变成现实的同时,也都指向了同一个目标——智能盾构。

**【思考题】**

1.船蛆能够通过分泌黏液形成石灰质管保护自身,并利用前端的贝壳钻入木材中生长。考虑这种独特的生存机制和适应性,如何在材料科学和工程设计中应用类似原理来开发自我修复和自我保护的智能材料?

2.绘制出盾构机的主要组成部分,识别每部分的功能。

【参考文献】

[1]欧阳桃花.拨云见日——揭示中国盾构机技术赶超的艰辛与辉煌[J].管理世界,2021,37(8):194-207.

[2]宋盛宪.海上白蚁—船蛆[J].航海,1983(5):31.

[3]RAO.Interesting shipworm(Mollusca:Bivalvia:Teredinidae)records from India[J].CHECK LIST,2014,10(3):609-614.

[4]张玺.船蛆[J].科学通报,1954(2):55-58.

[5]张建中.吃空海上帝国的船蛆[J].家教世界,2016(5):25.

[6]刘福丹.浅谈木质渔船的防蛆与防腐[J].渔业现代化,2006(3):49-50.

[7]Skempton.Thames tunnel-geology,site investigation and geotechnical problems[J].geotechnique,1994,44(2):191-216.

[8]Fara.Engineering fame:Isambard Kingdom Brunei[J].ENDEAVOUR,2006,30(3)80-91.

[9]Tengilimoğlu O.An experimental study to investigate the possibility of using macro-synthetic fibers in precast tunnel segments[D].Ankara:Middle East Technical University,2019.

[10]Liu Q,Huang X,Gong Q,et al.Application and development of hard rock TBM and its prospect in China[J].Tunnelling and Underground Space Technology,2016,57:33-46.

[11]Chen J,Min F,Wang S.Large Diameter Shield Initiation and Arrival Technique[M].Berlin,Germany:Springer,2022:11-60.

# 5.2 蛏子:轻扰动钻孔取样与掘进工艺

## 5.2.1 概述

约100年前,Karel Capek在他的戏剧 R.U.R.(Rossum's Universal Robots)中创造了"机器人"一词,该词源于斯拉夫语"robota",是奴役、强迫劳动、苦工的同义词。机器人是指具有独立的自动控制系统、可以改变工作程序和编程、模仿某些器官的功能,并能完成某些操作或移动作业的机器。在科技发展日新月异的今天,各种机器人争奇斗艳、推陈出新,它们的出现可以代替人们的工作,在恶劣的自然环境或枯燥的重复性劳作中发挥作用。机器人非常适合在极端环境下使用,比如太空、海底或灾难现场。现在的科学技术,让机器人上天下海,或者在陆地上进行各种活动不算是难题,但是,机器人运动的一个前沿领域——地下,仍然需要探索。

在土木工程的岩土工程领域中,传统的钻孔取样与掘进工艺存在一系列缺点,比如人力物力消耗大,施工效率和准确性较低,需要相当沉重的设备。相比之下,具有钻孔掘进能力的机器人小巧灵活,可以实现快速立体挖掘,不仅可以用于土壤采样,还可以用于隧道挖掘等工程。但是,到目前为止,能在地下钻孔的机器人并不多见,主要障碍是地下存在复杂而特殊的阻力。首先,土壤和颗粒介质(如砂砾)中的阻力比空气或水中的阻力大几个数量级,这种阻力由颗粒摩擦产生。除了阻力外,机器人在地下运动时还要抗衡一种能让其偏离方向的特殊升力,这种固体颗粒升力与流体升力类似,但性质不同。由于强度梯度的原因,将颗粒介质向上推比压实它更容易,也就是说作用在运动物体较深部分的法向力大于作用在较浅部分的法向力,从而会引起与重力相反的升力[1]。

为了克服这些困难,科学家们将目光转移到研究软体动物的钻孔掘进过程,希望从中找到灵感或解决办法,其中软体动物——蛏子的钻孔过程就是科学家们研究的主要内容之一。

## 5.2.2 蛏子简介

### 5.2.2.1 基本信息

蛏子(razor clam)为海产贝类,属于软体动物瓣鳃纲、帘蛤目、竹蛏科、缢蛏属,生活在近岸的海水里,身体柔软不分节或假分节。蛏子外面有两片大小相近的石灰质贝壳,因而称为双壳类动物。其两片贝壳连接的地方叫作壳顶,相对的另一边则称为腹缘,贝壳脆而薄,近似长方形,质地粗糙两端圆润,壳长一般为6~8cm。蛏子在中国沿海一带均有出产,江苏、福建、山东、浙江是著名的产地,人们还常常在海水盐度较低的河口附近和内湾软泥海涂中筑"蛏田",进行人工养殖(见图5.2.1)。

彩图效果

图5.2.1 蛏子

#### 5.2.2.2 形态特征

蛏子整体可分为外硬壳结构和内部软体晶杆，通常由头部、足部、躯干部（内脏囊）、外套膜和贝壳五部分构成，其内部结构示意图如图5.2.2所示。

外壳前后对称，两侧相等，通常由三部分组成：外面为角质层（很薄，主要由硬化蛋白质组成，无黏液分泌，主要作用是保护钙质不被碳酸溶解）。中间为棱柱层（很厚，由柱状的碳酸钙晶体构成，呈方解石结构）。内部为珍珠母（片状碳酸钙构成，晶体呈文石结构），能折光，有珍珠光泽，由外套膜（外套膜结构示意图如图5.2.3所示）分泌形成，边缘加厚，形成3个褶皱，中间褶皱有感觉细胞或感觉器。壳顶不凸出，其位置随不同的种类而存在差异，有的在贝壳的最前面，有的在贝壳中央略靠前方。贝壳关闭的时候，前后端会开口，前端为足孔，后端有水管伸入。

蛏子的两个壳瓣沿前后轴稍微弯曲，这两个壳瓣由位于壳背下边缘的韧带铰接在一起，形状狭而长，内表面为白色，外表面有一层发亮的黄褐色外皮，其外壳的颜色与生长的环境有关，多为土黄色或者褐色，也常常因磨损而呈现灰白色，且表面光滑无放射肋（放射肋是指以壳顶为起点向腹缘伸出的许多放射状的肋，放射肋之间的沟称为放射沟），生长线明显（生长线是指在壳外面以壳顶为中心呈同心排列的线纹）。每个蛏子体内都有一条透明的类似线虫的东西，它是蛏子消化系统中的一个器官，名叫"晶杆"。晶杆是软体动物中瓣鳃纲和腹足纲消化道中的一个正常而且必需的器官，是一个半透明明胶样棒状体，上面饱含消化酶。在蛏子进食时，晶杆作为搅拌机带动肠胃蠕动，当蛏子饥饿时，晶杆会自溶解，用于充饥。

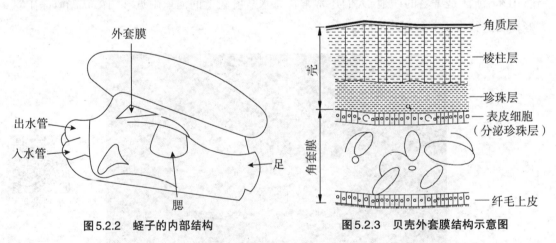

图5.2.2　蛏子的内部结构　　　　　图5.2.3　贝壳外套膜结构示意图

#### 5.2.2.3 生活习性

蛏子均为海产，常见的有20多种，大部分为温带和热带种类，生活在潮间带中、下区或者潮下带的浅海沙滩或泥沙滩，少数种类生活在深海底，也有些种类喜欢在风平浪静、潮流通畅、底质松软、有少许淡水注入、海水盐度较低的内湾中低潮区，营穴居生活，常见于潮间带的泥沙中，尤其在温带。

蛏子主要潜入泥沙中生活,它们依靠足的挖掘,将身体全部埋入泥沙中,但是北太平洋沿岸的荚蛏(Siliqua patula)不栖息在固定的洞穴中,而是生活在不断受海浪冲刷的海滩的流沙中。每个蛏子体内都有一个固定的垂直洞穴,穴上有2个小孔,分别为出水管和入水管伸出处,这两根水管很发达,它完全靠着这两个水管与滩面上的海水保持联系,从入水管吸进食物和新鲜的海水,从出水管排除废物和污水。

蛏子随潮水的涨落在洞穴中做升降运动。洞穴被海水淹没时,蛏子会上升到沿穴口,伸出进出水管,引进水流,进行呼吸、摄食、排泄等活动。滩地干露时,蛏子则降到沿穴的中部或者穴底。蛏子潜居的深度,随身体的大小、体质的强弱和季节的变化而变化,夏季温暖潜伏较浅,冬季寒冷潜伏较深,一般穴居深度为10~20cm。

#### 5.2.2.4　运动器官

蛏子的足是运动器官,主要依靠足中肌束的收缩和伸展进行活动,足的一个主要功能就是挖掘泥沙,使身体潜入其中,但是动作比较缓慢。蛏子的足位于身体的腹面,足部肌肉极其发达,长柱状,无足丝,前端尖,左右扁,足的背侧与体躯相连,在足部内通常有内脏囊伸入。蛏子足的形状和大小常随动物的生态习性而变化,并且变化很大。

#### 5.2.2.5　主要品种

1.缢蛏

缢蛏,俗称蛏(福建)、蜻(浙江)或蚬(山东、河北、辽宁),贝壳呈长卵形或柱形,四角呈圆弧,壳面黄色或黄绿色,自壳顶到腹缘有一道微凹的斜沟,形似绳索的缢痕,因此得名为缢蛏。其壳顶低,壳质脆薄,如两片破竹片,生活时垂直插入浅海泥沙中,外套膜呈乳白色半透明,左右两片外套膜合抱成外套腔,出水管和入水管发达,伸展到贝壳的外面,足强大。

2.大竹蛏

大竹蛏贝壳成竹筒状,前后端开口,一般壳长为壳高的4~5倍,壳顶位于最前端,贝壳背缘与腹缘平行,腹缘中部稍向内凹,这种情形在成长的个体中比较明显,前缘自背至腹向前倾斜,后端圆形。外韧带黑色,呈三角形,前端细小,后端大,其长度约为贝壳全长的1/5,贝壳表面凸出,有时有淡红色的彩色带,贝壳内面白色或可看到淡红色彩带。前闭壳肌痕长,长度与韧带长度略相等,位于壳的前方,后闭壳肌痕大致为三角形,位于距后缘的四分之一处。足部肌肉极其发达,前端尖,左右扁,水管短而粗,两水管表面有相间排列的灰黑色和白色条纹(见图5.2.4)。

彩图效果

图5.2.4　大竹蛏

3.剖刀蛏

如图5.2.5所示,剖刀蛏贝壳长,背缘直,前端圆,末端腹缘向背方斜升,比前端尖,高度约为长度的三分之一,壳顶位于背缘略靠前端,从前端至壳顶的长度,约为全壳长的四分之一,外韧带黑色突出,壳表平滑光亮,生长线在顶部较下,不明显,越靠近腹缘处越清楚。剖刀蛏壳面有一层黄绿色的外皮,由壳顶至末端腹缘略呈现一条斜线,线的上部颜色淡,线的下方颜色较浓。贝壳内面粉白色,铰合部左壳具有三个主齿,中央一个末端分叉,右壳仅有两个主齿。前闭壳肌痕小,卵圆形,后闭壳肌痕大,略呈三角形。

彩图效果

图5.2.5　剖刀蛏

### 5.2.3　蛏子的钻孔特性及原理

#### 5.2.3.1　钻孔掘进特性

蛏子可以收缩它的内收肌(承载铰链韧带并闭合壳),或者放松它的内收肌(卸下铰链韧带并打开壳),其中左右两壳相接合的部分称为铰合部,位于背缘,铰链韧带是指铰合部连接两边贝壳并且起开壳闭壳作用的褐色物质。当蛏子的足部完全伸展时,足部在壳外的部分约为壳长的60%。在挖洞过程中,它们主要通过足前后牵开肌的连续收缩,来产生摇摆运动,在这个过程中,足的形状也会发生变化:在探测过程中,足的远端呈铲状,而在扩张过程中,足的远端会扩张为球茎状[2]。

为了更好地观察蛏子的钻孔掘进行为,Tao 等人[2]在朱迪斯角湖附近的一个沙洲(北纬 $41°23'24.0''$,西经 $71°30'36.0''$)采集了 2 只成年大西洋刀蛏(E.directus),其中大的一个编号为 C1,其足部完全缩回壳内后,长约 16cm,宽约 2.2cm,厚约 1.5cm;较小的蛏子编号为 C2,其足部完全缩回壳内后,长约 11cm,宽约 1.5cm,厚约 1.0cm。然后在两个相似的试验室环境中观察了两个蛏子的钻孔掘进行为。表 5-2-1 列出了试验观察中所采用的符号以及对应的含义,图 5.2.6 总结了大西洋刀蛏在不同类型的沙子中钻孔掘进时的特征,其中图 5.2.6(a)所示的是蛏子后边缘轨迹(原点表示跟踪点的原始位置),对于向下钻孔的过程,只包括了蛏子将壳上升到垂直位置后的运动,从图中可以明显看出,大多数时候,这些蛏子都是斜向下钻孔掘进的。因此,钻孔掘进过程可以用总移动距离来描述,也可以用运动的垂直分量来描述。其中图 5.2.6(b)所示的是垂直掘穴距离,与图 5.2.6(a)所示的轨迹相对应,较好地说明了掘穴速度和掘穴过程的循环渐进性质。

图 5.2.6(a)中向下钻孔掘进的轨迹(Y<0)表明其轨迹受到土壤性质以及蛏子大小的影响,轨迹的总体趋势受到初始探测阶段和形成锚定方向的影响较为显著。轨迹曲线的斜率表示在蛏子后边缘的跟踪点的运动方向,并且所有向下挖掘的轨迹有一个共同特征:轨迹曲线的斜率在一个转折点发生变化,在达到这个转折点之前,蛏子的壳发生了显著的旋转。在转折点之后,蛏子的挖掘主要以平移运动为主。另外,向上的钻孔过程与向下的钻孔过程具有明显不同的特征。向上的钻孔轨迹表明,运动以平移为主,并且运动方向与壳的运动方向一致,主要的区别在于钻孔速度的不同:蛏子往下挖 50mm 的洞大约需要 10 个周期(20~63s),而向上挖相同的距离仅仅用约两个周期(1.6~7.5s)。

表 5-2-1　蛏子钻孔试验

| 符号 | C1 | C2 | S1 | S2 | S3 | BD | BU |
|------|------|------|------|------|------|------|------|
| 含义 | 蛏子#1 | 蛏子#2 | 沉积物#1 | 沉积物#2 | 沉积物#3 | 向下钻孔 | 向上钻孔 |
| | 长16cm | 长11cm | 肋砂 | 渥太华F65 | 渥太华20-30 | | |

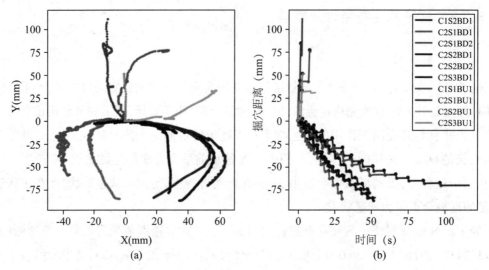

图5.2.6　大西洋刀蛏掘穴特性:(a)掘穴轨迹;(b)掘穴距离[2]

### 5.2.3.2　钻孔掘进过程

观察蛏子钻孔过程可以发现:蛏子首先通过外硬壳支撑两侧的软沉积物,然后内部软体晶杆向下钻进,待内部软体晶杆钻入一定深度后,收缩外硬壳并沿内部软体晶杆向下移动,以此往复达到钻孔掘进的目的。其能以接近1cm/s的速度钻到深达70cm的地方,所用的能量仅为0.21J/cm[3]。另外,蛏子不仅可以向下钻孔,还能向上钻孔,并且向上的速度和步幅分别大于向下的速度和步幅[2]。

图5.2.7是Hongyu Wei等人[4]通过蛏子内收肌与足部变化所描述的蛏子钻孔掘进过程,其中(a)~(f)中的虚线表示深度基准面,白色箭头表示内收肌的运动,红色轮廓表示其收缩。大多数时候,蛏子是斜向开始挖洞的,图5.2.7描述了蛏子向下钻孔过程,只包含了蛏子将壳上升到垂直位置后的运动。首先蛏子将壳拉到垂直的位置,通过足的部分在软沉积物中挖洞,同时贝壳会张开一定的角度来固定壳体,并压缩周围的软沉积物,形成穿透锚,防止蛏子在钻孔过程中反滑,如图5.2.7(a)所示;然后蛏子的足向下延伸,继续深入软沉积物,直到达到目标深度,如图5.2.7(b)所示;接着蛏子足部的内收肌收缩,外壳闭合一定的角度,同时从空腔排出水,将蛏子足部周围的沉积物溶解,并将其流化,达到减少渗透阻力的作用,此时血液从壳体内柔软的身体流向起主要钻孔作用的足部,足部就会膨胀,成为新的锚,如图5.2.7(c)所示;然后肌肉将蛏子的前部向下拉动,拉向足部,该过程会导致蛏子的旋转,如图5.2.7(d)所示;接着后牵开肌以同样的方式,将壳体旋转回直立位置,围绕不同旋转轴的这两次旋转,会导致蛏子整体的净向下平移,如图5.2.7(e)中虚线所示;最后蛏子的贝壳再次打开,从5.2.7(a)开始另一个钻孔掘进循环,如图5.2.7(f)中所示。

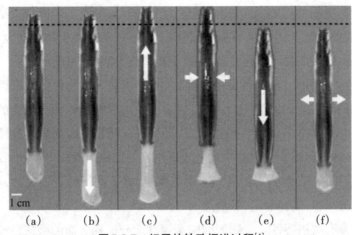

彩图效果

**图 5.2.7　蛏子的钻孔掘进过程**[4]

### 5.2.3.3　钻孔掘进原理

在 Stanley[5,6] 和 Winter 等人[7] 的两个案例中,他们通过重现蛏子钻孔的过程进行了摇摆运动的研究,该摇摆运动包括围绕不同旋转轴的两次旋转,几乎没有平移,旋转轴不与贝壳壳体的重心重合,旋转轴向外的移动,增加了蛏子整体的净向下运动。蛏子通常能挖到身体长度 1~3 倍的深度[8,9],到达最后的洞穴深度所需的时间从几秒钟到几分钟不等[8,10,11]。

蛏子用双锚原理挖掘软沉积物,其身体的一部分向下延伸,扩展成锚定形状,然后肌肉收缩,将身体的其余部分拉到锚定的位置,为了挖掘顺利,锚固力必须大于贯入时所受到的阻力。通过扩大渗透体,可以扩大接触面积,增加锚固力;通过收缩体的其余部分,可以减少接触面积,使周围的风化层流化,从而降低渗透阻力,同时,其身体进化成流线型的形状,也大大地降低了渗透阻力[4]。

### 5.2.3.4　减阻加速措施

在蛏子向下钻孔的过程中,主要通过以下方式加快钻孔速度:贝壳减阻作用和排水流化作用。

#### 1.贝壳减阻作用

一方面,蛏子先通过张开和收缩贝壳来局部搅动土壤或颗粒介质,使周围的接触物松动向内落入体内,减少土壤或颗粒介质中的阻力;另一方面,蛏子在钻孔过程中,贝壳主要起保护作用,最大限度地提高钻孔速度和达到目标深度。

贝壳的防污作用是减阻作用实现的技术保证,防污的实现可以保证外壳壳体表面的纹理,从而保证减阻的效果,达到减阻的目的。贝壳防污基于澳大利亚学者 Scardino 等人[12] 提出的著名的"吸附点理论",该理论认为:微生物更容易附着在表面纹理尺寸大于其身体大小的地方,当表面微观纹理的尺寸小于其身体大小的时候则附着率较低。研究表明,不同尺寸的表面对海洋污损生物附着性能的影响并不相同,且任何单一结构的人工表面都不能同时防止多种海洋污损生物的附着，如表面粗糙度为33~97μm的人工表面可以防止某种藤壶类生物的附着，当表面粗糙度达到2~4mm时，表面上附着的藤壶类生物就会大大减少，而表面粗糙度为0.5~1mm的人工表面却易被硅藻、纤毛虫、苔藓虫和贻贝附着[13]。

蛏子作为一种在沙滩上随处可见的海洋生物，其抗海洋生物污损的原因主要与其外表面特殊的物理结构有关[14]。21世纪以来，材料表面纹理影响海洋污损生物的附着及其减阻性能已经得到了越来越多的认可。研究发现，当材料表面具有高度规则且尺寸合适的微观结构时，表面的生物黏附就会大大减少或者表现出良好的减阻性能。因此，我们所见蛏子的贝壳，基本都是光滑的，光滑的表面可以减小摩擦，让蛏子的行动更加灵活，遇到危险时，让蛏子可以钻进软沉积物，迅速溜走，躲避敌人。

贝壳表面还具有磨损特性。生物表面的磨损性能与工程表面的磨损性能就其自身因素而言主要取决于两个方面，一个是材料性能，另一个是表面特性。这两个因素的主导地位与接触作用方式有关[15]。由生物过程形成的生物材料包括结构蛋白、结构多糖及生物软组织、生物复合纤维和生物矿物等，生物材料的多样性是由于其基本化合物（水、核苷酸、氨基酸、糖及生物矿物）不同组装而形成的。生物材料都是多种尺度的复合材料，从工程角度而言，其构成大体可区分为增强相和基体组织。贝壳中有粒状、球状、棒状、针状、板状和层状增强相分布，并且贝壳中的粒状和球状增强相为均匀分布，贝壳珍珠母层是由文石晶体、有机质和少量水构成的生物陶瓷基复合材料，其增强相在基体组织中呈现均匀或梯度分布。生物材料的上述结构特征为研究仿生耐磨材料提供了基础，对岩土工程的许多部件具有重要的意义[16]。佐治亚理工大学戴胜教授团队研究了 Cyrtopleura costata（俗称天使翼蛤）的钻探力学，通过 X 射线计算机断层扫描得到了天使翼蛤的三维形态，并在此基础上建立了数学模型，用以全面描述了蛤壳的形状以及其表面凸齿的位置与方向，这些模型能够定量描述天使翼蛤在各种运动模式下的钻岩力学，同时利用离散元建模对单个凸齿切削岩石进行模拟，以研究凸齿特性对天使翼蛤钻探效率的影响，这些研究同时可用于启发新型仿生钻头和钻岩方法的设计[17]。

如图5.2.8所示，天使翼蛤的足可以扩展到壳外（作用为锚固体），前后内收肌放松或收缩可用于打开/关闭瓣膜，虹吸管用于呼吸、摄取营养和代谢排泄废物。天使翼蛤的白色外壳呈椭圆形拉长，前后方向的轴线较长，腹背方向的轴线较短。两个瓣膜仅背侧相连，可在腹侧打开，凸起的小齿位于径向肋（Radial riba）和同心肋（Concentric rib）的交叉处。大多数天使翼蛤都有26~28条径向肋，所有这些肋骨都从背侧铰链处开始，一直延伸到腹侧边缘，在天使翼蛤的整个生命周期中，径向肋的数量不会发生变化。同心肋与径向肋正交，与腹缘平行，随着天使翼蛤的长大，同心肋的数量会增加，同心肋之间的间隔也会变大。图5.2.8(d)和(e)显示了天使翼蛤靠近前部（Anterior）的凸齿的图像。这些凸齿呈钉状，根部较粗，顶端较细，一般向贝壳的腹侧凹陷。并且，这些凸齿在贝壳的不同位置有不同的形状和方向。在贝壳前部,凸齿高、尖,向前方和腹侧倾斜;在贝壳中部,凸齿最短,顶端钝尖,大部分直立于外壳;在贝壳后部,凸齿相对较短,顶端非常钝,几乎全部直立,凸齿的大小一般在靠近腹侧时变大,而在背侧时变小。

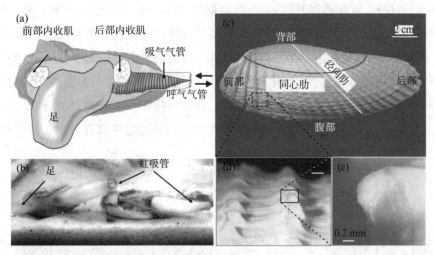

图5.2.8 天使翼蛤的形态和表面纹理:(a)解剖图;(b)实验室水族馆中的天使翼蛤;(c)贝壳的断层扫描照片;(d)贝壳外表面的凸齿;(e)凸齿近景[17]

接着,研究人员发现,天使翼蛤所有的径向肋都可以用一系列对数螺旋曲线(log-spiral)来拟合,同心肋都可以用在两个主要方向,即长轴和短轴,用椭圆来拟合,凸齿的位置可由两个归一化矢量来描述齿列的纵向和横向方向,如图5.2.9所示。对数螺旋形曲线相较于椭圆形曲线来说,钻探所需能量和所做功更少,对数螺旋形曲线的天使翼蛤贝壳在牺牲软体动物大部分居住空间的情况下,能够最大限度地减少钻岩耗能。

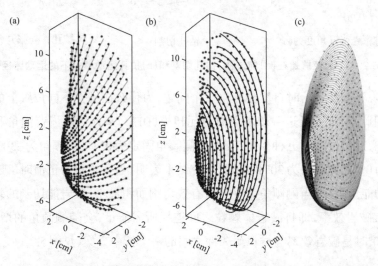

图5.2.9 天使翼蛤贝壳的数学模型:(a)径向肋;(b)同心肋;(c)贝壳整体形态[17]

同时,研究人员还对天使翼蛤三种运动模式下的表面齿列的切角进行了研究,如图5.2.10所示。运动模式一:前进。天使翼蛤双壳沿着背腹轴旋转,穿过铰链,双壳张开,前部张开或闭合,以刮掉前方的岩体,这是主要的凿岩运动。运动模式二:钻孔切割。双壳围绕前后轴旋转,通过铰链,腹侧张开和闭合,以刮擦钻孔壁。运动模式三:扩孔。双壳围绕前后轴线旋转,但轴线穿过天使翼蛤的中心,天使翼蛤身体往复摇摆。值得注意的是,由于腹缘不是一个二维椭圆,而是在第三个方向上有变化,这给前进运动带来了优势,因为当两个瓣膜的腹侧部分关闭时,瓣膜仍可沿着腹后轴摆动。每个齿列的方向都由两个正交向量来描述,前者指的是切刀面与基质法线方向的夹角,后者是指切刀面与切刀前进方向的夹角,研究表明,在不同运动过程中直接与下表面相互作用的凸齿柱通常具有30±20°的后倾角,侧倾角约为0°。

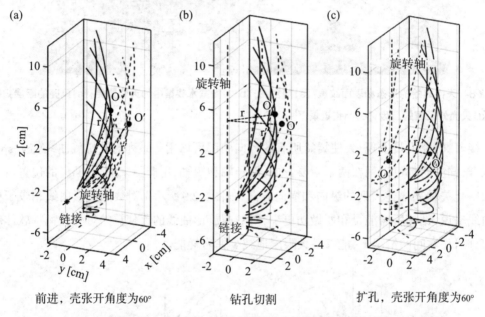

前进,壳张开角度为60°        钻孔切割        扩孔,壳张开角度为60°

**图5.2.10    天使翼蛤在(a)前进(b)钻孔切割和(c)扩孔运动模式下的运动路径[17]**

同时,在观察天使翼蛤时自然会产生一个问题,为什么在贝壳不同位置上的凸齿的方向各不相同。因此,研究人员进一步利用离散元建模(DEM)来评估凸齿背倾角和侧倾角对切割性能的影响,总共进行了五种模拟工况,当侧倾角固定为0°时,后倾角为-30°、0°和30°,当后倾角固定为0°时,侧倾角为30°和60°。研究结果表明,当后倾角为正值时,破岩效率更高,所需要消耗的能量更少;当侧倾角为60°时,有效切割面积最小,破岩能切割的颗粒连接数目也最少,因此,破岩效率,即打破岩体颗粒之间连接所需能量,会随侧倾角的增大而降低,侧倾角为30°~40°时是破岩效率与材料耐久性之间的一个折中方案(见图5.2.11)。

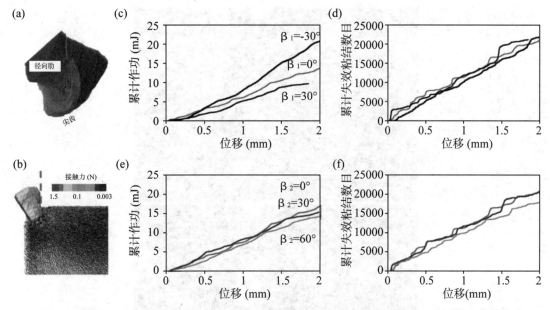

图 5.2.11　尖齿切割的 DEM 模拟：(a) 尖齿的 CT 扫描模型；(b) 切削岩石的凹痕；(c) 后倾角分别为 -30°、0° 和 30° 的凸齿在切割过程中的累计作功；(d) 失效粘结数目；(e) 侧倾角为 0°、30° 和 60° 时的累计作功；(f) 失效粘结数

### 2. 排水流化作用

蛏子在钻孔过程中会从空腔排水，将蛏子足部周围的沉积物流化，在其周围产生流化区[7]，通过流态化而不是静止的沉积物，可以使蛏子身上的阻力大大减少，降低到其强度范围内。这些流化底物可以被建模为广义牛顿流体（任一点上的剪应力都同剪切变形速率呈线性函数关系的流体），其密度和黏度与深度无关，是局部填充分数的函数[18]。

Winter 等人[19] 通过观察大西洋刀蛏（E.directus）钻孔过程，对其流化作用进行了详细的研究，图 5.2.12 展示的是大西洋刀蛏开始挖洞循环后 1.10 秒和 5.07 秒时，身体周围的流化区。研究表明：实现流化的特征收缩时间可以直接从土壤性质或者颗粒介质性质计算出来，流化区的几何形状由两个通常用来测量岩土性质的参数——侧向土压力系数和摩擦角决定。计算表明，流化区是一种局部效应，发生在离蛏子 1~5 倍身体半径之间。对于工程师来说，局部流化提供了一种机械上简单且纯运动学的方法，可以显著降低与挖掘相关的能源成本。

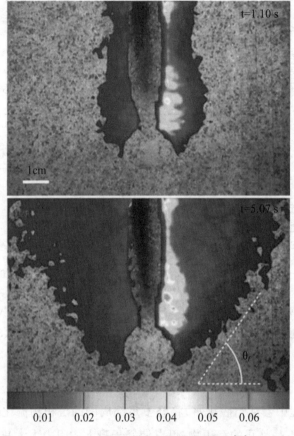

图5.2.12　大西洋刀蛏周围的流化区[19]

　　流化这一过程的作用在 Naclerio 等人[1]研究中，可以得到一些佐证，研究团队证实颗粒流态化可以减少颗粒介质中的阻力。研究人员从地下空间活动的植物和动物身上汲取灵感，设计开发出了带有尖端延伸和定向流化的快速、可控的软体钻孔机器人。它由三个部分组成：可伸缩翻转体、尖端供气管和转向机构。机身直径6cm，重约780g，机器人采用端部延伸消除表面阻力，端部流动减少钻孔阻力，结合非对称端部形状定向控制升降。该机器人能以2cm/s的速度挖到35cm深。与蛏子喷水使周围介质局部流化不同的是，该机器人通过前端喷气使周围介质局部流化。虽然深度、前端喷气的角度和力之间的关系是非线性的，但研究结果表明，前端喷气有效地减少了机器人在钻孔时所需的力。令人惊讶的是，前端气流不仅在与运动方向一致时有效，在垂直于运动方向时也有效。研究人员称，目前这款机器人只在松散、干燥、无黏性的沙子中进行了演示，在黏性、潮湿或饱和的土壤环境中，其效果可能是有限的。不过他们相信水可以作为颗粒流态化的另一种方案，就像南方沙章鱼在钻进沙子前喷出水流那样。

### 5.2.4　蛏子的仿生应用

#### 5.2.4.1　Roboclam 机器人

MIT 机械工程、电子工程与计算机科学系经历多年的努力,模仿蛏子特异的钻孔机制,设计出了一款新式的挖掘机械:Roboclam。研究发现,蛏子的足不停在泥潭中进行伸缩运动,将疏松介质局部流化,这样可以降低 90% 的能耗。仿生研制的原型机 Roboclam,是 Winter 等人[19]开发的一种简单的水下挖掘机,该机器人由带有两个气动活塞的一个控制平台组成,与大西洋刀蛏(E.directus)用它柔软灵活的足来上下移动贝壳不同的是,Roboclam 通过一个更简单的机械装置——一个气动活塞,来模仿蛏子壳的运动,使周围的风化层局部流化,然后上下移动驱动末端执行器。末端执行器密封在橡胶套里,长为 9.97cm,宽为 1.52cm,其掘进速度与生物相当,能产生和成年蛏子一样的收缩位移,通过双锚原理和流化作用进行挖掘,能够以挖掘速度为 0.8cm/s 挖至 20m 的深度。

如图 5.2.13 所示[19],其中图 5.2.13(a)为 Roboclam 在马萨诸塞州格洛斯特泥滩上,在大西洋刀蛏(E.directus)栖息地钻孔,虚线框显示的是末端执行器的位置。进–出活塞(IOP)和上–下活塞(UDP)分别控制末端执行器的进–出和上–下运动。该机器人依靠来自氧气瓶(ST)的压缩空气运行,由压缩控制阀门(PCV)调节,测量和控制是由一台安装在控制系统盒(CSC)中的笔记本电脑完成的。图 5.2.13(b–f)为其掘进过程的示意图,虚线表示深度基准面,阴影区域为预期的局部流化区。Roboclam 可以向两个方向进行移动:向上/向下和向内/向外,其所展示的挖掘策略如下:(b)末端执行器的前面部分达到一定的深度;(c)末端执行器向上移动一小段距离,使前端区域的风化层颗粒流化;(d)内杆向下运动,带动楔板向下滑动,迫使阀门关闭并向内收缩,使阀门区和前端区的风化层颗粒流化;(e)外杆向下运动,使整个末端执行器向下运动;(f)内杆向上运动,带动楔板向上滑动,迫使阀门打开并向外扩张,使阀门区域和前端区域的风化层颗粒流化。随着以上步骤的循环进行,末端执行器也逐渐深入风化层。

Roboclam 可以实现挖掘能量的指数级降低。与其他不使用局部流化作用的设备相比,受蛏子启发的设备可以使用更少的能源来挖掘更深的区域。图 5.2.13(g)为末端执行器结构剖视图,内杆(IR)驱动末端执行器的进出运动,外杆(OR)驱动末端执行器的上下运动,顶部螺母(TN)垂直约束两个阀门(V),氯丁橡胶装置(NB)防止土壤颗粒堵塞机器。楔板(W)向上和向下滑动,迫使阀门进出,前导尖端(LT)承受着来自向下运动的大部分磨料力。图 5.2.13(h)为末端执行器的部件分解图,显示楔板、阀门和顶部螺母之间的接触点,提供了六个约束,以精确地约束机器。

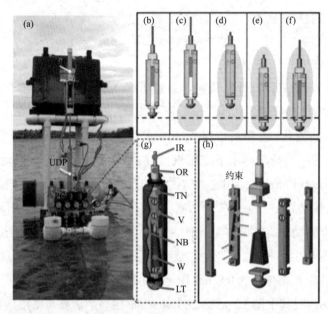

**图5.2.13** Roboclam[19]：（a）Roboclam在大西洋刀蛏（E.directus）栖息地挖洞；（b–f）掘进过程示意图；（g）末端执行器结构剖视图；（h）末端执行器部件分解图

蛏子仿生机器人RoboClam如何钻探

### 5.2.4.2 SBOR机器人

SBOR是美国Arizona State Uni以蛏子为研究灵感，研发的一款钻孔机器人，其机身直径约为17.3mm，可以7.7mm/s的速度进行挖掘，且挖掘的最大深度可达200mm，其挖掘方法是双锚原理。

Tao等人[2]通过观察大西洋刀蛏（E.directus），发现其可以通过简单地伸展和收缩肌肉足快速地从沙子中钻出洞来，通过比较其向上和向下挖洞的过程，发现向上挖洞的过程更快，涉及的运动学更简单，明显不同于向下挖洞的策略。其向上挖洞过程主要由足部周期性的伸展和收缩组成，向下挖洞包括足部扩张、足部伸展、足部收缩和足部缩回，可以把大西洋刀蛏向上挖洞的过程理解为一个单自由度驱动器，在蛏子的纵向轴方向上扩展或者收缩，受此钻孔策略的启发，他们设计了一个简单的自挖掘机器人（SBOR），该机器人由一节纤维增强硅胶管驱动器和一个外部控制板组成。纤维增强硅胶管驱动器在充气膨胀和放气收缩的情况下限制执行器（见图5.2.14）的扩展和收缩运动。该驱动器为圆柱形，外径17.3mm，厚度2.3mm，长139mm，当内部压力增加的时候，圆柱形弹性管会改变形状，从而产生运动，通过使用不同缠绕模式的不可伸缩纤维加强钢管,可以实现多种运动模式(比如纯运动或者拉伸、扩张、弯曲和扭转的组合)[20],为了实现纯粹的伸展/收缩运动,本驱动器为对称双螺旋结构,并且与驱动器的纵向轴成±75°夹角。对于垂直埋在沙子里的驱动器,循环充气和放气可以轻易地将其从沙子中取出,模仿了蛏子的运动。

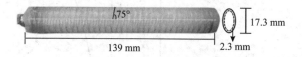

**图 5.2.14　蛏子仿生执行器**[2]

在进行土壤钻孔试验之前,为了评估轴向变形的均匀性和反向计算驱动器的等效模量,对驱动器进行了空气中校正试验。校正试验完成后,在内径为 406.4mm,高度为 430mm 的圆柱形容器中进行了钻孔试验,图 5.2.15 显示了执行器内部压力随阀门状态的变化情况和具有代表性的钻出曲线。可以看出,机器人的钻出曲线与前文中的蛏子钻出曲线相似,从某种意义上来说,掘进过程同样是循环的和阶梯式的。在每个钻探周期中,执行器会在充气过程中前进,在放气阶段中下滑,并且可以观察到,执行器在前三分之一个周期内都在持续前进,但只有大约 22% 的时间在滑动,这表明执行器的钻探过程存在一"休息期"(相当于总周期时间的 45%)。与蛏子钻探过程的描述类似,我们可以将每个钻探周期称为一个步态,并且将每个周期中的向上运动、向下运动和净运动分别称为前进、滑行和步长(步长即为前进和滑行之间的差值)。如图 5.2.15(c)所示,前进和滑行量都会随循环增加而增加;在早期阶段,前进量增加得更快,而在后期阶段,滑行量增加得更快,这导致步长会先增加而后减小。将步长曲线和视频录像进行比较可以发现,步长转折点出现在执行器即将露出砂土表面的前一到两个周期内。

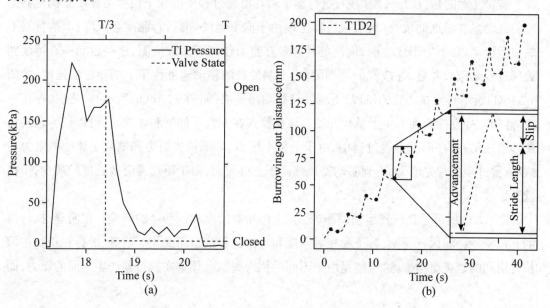

(a)　　　　　　　　　　　(b)

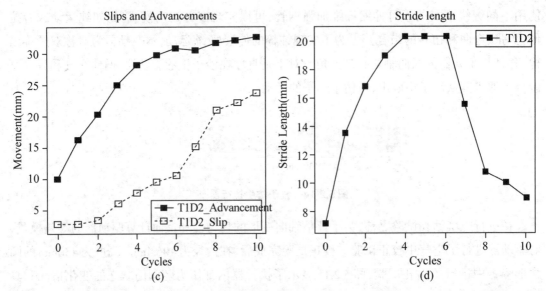

图5.2.15　(a)一个周期内代表性的压力曲线(b)具有代表性的钻出曲线和钻出特征(c)前进和滑动演化(d)步长演化[2]

其试验结果如图5.2.16所示,该图描述了一个挖洞周期(T3=3.6秒)中颗粒的运动,(a)在0秒时,膨胀开始,沙子略微向下移动;(b)在0.042秒时,两端向内移动,底部移动较快;(c)在0.084秒时,两端向内移动,顶部移动较快;(d)在0.46秒时,只看到顶端移动;(e)在1.21秒时,即充气膨胀的结束和放气紧缩的开始时,沙轻微向下移动;(f)在1.26秒时,两端向内移动,顶部移动较快;(g)在1.34秒时,两端向内移动,底部移动较快;(h)在1.55秒时,顶部停止移动,只有底部向上移动;(i)在1.97秒时,底部末端停止移动;(j)在3.586秒时,另外一个周期开始。(k)突出显示了在放气过程中,由于执行器底部向上移动,流沙如何回填空隙。

需要注意的是,在充气阶段中,执行器下端在滑移过程中的向下位移明显小于执行器上端的运动。在早期的放气阶段,执行器上端由于向下运动(滑行),泥沙会沉降;而执行器下端向上运动,在下方形成空隙,周围的沙颗粒在重力作用下流入空隙,这些运动一直持续到放气过程结束。并且,在放气的早期阶段,上端沙粒的移动速度快于下端沙粒的速度(如图5.2.16(f)所示),而在之后的阶段,下端沙粒移动得更快(如图5.2.16(h)所示)。之后,存在一"平静期",一直持续到下一个循环开始。该机器人在充气下伸展和收缩时,可以较为轻易地从沙子中钻孔,在向上掘进过程中,由于上覆土压力、端部拉拔阻力和侧部土体摩擦阻力的减小,掘进步幅首先增大,直到驱动器顶部高于土壤表面,由于驱动器有效长度的减少,步幅就开始减小。

图5.2.17展示了执行器运动周期/压力、土体相对密度和饱和度的影响。很明显,执行器的开挖特性会随执行周期、沙子的相对密度和土体饱和状态而变化。前进、滑行和步长都因执行周期的延长而增加,这可能是由于不同的执行周期会导致在执行器产生不同的压力,而

较高的压力会导致更大的伸长率。执行周期T1、T2和T3的最大压力分别为197.5kPa、186.5kPa和150.3kPa，虽然T3D1的步长最小，但总体运动速度（7.7mm/s）均高于T1D1（5.98mm/s）、T2D1（6.55mm/s），这是因为T3周期中"平静期"是所有执行周期中最短的。此外，前进、滑行和步长会随周围基质的增加而减小，这主要是因为相对密度越高，沙子的强度和刚度就越大，在相同的驱动压力下，执行器受到的阻力会更大。试验还表明，执行器大约需要10个循环才能"打破"土体。在突破点之前，前进、滑行和步长都非常小，随着循环次数的增加，步长逐渐增加直至执行器"打破"为止，此时的前进，滑行和步长都急剧增加。

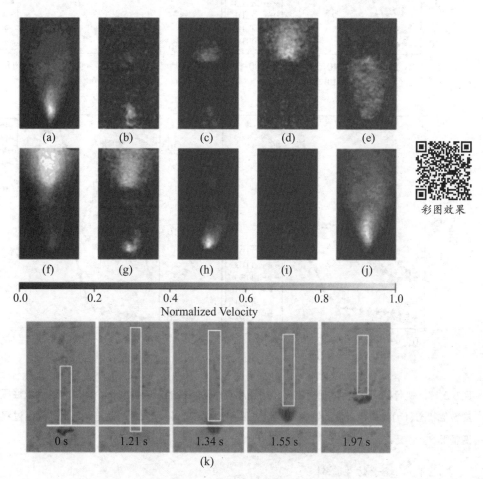

彩图效果

图5.2.16　一个挖洞周期（T3=3.6秒）中颗粒的运动[2]

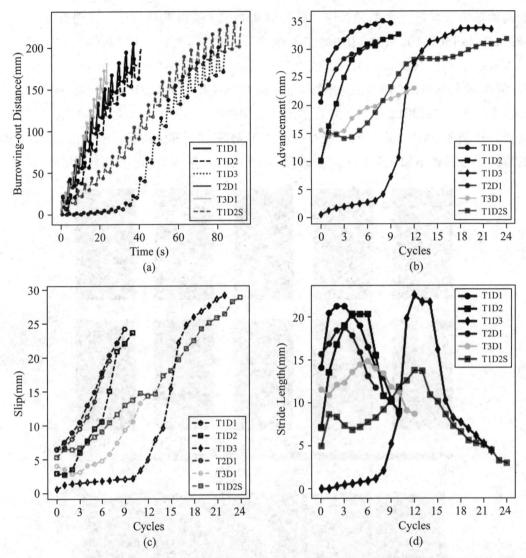

图5.2.17　执行器周期、土体相对密度和饱和度对运动特性的影响：(a)一个周期内的代表性压力曲线和相应数值状态；(b)具有代表性的钻探曲线和钻探特征的定义；(c)T1D2的前进和下滑的演变过程；(d)步长演变情况[2]

### 5.2.4.3　蜜子仿生探针

许多土木工程基础建设都依赖于土体钻探这一过程，从项目场地识别到基础工程、隧道工程等的建设。土体钻探是一类需要大量耗能的工程，往往需要使用起重机、驱动锤、钻机和挖掘机等大型设备，常常是通过冲击加载（如打桩）、拟静力加载（如CPT、贯桩）、挖掘（如隧道挖掘、钻孔挖掘）或振动（如声波挖掘机）来实现的。这些设备的使用往往会受场地的限制，例如在有限的操作区域内，如边坡、林区或拥挤的城市中，更倾向于使用轻型、小尺寸的钻进工具，但其往往又不足以提供足够的启动力；此外，大型设备的使用过程中的施工活动对环境也会造成较大的影响。

蛏子在砂土中能够表现出卓越的钻探性能,它在钻探过程中会周期性地扩张和收缩壳部和足部,从本质上来讲,这种周期性的钻探运动可以简化成圆柱体膨胀和锥体穿透的循环交替,分别类似于岩土工程中的 PMT(presuremeter test)和 CPT(cone penetration test)测试[21,22]。因此,加州大学戴维斯分校的研究人员提出了一种蛏子启发的自钻探探针,将蛏子的钻探策略简化为“锚尖策略”,通过离散元建模来评估蛏子仿生探针的自钻探能力,这里所说的自钻探能力是指探针产生足够的锚固力来克服贯入土体所受的钻探阻力并向前推进的能力。“锚尖策略”包括部分探针的径向膨胀,然后利用速度控制运动和力的限制,使探针尖端和锚向相反方向位移[23]。如图 5.2.18 所示,蛏子仿生探针模拟的运动过程主要分为三个阶段:锥尖贯入(cone penetration,CP)→锚固膨胀(anchor expansion,AE)→尖端前进(tip advancement,TA)。在锥尖贯入阶段中,探针以 0.2m/s 的恒定速率深入土体 0.9m,此时尖端受到端阻力 $q_c$ 和侧摩阻力 $f_s$ 的作用;在锚固膨胀阶段中,探针停止继续深入,锚定段直径以每秒 0.2% 的速度由直径 0.44mm 均匀膨胀至直径 0.66m,此时探针受到径向锚固压力 $P_a$ 和轴承锚固压力 $P_b$ 的作用;在尖端前进阶段中,通过速率控制算法同时使锚定段上移,尖端下移,即将锚定段中的启动力和尖端所受的钻探阻力与目标值比较,小于目标值则将以 0.2m/s 的速率运动,目标值从 0 开始,以 50N 为增量,当锚固段向上的位移超过 0.04m 时或尖端向下的位移超过 0.14m 时停止模拟,在此阶段中记录锚固段的侧摩擦力 $F_a$ 和端阻力 $F_b$ 来作为总的启动力 $F_t$,尖端的端阻力 $Q_c$ 和侧摩阻力 $Q_s$ 作为总的钻探阻力 $Q_t$。模拟考虑的变量包括:锚固段至锚杆顶端的距离 $H$,锚固段长度 $L$,锚固段膨胀程度 EM,锚固段摩擦系数 $f$ 以及不同的围压 $\sigma$。

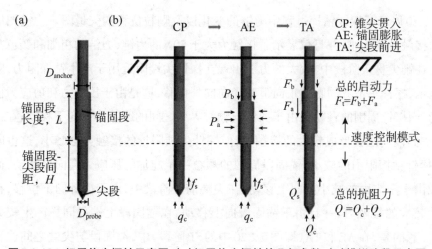

**图 5.2.18　蛏子仿生探针示意图:(a)蛏子仿生探针的几何参数;(b)模拟阶段示意图**

图 5.2.19 展示了蛏子仿生自钻探探针在钻探过程中测量 $q_c$、$P_a$ 和 $P_b$ 的变化,以及探针各部分的竖向位移变化。可以看出,当探针在锥尖贯入阶段中,钻探阻力逐渐增加至平均

4.8MPa，针尖的竖向位移线性增加；在锚固膨胀阶段中，由于探针锚固段的膨胀，锚固段所受径向压力$P_a$和端阻力$P_b$逐渐增加，$P_a$值逐渐接近780kPa的极限压力，该值也与扩孔理论计算值一致，此外钻探阻力由上一阶段末的4.8MPa降低至约3.4MPa，这表明了在锚固膨胀阶段中探针尖端的应力发生了变化。

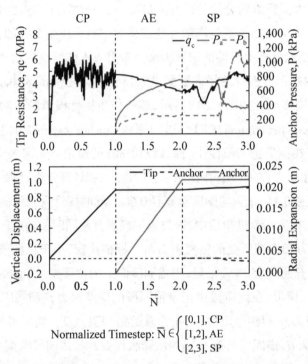

**图5.2.19　蚯蚓仿生探针在不同运动阶段中尖端以及锚固段压力与位移的变化**[23]

　　图5.2.20展示了探针钻探过程中力链的变化以及颗粒位移的矢量图。力链图展示了颗粒间法向接触力的大小，并且仅展示了接触力大于50N的力链，力链的粗细和颜色与接触力成正比。在锥尖贯入阶段中，较大的力链出现在探针尖端附近用于产生钻探阻力，颗粒位移矢量图显示，探针正下方的颗粒正向下和径向向外位移，这是由于压应力和剪应力而向下和向外移动，而探针周围的颗粒则由于探针与颗粒界面之间的摩擦力而向下移动；在锚固膨胀阶段中，锚固段周围会形成较大的接触力，但探针尖端附近的接触力会减小，这也印证了图5.2.19中探针钻探阻力的减小，锚固段周围的颗粒由于施加的压应力会向外移动，而尖端附近的颗粒由于压应力的减小则向上移动；在尖端前进阶段中，由于探针向下位移，在尖端附近会产生较大的接触力，并且由于锚固段向上移动，在锚固段上端部同样产生较大的接触力，值得注意的是，在AE和TA（即图5.2.20中的SP阶段）中，锚固段与尖端之间位置的接触力会明显减小，这主要是由于锚固段的膨胀以及锚固段和尖端相互位移而产生的压缩应力造成的。

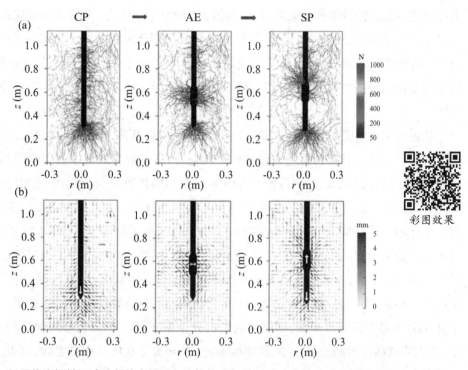

图5.2.20 蛏子仿生探针运动阶段的力链图和颗粒位移矢量图：(a)力链图；(b)颗粒位移矢量图[23]

为了揭示锚固段与探针尖端各运动阶段是如何相互作用的，研究人员还研究了不同锚固段至尖端距离($H$)、膨胀程度($EM$)、锚固段摩擦系数($f$)以及覆土压力($\sigma$)对各监测力的影响。图5.2.21显示了CP和AE阶段结束时$q_c$和$P_a$值的变化。锚固段至探针尖端距离$H$，在AE阶段中，对两者之间的相互作用有重要影响。当$H$较小时，AE阶段中$q_c$的下降幅度较大，例如当$H$和探针的直径$D$相同时，$q_c$会从CP阶段结束时的4.5MPa下降至AE阶段结束时的1.9MPa，相比之下，当$H$为八倍直径时，$q_c$仅下降至4.3MPa。$q_c$下降的原因事实上是锚固段膨胀过程中引起的应力变化，即锚固段周围土颗粒之间的相互作用力加强了，但在锚固段下方的颗粒相互作用力会减弱。DEM模拟同样显示，随着$H$的减小，探针尖端周围的应力的降低幅度会更加明显，并且尖端向上的位移会更大。但$H$似乎对$P_a$没有显著影响，这表明锚固段周围土体的破坏与该参数无关。

锚固段长度$L$也对$q_c$和锚固膨胀阶段结束时的渐进应力有影响，当$L$从两倍直径增加至八倍直径时，$q_c$会降低，锚固膨胀阶段结束时的渐进应力也会降低，这可能是因为，随着锚固段长度的增加，土体体积也随之增加。一般来说，对于较短的锚固体，土体失效区域的形状会变为球形，而对于较长的锚固体来说，则会变成圆柱体。此外，当锚固段膨胀程度增加时，AE结束时的$q_c$值会更低，$P_a$值会增大；锚固段的摩擦系数$f$对$q_c$和$P_a$没有显著影响；随着覆土压力$\sigma$的增加，$P_a$会随之增加。同时，我们可以发现，在尖端前进阶段结束时，$q_c$值会恢复至接近于锚固段膨胀阶段结束后的大小，$q_c$的恢复对于探针的自钻探来说可能是不理想的，因为这表明一旦锚固段膨胀结束之后，尖端阻力的降低就会消失，而这显然对探针的准静力贯入是不利的。然而，从另一个角度来看，$q_c$的恢复可用于传统的岩土工程测试中，例如CPT，因为$q_c$值的恢复表明，即使膨胀锚固段的确会降低钻探阻力，但在尖端前进阶段之后，我们仍能够获得与膨胀之前数值接近并且稳定的钻探阻力值，这可用于评估地层特性和场地土特性。

从更微观的角度来看，图5.2.22(a)-(c)显示了锚固膨胀结束后土体单元的应力，图中每个正方形代表了该特定位置上测量圆的平均应力，有效应力的集中在尖端周围半径为两倍到四倍的区域，图5.2.22(d)-(f)显示了CP阶段最后的体积应变、径向应变和竖向应变，压应变定义为正值。随着尖端向下位移，在尖端以下的土体中可以观察到应变扩张，尖端径向周围的土体经历了压应变，相反地，尖端以下的土体经历了拉应变。图5.2.23显示了CP阶段土体三维应力状态的演变，当尖端推进土样时，尖端前方的土体受到压缩荷载，应力路径略高于三轴CSL模拟，这可能是由于前方土体并未达到临界状态；尖端附近的应力路径在q-p平面上比在e-p平面上更接近于达到CSL。锚固段附近位置的应力路径表明，土体在尖端向下移动时卸载，锚固体周围的孔隙率在最后0.1m位移内保持稳定，这表明这些位置的变形很小，锚固段附近的b值介于0.18和0.33之间，这表明中间应力的影响更大。

彩图效果

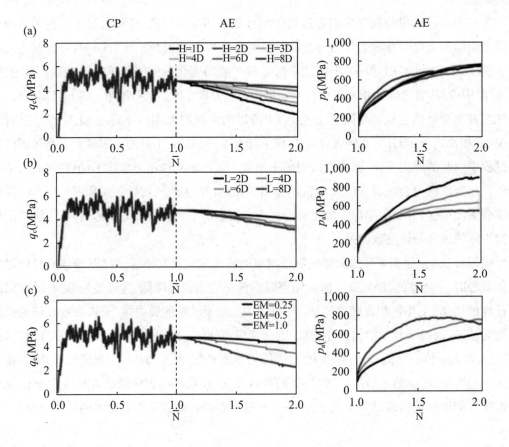

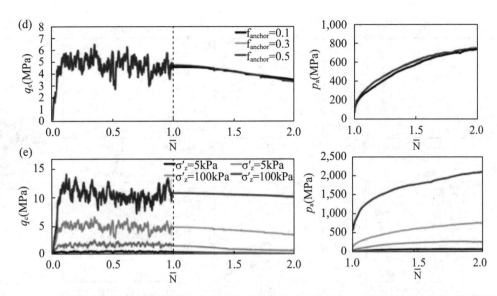

图 5.2.21　不同影响因素下锚固段膨胀过程中锚尖相互作用：(a)锚固段−尖端间距 H 的影响；(b)锚固段长度 L 的影响；(c)膨胀程度 EM 的影响；(d)锚固段摩擦系数的影响；(e)覆土压力的影响[23]

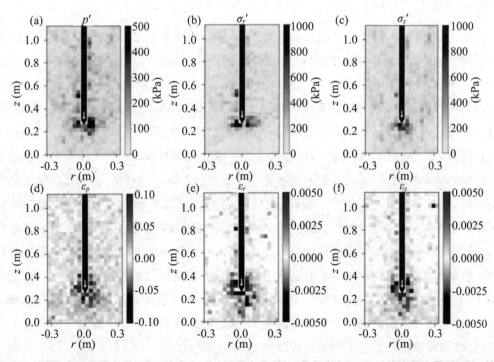

图 5.2.22　锥尖贯入阶段末期(a)平均应力、(b)径向应力和(c)竖向应力图，以及锥尖贯入最后 0.1m 的(d)体积应变、(e)径向应变和(f)竖向应变图[24]

彩图效果

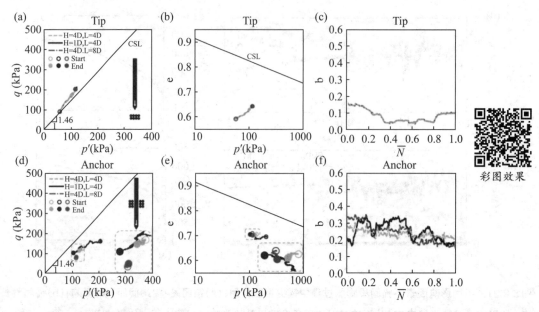

图 5.2.23　锥尖贯入阶段 q–p 平面和 e–p 平面上的应力路径以及 b 值的变化情况(a–c)靠近尖端土体(d–f)靠近锚固段土体[24]

　　在锚固膨胀阶段，对于所有的模拟探针来说，锚固段膨胀都会导致在锚固段附近的土颗粒间和颗粒–探针之间接触力增加，同时，锚固段膨胀还会导致锚固段与尖端之间的接触力减小。从图 5.2.24 可以看出，在靠近锚固段的位置，平均应力、径向应力和竖向应力都由于锚固段的膨胀而减小，同时伴随着竖向拉应变的增加(见图 5.2.25)。值得注意的是，对于锚固段与尖端之间距离较短的模拟来说，应力下降的幅度更大，此外，与较短的锚固段来比，锚固段长度越长，土体变形体积越大，这些都表明了探针的形态学特点对土体应力状态和土体变形的影响。如前所述，锚固段膨胀会导致尖端下方的土体应力减小，这些应力变化会产生应力路径，在三种探针的模拟中均沿着 CSL 变化，如图 5.2.26 所示。由于这些位置的体积变化很小，孔隙率仅略有增加，而 p 则有所减小。随着锚固段的膨胀，尖端以下的 b 值略有增加，这可能是由于垂直锚固段位置的应力显著增加，这同样也表现在应力路径向上和向右朝向 CSL 移动。P 值的增加在 H4L8 中是最小的，这是因为锚固段的长度更大的原因。在 e–p 平面上，应力路径似乎向 CSL 收敛，显示出初始收缩(即 e 值减小)，随后继续扩张(即 e 增加)。在锚固膨胀的初始阶段，b 值会急剧增加，这表明最小主应力和中间主应力的大小发生了偏转，在锚固膨胀阶段的末期，b 值收敛到 0.2 至 0.3 之间。

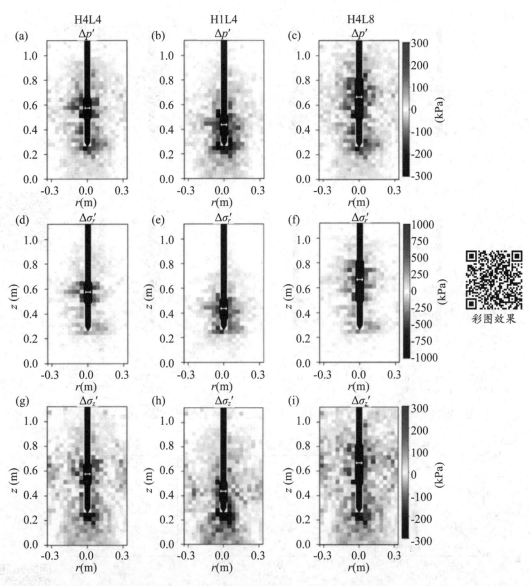

图 5.2.24　锚固段膨胀阶段结束时(a–c)土体主应力、(d–f)径向应力和(g–i)竖向应力的变化[24]

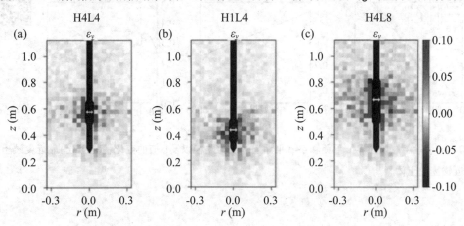

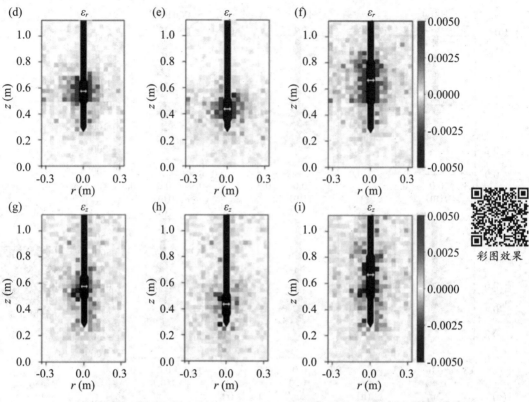

图 5.2.25　锚固段膨胀阶段(a–c)土体体积应变图(d–f)径向应变图(g–i)竖向应变图[24]

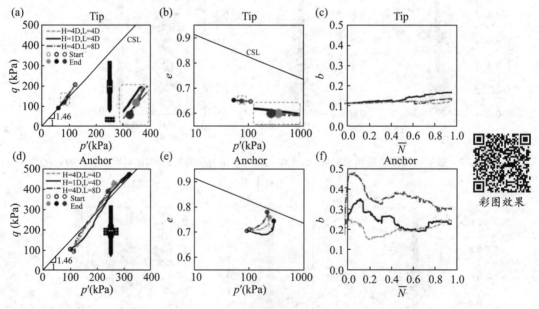

图 5.2.26　锚固段膨胀阶段 q–p 平面和 e–p 平面上的应力路径以及 b 值的变化情况(a–c)靠近尖端土体(d–f)靠近锚固段土体[24]

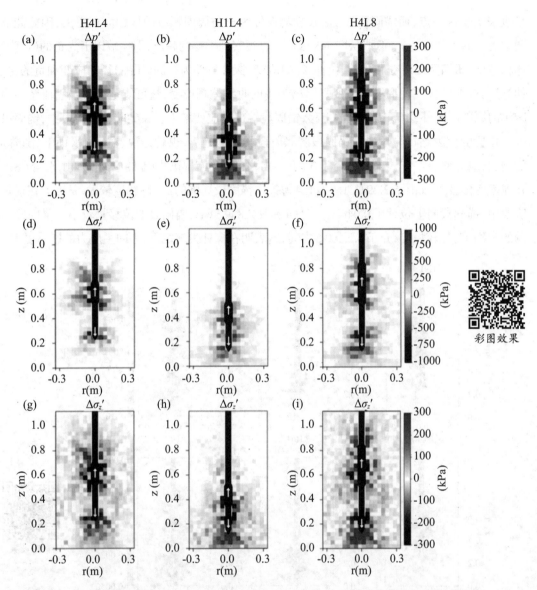

**图 5.2.27** 尖端前进阶段结束时(a–c)土体主应力、(d–f)径向应力和(g–i)竖向应力的变化[24]

在尖端前进(TA)阶段中,当$Q_t$小于指定值时,顶端向下位移;当$F_t$小于指定值时,锚杆向上位移。当尖端前进阶段结束后,较大的力链都集中在探针尖端和锚固段周围,这表明随着尖端向下移动,钻探阻力会被重新启发。部分在膨胀锚固段周围的力链呈水平方向,但在锚固段的上部也出现有较强的力链,这反映了当锚固段上移时,端阻力会被重新调动起来。由图 5.2.27 可以看出,当尖端前进阶段结束后,探针尖端以下和锚固段以上位置的应力增加,而锚固段周围和后段位置的应力减少。并且,对于锚固段距尖端距离$H$较小的探针和锚固段长度$L$较长的探针来说,其尖端附近的应力增加得更大,因为在这些模拟案例中,其尖端位移的距离更大,锚固段距尖端距离$H$较短的探针通过在锚固段膨胀后将$q_c$减小到较小的量级来实现这一点,而锚固段长度$L$较长的探针由于与周围颗粒的接触面积更大,因此能够调动更大的反作用力。同理,从图5.2.28中可以观察到类似的趋势,即尖端以下为正的(扩张)体积应变、压缩竖向应变和负的(拉伸)径向应变,探针肩部为正的(压缩)径向应变和负的(拉伸)竖向应变。锚固段周围的应变显示出较小的收缩体积应变,这可能是导致锚固段摩擦力减小的原因。此外,由于锚固段的上移,锚固段端部的应变增大。在尖端前进阶段中,锚固段以下位置的应力路径显示出与锚固段膨胀阶段类似的趋势,也就是说,在e-p平面上,随着$p$的增加,应力路径略有扩张,$b$值介于0.1和0.15之间。而锚固段周围的应力路径则沿着CSL,孔隙率变化极小,如图5.2.29所示。H4L4模拟中锚固段周围的$p$下降幅度较大,是因为在这一阶段中,锚固段向上位移了0.04m,而H1L4和H4L8模拟中,锚固段的位移量较小。锚固段周围的$b$值相对比较稳定,介于0.2至0.3之间,这表明在探针尖端之下,中间主应力的影响更大。

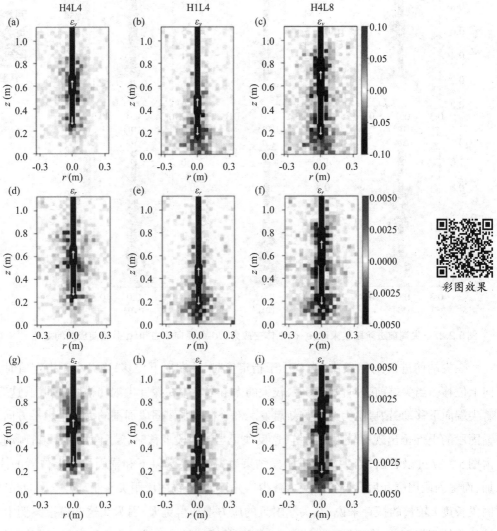

图5.2.28　尖端前进阶段(a–c)土体体积应变图(d–f)径向应变图(g–i)竖向应变图[24]

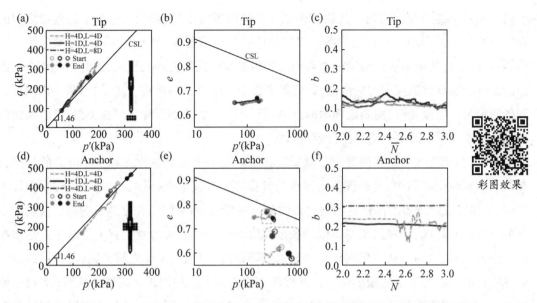

图5.2.29　尖端前进阶段q–p平面和e–p平面上的应力路径以及b值的变化情况(a–c)靠近尖端土体(d–f)靠近锚固段土体[24]

为了更进一步模仿真实蛏子的运动模式,研究人员还开展了对探针上布置两个锚的DEM模拟[25]。图5.2.30描述了双锚型探针的运动模式,仅与前文中描述中不同的就是锚固段数目之间的差异,出现了两个锚固段,锚固段之间的间距为$S$。根据锚固段膨胀阶段模拟结果显示,对于单锚探针(锚固段长度分别为两倍和四倍探针直径)其调动的启动力大小分别为27.5kN和16.5kN,对应的锚固压力分别为753kPa和904kPa。锚固段长度越长所产生的锚固压力越小,这可能是由于随着锚固长度的增加,土体破坏的形状变得更接近圆柱形,而扩大圆柱形空腔所需的压力小于扩大球形空腔所需的压力。对于双锚型探针来说,位

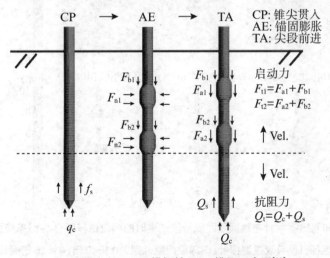

图5.2.30　双锚探针DEM模拟示意图[25]

于同一探针上两个位置的两个锚固段膨胀产生的锚固压力是相同的,但两个锚固段之间的间距对其调动的启动力有很大影响。双锚型探针与单锚型探针相比,锚固段之间间距为一倍探针直径时,其能调动相似量级的启动力和相似的钻探阻力降低程度,这意味着两个锚固段的靠近能够导致钻探阻力的降低,其效果类似于一个更长的单锚。此外,当两个锚固段之间的间距为六倍探针时,锚固段调动的启动力和钻探阻力减小程度与单锚类似,这表明间距较大的双锚探针中的每个锚的行为近乎孤立。

图 5.2.31 和图 5.2.32 分别展示了锚固段膨胀阶段中土体颗粒位移和土体应力的空间分布图。在颗粒位移图中,每个颗粒的颜色与其位移大小成正比,可以看出,在单锚型探针模拟中,锚固段长度越短的探针显示出更多的球形破坏区,而锚固段长度越长的探针显示出明显的圆柱形破坏区,这些结果与锚固段长度越短产生的锚固压力更大有关。对于双锚型探针来说,当锚固段间距从一倍间距增加至六倍间距时,两个锚固段之间土颗粒的位移减小,破坏模式由包括两个锚固段的单一区域破坏变成为两个单独的破坏区域。从图 5.2.32 中可以看出,在锚固段膨胀阶段,锚固段周围的应力会增加,而锚固段上端和下端以及探针尖端周围的应力会减小。对于双锚型探针来说,锚固段周围的应力同样会增加,探针尖端的应力会减小。并且,在锚固段膨胀阶段中,两个锚固段之间位置发生了明显的相互作用,随着两个锚固段之间间距的增大,这种相互作用会减弱,这具体表现在两锚固段之间土体应力会减小,尤其是对于锚固段间距为四倍和六倍探针直径的探针来说。此外,锚固段间距为一倍探针直径时,探针尖端周围应力的下降幅度会更大。

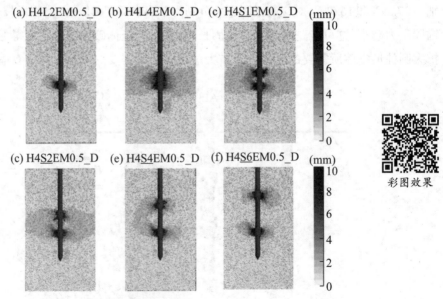

彩图效果

图 5.2.31 单锚型探针和双锚型探针在锚固段膨胀阶段结束时的颗粒位移图:(a–b)单锚型探针,锚固段长度分别为 2 倍、4 倍探针直径;(c–f)双锚型探针,锚固段间距分别为 1 倍、2 倍、4 倍、6 倍探针直径[25]

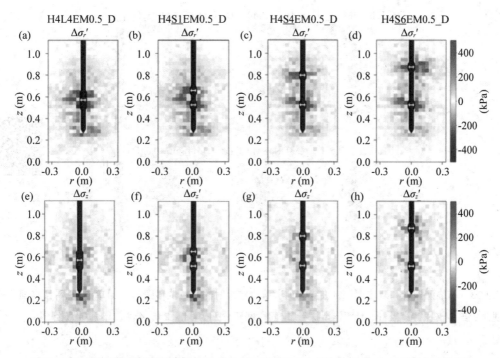

图5.2.32 锚固段膨胀阶段结束时土体应力的变化：(a-d)径向应力；(e-h)竖向应力[25]

在位移控制的尖端前进阶段中，单锚型探针(锚固段长度分别两倍和四倍探针直径)可产生的启动力平均为5.5kN和7.4kN，后者能够调动的力更大，这是因为其表面积更大。在尖端前进阶段结束后，H4L4EM0.5_D探针能够产生4.0kN的锚固阻力，而H4L2EM0.5_D仅产生2.1kN的锚固阻力，两者产生的端阻力类似，并且探针尖端钻探阻力也类似，平均为7.8kN。双锚型探针比单锚型探针能够调动更大的启动力，这是因为，由于两个锚固段产生的启动力比单个锚固段产生的启动力更大，但是双锚型探针产生的启动力小于单锚探针产生启动力的两倍，这表明，虽然两个锚固段的容量大于单个锚固段的容量，但双锚型探针的效率却低于单锚型探针(见图5.2.33)。

由尖端前进阶段的土体位移图可以看出，随着尖端向下位移，在探针尖端周围和下方会出现显著的位移，当锚固段向上位移时，在锚固段周围会形成一个"蝴蝶形"区域，土颗粒会在该区域内产生较大的位移。当两个锚固段间距为一倍探针直径时，能够观察到两个锚固段之间的土颗粒位移超过了10mm，这表明颗粒之间存在明显的相互作用，并且这与单锚型探针土体位移区域的形状非常相似；但当锚固段间距离为六倍探针直径时，土颗粒的位移会明显减小。同样在土体空间应力图中也可以看出，在尖端前进阶段结束后，两个锚固段之间会发生强烈的相互作用，也就是说，在紧靠上方锚固段底部位置的土体应力减小，而紧靠下方锚固段顶部位置的土体应力会增加，这表明土颗粒内部出现了一定程度上的主动区和被动区。在上部锚固段底部形成的主动区较下部锚固段周围的应力更小(见图5.2.34)。

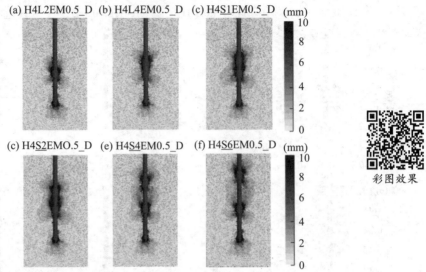

(a) H4L2EM0.5_D  (b) H4L4EM0.5_D  (c) H4S1EM0.5_D  (mm)

(c) H4S2EMO.5_D  (e) H4S4EM0.5_D  (f) H4S6EM0.5_D  (mm)

彩图效果

图 5.2.33　单锚型探针和双锚型探针在尖端前进阶段结束时的颗粒位移图：(a-b)单锚型探针，锚固段长度分别为 2 倍、4 倍探针直径；(c-f)双锚型探针，锚固段间距分别为 1 倍、2 倍、4 倍、6 倍探针直径[25]

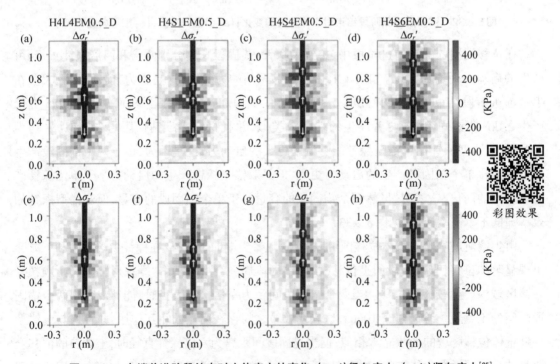

彩图效果

图 5.2.34　尖端前进阶段结束时土体应力的变化：(a-d)径向应力；(e-h)竖向应力[25]

　　此外，研究人员还评估了所提出的蛏子仿生自钻探探针的自钻探能力。仿生探针在土体中的自钻探能力是取决于总的启动力和钻探阻力的大小和演变情况，在尖端前进阶段中，锚固段和探针尖端分别向上和向下移动，将向下的尖端位移定义为正值，锚固段向上的位移

定义为负值,则自钻探探针的位移定义如下:

$$\Delta D = \delta_{tip} + \delta_{anchor}$$

如果探针位移值为正值,则表示已经实现了自钻探,即探针尖端的净位移向更深处移动。研究人员总共进行了48次模拟,将其在无量纲三维空间中绘出(见图5.2.35),图中,黑色数据点表示实现了自钻探的探针配置,红色数据点表示未实现自钻探的探针配置。可以看出,要实现自钻探的探针配置包括:更大的锚固段膨胀程度EM、更小的锚固段至尖端距离H以及更大的锚固段之间的距离S。该平面的定义如图5.2.35所示,−0.046系数表示,探针锚固段的距离S越大,则需要越小的锚固段膨胀程度就可以产生自钻探;0.02系数表明,探针锚固段距尖端的间距H越大,则需要更小的EM就可以产生自钻探;最后的0.488表明,若要实现自钻探,所需的最小锚固段膨胀程度为0.488。同时,值得注意的是,自钻探与不成功自钻探的分界面并不取决于锚固段的长度,但随着锚固段长度的增加,该平面可能会向下移动。增加锚固段的长度可能会带来两个好处,首先,较长的锚固段能够使尖端钻探阻力的减小程度增加,并且长锚固段由于其表面积更大,能够调动更大的启动力。其次,增大土层压力还可以增强探针实现自钻探的能力,研究表明探针的锚定段启动力和尖端钻探阻力会随深度变化呈幂律增长,并且前者的增长速率较大。

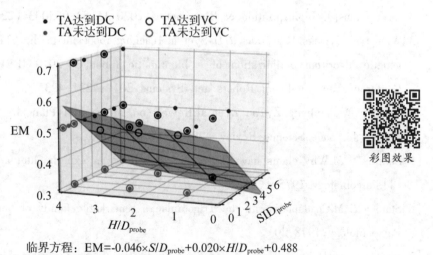

彩图效果

临界方程:EM=−0.046×S/D$_{probe}$+0.020×H/D$_{probe}$+0.488

**图5.2.35　探针形态学配置对自钻探能力的影响**[25]

现有的挖掘方式大都依赖于大型机械装置,这些机械装置具有坚硬和巨大的部件,常规方法比如螺旋钻机、液压旋转钻机、隧道钻机等有效克服了土体和颗粒介质产生的阻力,但是这些大型装置的挖掘方式并不适合小型、轻微机器人[26,27]。另一方面传统岩土机械耗能大,对环境扰动大,不能满足某些地点的探测需要。因此,类似Roboclam和SBOR钻孔掘进机器人以及仿生探针等越来越受到土木工程及相关领域的关注,它们在钻孔掘进方面具有更好的性能,可以完成在干燥的颗粒介质中进行表层挖洞的任务。随着人们对仿生学的深入学习和研究,这种新型仿生机器人可以在一定限度内,完成一系列设定的动作,弥补传统机械在适应多变环境上的不足。相信在不久的将来,基于仿生学的轻扰动钻孔取样与掘进工艺的机器人种类和功能会更加丰富,使不同环境不同需求的工程都有最优的选择,从而有效缩短工期,提高工程施工的效率和安全性。

## 【思考题】

1.蛏子钻土过程具有哪些特点?可分为哪几个步骤?

2.请分析在不同围压条件下,如何调整蛏子仿生探针锚固段的设计参数(如长度、膨胀程度、摩擦系数)以优化探针的钻探效果,并讨论这种优化设计在实际工程应用中的可行性。

## 【参考文献】

[1]Naclerio N D,Karsai A,Murray-cooper M,et al.Controlling subterranean forces enables a fast,steerable,burrowing soft robot[J].Science Robotics,2021,6(55):eabe2922.

[2]Tao J J,Huang S,Tang Y.SBOR:a minimalistic soft self-burrowing-out robot inspired by razor clams[J].Bioinspiration & Biomimetics,2020,15(5):055003(22pp).

[3]Winter A G,Deits R L,Dorsch D S,et al.Teaching roboclam to dig:The design,testing,and genetic algorithm optimization of a biomimetic robot[C].2010 IEEE/RSJ International Conference on Intelligent Robots and Systems,2010:4231-4235.

[4]Hongyu W,Yinliang Z,Tao Z,et al.Review on Bioinspired Planetary Regolith-Burrowing Robots[J].Space Science Reviews,2021,217(8):1-39.

[5]Stanley S M.Why clams have the shape they have:an experimental analysis of burrowing[J].Paleobiology,1975,1(1):48-58.

[6]Stanley S M.Coadaptation in the Trigoniidae,a remarkable family of burrowing bivalves[J].Palaeontology,1978,20.

[7]Winter A G,Deits R,Hosoi A.Localized fluidization burrowing mechanics of Ensis directus[J].Journal of Experimental Biology,2012,215(12):2072-2080.

[8]Dorgan,Kelly M.The biomechanics of burrowing and boring.[J].Journal of Experimental Biology,2015,218(2):176-83.

[9]Dean A.The biology of the stout razor clamTagelus plebeius:I.Animal-sediment relationships,feeding mechanism,and community biology[J].Chesapeake Science,1977,18(1):58-66.

[10]Trueman E R.The Dynamics of Burrowing in Ensis(Bivalvia)[J].Proc R Soc Lond B Biol,1967,166(1005):459-476.

［11］ Mclachlan A，JARAMILLO E，DEFEO O，et al.Adaptations of bivalves to different beach types［J］.Journal of Experimental Marine Biology & Ecology,1995,187(2):147-160.

［12］Scardino A J,HARVEY E,NYS R D.Testing attachment point theory:diatom attachment on microtextured polyimide biomimics[J].Biofouling,2006,22(1/2):55-60.

［13］白秀琴,袁成清,严新平,等.基于贝壳表面形貌仿生的船舶绿色防污研究[J].武汉理工大学学报,2011,33(1):75-78.

［14］张璇,白秀琴,袁成清,等.防污贝壳表面纹理特征减阻效应仿真分析[J].中国造船,2013(4):146-154.

［15］Tong J,Ma Y,Arnell R D,et al.Free abrasive wear behavior of UHMWPE composites filled with wollastonite fibers[J].Composites Part A,2006,37(1):38-45.

［16］荣宝军.耐磨仿生几何结构表面及其土壤磨料磨损[D].长春:吉林大学,2008.

［17］Zhao Y,Deng B,Cortes D D,et al.Morphological advantages of angelwing shells in mechanical boring[J].Acta Geotechnica,2023:1-12.

［18］Ferrini F,Ercolani D,Cindio B D,et al.Shear viscosity of settling suspensions[J].Rheologica Acta,1979,18(2):289-296.

［19］Winter A,Deits R,Dorsch D S,et al.Razor clam to RoboClam:burrowing drag reduction mechanisms and their robotic adaptation[J].Bioinspiration & Biomimetics,2014,9(3):036009.

［20］Connolly F,Polygerinos P,Walsh C J,et al.Mechanical Programming of Soft Actuators by Varying Fiber Angle[J].Soft Robotics,2017,2(1):26-32.

［21］Martinez A,Dejong J T,Jaeger R A,et al.Evaluation of self-penetration potential of a bio-inspired site characterization probe by cavity expansion analysis[J].Canadian Geotechnical Journal,2020,57(5):706-716.

［22］Huang S,Tao J.Modeling clam-inspired burrowing in dry sand using cavity expansion theory and DEM[J].Acta Geotechnica,2020,15(8):2305-2326.

［23］Chen Y,Khosravi A,Martinez A,et al.Modeling the self-penetration process of a bio-inspired probe in granular soils[J].Bioinspiration & Biomimetics,2021,16(4):046012.

［24］Chen Y,Martinez A,Dejong J.DEM study of the alteration of the stress state in granular media around a bio-inspired probe[J].Canadian Geotechnical Journal,2022,59(10):1691-1711.

［25］Chen Y,Martinez A,Dejong J.DEM simulations of a bio-inspired site characterization probe with two anchors[J].Acta Geotechnica,2022:1-21.

［26］Zhang N,Chen Y,Martinez A,et al.A Bioinspired Self-Burrowing Probe in Shallow Granular Materials[J].Journal of Geotechnical and Geoenvironmental Engineering,2023,149(9):

04023073.

[27]Chen Y，Zhang N，Fuentes R，et al.A numerical study on the multi-cycle self-burrowing of a dual-anchor probe in shallow coarse-grained soils of varying density[J].Acta Geotechnica，2023：1-20.

## 5.3 树根生长：多功能钻探

### 5.3.1 根系生长的特性及原理

植物根系除了本身的生长形态能够给土体锚固提供灵感以外，其在土壤中生长时采用顶端生长、趋向反应和适应性形态改变等多种生长机制在土壤钻孔和钻探方面也是主要的灵感来源，尤其是在开发土壤机器人方面[1]。

植物根系的钻探策略可归纳如下：

（1）顶端生长[2]：根尖的生长过程能使根的形态和器官发育适应土壤质地和机械阻抗等环境条件，因为细胞分裂和形态直接受到与周围环境相互作用的影响。此外，顶端形态已被证明对土壤渗透有重要作用[3]。

更具体地说，根的发育是由顶端的两个连续过程驱动的：细胞分裂和细胞伸长，这两个过程分别发生在分生区和伸长区，如图5.3.1所示。我们将这一生长过程称为"顶端伸长"。新生成的细胞从分生区移动到伸长区，由于渗透作用吸收了水分，细胞壁定向松动，细胞在伸长区轴向扩展。这种作用使根系只有一小部分结构（顶端）能够穿透土壤，而其余部分结构则静止不动并与土壤接触（成熟区）。这一过程提供了根向前推进所需的压力。穿透可能是直的，也可能是弯的，这取决于细胞生长是对称的还是有差异的。分生区不断产生根尖细胞。这些细胞移动到根冠，然后从根冠外表面脱落，同时产生黏液。这样，根冠细胞就在土壤和根冠之间形成了一个界面。根冠保护分生区的脆弱细胞，黏液则通过减少摩擦促进根的穿透。

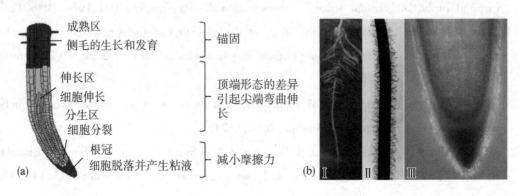

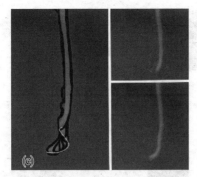

**图5.3.1　植物根部结构(a)与功能(b、c)**[1,2]

(2)锚固作用[2]:如图5.3.1(b)所示,成熟细胞位于根尖后方,与土壤紧密固定,从而使根尖向前移动。根毛、次生根和根系结构实现了这种锚定,也称为根与土壤的黏附力,较强的根-土附着力可以使根穿透较硬的土壤并防止根系的滑脱,因此根系在土壤中可以发挥出非常好的锚地性质。

(3)土壤-根系界面低摩擦性[4]:根系尖端的伸长过程只有一小部分即根尖被推动,而其余部分是固定的,因此在尖端伸长过程中根尖受到的摩擦阻力很小。细胞在伸长区可以产生高达1MPa的轴向压力[5],这种压力被分散到土腔膨胀和对土壤对根系生长的摩擦阻力中,同时根系也呈放射状扩张,在侧边产生约0.5MPa的压力,这种横向扩张可以通过减少轴向阻力来帮助根系更有效地渗透到土壤中[6],并帮助根系在穿透土壤之后的锚定。

(4)根尖环绕[1]:是植物生长中活跃的部分,即茎的根尖部分和根的根尖部分所进行的椭圆形、圆形或钟摆运动,如图5.3.1(c)所示。这种根尖环绕的现象是由于根系不同侧面生长速率不等引起的[7],这种现象在根中的作用还未被完全理解,但多种研究推测中都表明该现象对于促进根系在土壤渗透方面起着重要作用。

(5)主动感应控制和被动形态适应:根系有一个非常复杂的感觉反馈系统,主要位于根尖部分,可以探测到附近的刺激并做出适当的反应。根系能够适应环境,避开障碍物,产生被动的物理适应(包括成熟区下方膨胀和径向扩张以进行裂缝扩展),并遵循养分和水分梯度,穿透不同阻力的土壤[8]。根系对环境相互作用和刺激的反应称为向性,例如我们熟知的根的向地性。

### 5.3.2　根系生长的仿生应用

前文中罗列的根系生长机制使植物根部发育为有能力的钻探者,每个单独的生长机制都能为岩土技术提供重要的设计灵感。

受根系尖端生长的启发,Sadeghi等人[4]基于3D连续跟踪系统提出了一种能够在颗粒基质中挖掘和移动的机器人,如图5.3.2所示。该系统有两个主要的特点:(1)防止土壤在渗透机构中插入,(2)减少轨道与土壤颗粒之间的相对运动,以提供对基材的附着力。

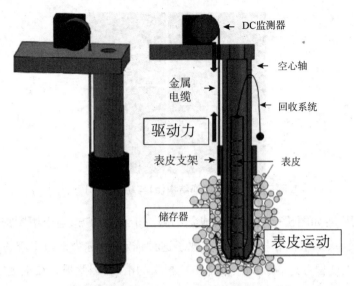

图 5.3.2　根尖生长启发机器人机构设计图[4]

该系统由空心刚性圆柱轴、软柔性的圆柱表皮(三维轨道)以及表皮驱动系统组成。软柔性的表皮储存在轴的内部,可以从孔向轴的外表面遍历,如图 5.3.3 所示。表皮的运动模仿了根边缘细胞的脱落行为(见图 5.3.3):表皮从尖端向外的运动类似于新细胞的产生,并且在轴和土壤之间提供了一个低摩擦的界面。尖端皮肤在向外运动过程中黏附在土壤上,并将土壤颗粒推开。这种土体位移在尖端前方产生一个闸门,而轴在表皮内部滑动。在侧翼区域,表皮仍然黏附在土壤上,并避免了滑移和向后移动。

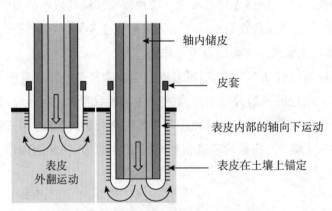

图 5.3.3　机器人模仿根系渗透土壤示意图[4]

受根系尖端放射状扩张降低根尖钻探摩擦力的启发,Naclerio 等人[9]提出了一种具有尖端延伸、定向流化和通气的挖洞机器人。如图 5.3.4 所示,该机器人采用非弹性气密织物制成的薄壁管状体,在其内部倒置,实现尖端延伸。当加压时,管子弯曲,将新材料从尖端排出并延伸(图 5.3.4 左)。机器人尖端的局部定向气流是通过空气穿过机器人核心并从尖端流出来实现的(图 5.3.4 中间)。机器人尖端的两个喷嘴提供单独的空气供应,一个与机器人身体对齐以减少阻力,另一个垂直于机器人身体以减少非对称流动和升力(图 5.3.4 右)。机器人由身体外部的肌腱控制,当肌腱变短时,机器人的尖端就会转动。

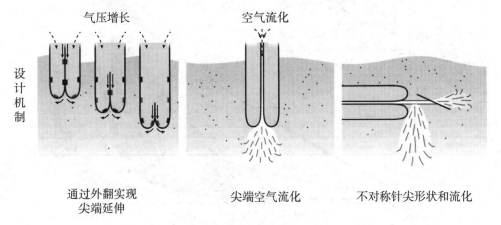

**图 5.3.4　挖洞机器人设计机制**[9]

Naclerio 进行了尖端外翻式挖洞机器人实验,比较了在松散干燥沙子中施加在尖端延伸机器人上的阻力与施加在另一尺寸相同的物体上的阻力。结果如图 5.3.5 所示,在叶尖延伸过程中,阻力几乎保持不变,而在叶尖插入过程中,阻力随长度近似线性增加。此外,两个数据集的外推表明它们相交于零长度附近。同时,在垂直和水平方向上进行了尖端局部气流运动实验,发现流速和阻力之间的关系比预测的要复杂得多。如图 5.3.6 所示,无气流时,力随深度近似线性增加;然而,对于更高的流量,这种关系是非线性的,在临界深度之后,力的减少变得不那么明显。

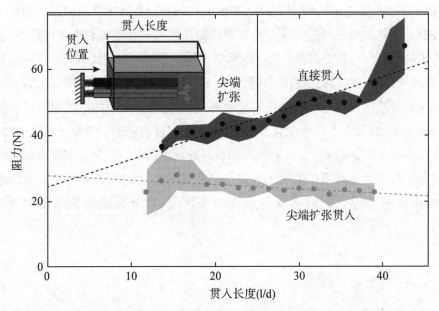

**图 5.3.5　水平贯入阻力–贯入长度图**[9]

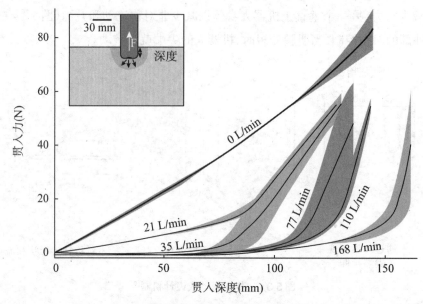

图 5.3.6　竖直贯入力–贯入深度图[9]

　　Han 等人[10]提出了一种受根系生长和 TBM 启发的软生长机器人 RootBot,能够在湿软密实的土壤中进行定向挖掘,并能够完成平面运动、收缩运动和尖端转向运动。RootBot 由三个主要模块组成:以植物根系生长为灵感的机车(或推进)模块,采用 TBM 设计的旋转刀盘挖掘模块,以及采用真空吸盘和水循环的排渣模块,如图 5.3.7 所示。RootBot 是专门为在有限半径内的高曲率下进行定向挖掘而设计的,利用它的生长和控制身体的能力。此外,由于其生长在尖端,因此几乎不受侧摩擦的影响。

　　Rootbot 的推进模块有两个管道系统,如图 5.3.7(a)所示,其中管道的进给和气压施加是被单独控制的。推进模块通过气压向挖掘模块输送推力。在挖掘和推进过程中,它通过控制两根管子的进料来控制方向和生长。压缩空气从一个气缸通过压力调节器供应到每根管子,管道的后端连接到底部的压力调节器,它们分别控制压力和向管道供应压缩空气。

　　靠近挖掘模块的管道前端被滚轮紧紧地夹紧,因此它以最小的空气泄漏保持空气压力(见图 5.3.8(a))。底座上有两个绞盘,用来控制未充气管的进给。当管子被推进时,会通过滚轮膨胀,RootBot 就会实现生长。对气压和管道进给量的单独控制可实现挖掘模块的全面导航和转向。推力通过管道中的气压施加到挖掘模块上,因此弯曲或复杂的曲线路径几乎不会影响推力的传递。同时排放室设有两条管道,以方便清除挖掘出的渣土(见图 5.3.8(b))。

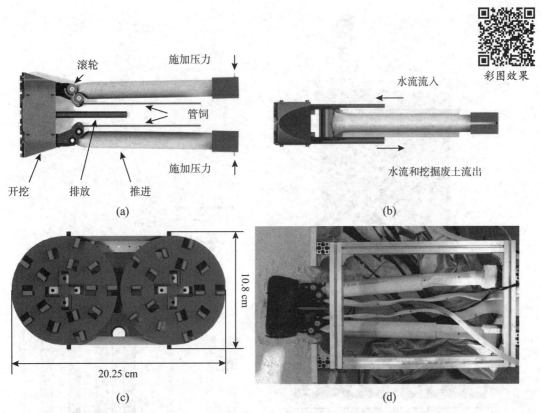

图5.3.7 软生长挖掘机器人的原型：(a)俯视图，(b)侧面视图，(c)正面视图，(d)原型的数码照片[10]

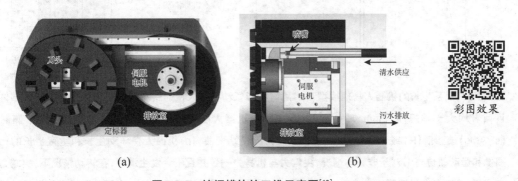

图5.3.8 挖掘模块的三维示意图[10]

在根尖环绕方面，Taylor等人[11]为了探究环绕功能背后的机械原理，进行了机器人物理实验，该装置采用尖端延伸，当侧制动器依次充气时，能够产生与远端隔离的振荡二维环动（见图5.3.9(a-b)）。

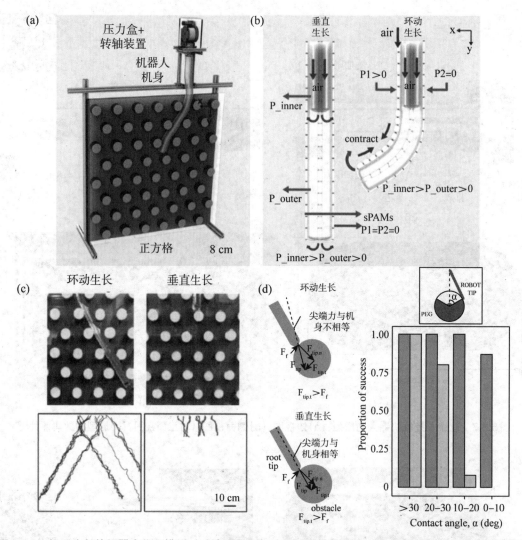

图 5.3.9　根系生长的机器人物理模型:(a)障碍物和气动机器人根的绘制;(b)当内体压力大于外端体压力且两者均大于零规(P_inner > P_outer > 0)时,机器人随尖端外翻而增长。如果其中一个侧制动器(sPAMs)被激活(P1或P2>0),则只有较低压力的尖端弯曲;(c)机器人在环动生长和垂直生长的代表性图像和运动轨迹;(d)对于非环动情况,尖端力与机身力一致并且不会发生滑移,在转动情况下,尖端力与机身力不一致,且穿过障碍物会滑移;(e)机器人尖端在每个接触角范围(α)内,有环动和没有环动成功通过障碍物的比例。插图显示了接触角,当尖端击中peg[11]。

像植物根系一样的钻探机器人

树根仿生机器人能在沙地上移动,并能在传统机器人难以绕过的障碍物周围转弯

　　假设转动的机器人根几乎可以正面接触障碍物并通过,而非转动的根只有在碰到障碍物时才能通过。一个合理的解释是,章动增加了力矢量的横向分量,使尖端作用于障碍物,使其方向更偏向切向;在没有章动的情况下,该尖端力与根轴对齐(见图5.3.9(d))。只有当尖端力足够切向以克服摩擦力时,才会发生沿障碍物滑动以通过障碍物;因此,具有轴向尖力的非章动根必须比章动根方向更偏向切向地接触障碍物(见图5.3.9(d))。为了验证这一假设,我们测量了尖端的接触角 α(见图5.3.9(e)),并比较了机械根在有章动和没有章动的情况下成功通过的接触角分布。在旋转的情况下,即使是最低的接触角度(大多数正面接触),成功率也超过80%。然而,当非结果根的接触角小于15°时,根尖始终粘在桩上,无法继续生长(见图5.3.9(c))。这些结果表明,简单的振荡运动可能足以提高根系探索能力,并且与先前的实验和理论工作一致,证明了植物启发的旋转模型可以有效地进行探索。

　　Chen 和 Martinez[12] 使用 DEM 方法模拟了在相对较浅深度采用环向运动的探针的穿透。这里,绕行轨迹被认为是圆形的。DEM 模型由一个腔室、一个仿生探针和土壤颗粒组成。该探针由一个直立的垂直顶轴、一个长度 0.044m 到 0.176m 不等的倾斜底轴和一个倾斜的锥形尖端组成,倾斜角度 α 在 5° 到 30° 之间。在穿透过程中,所有三个探头段都向下位移。同时,两个倾斜探头段沿探头纵轴旋转,而顶轴不旋转,如图 5.3.10 所示。

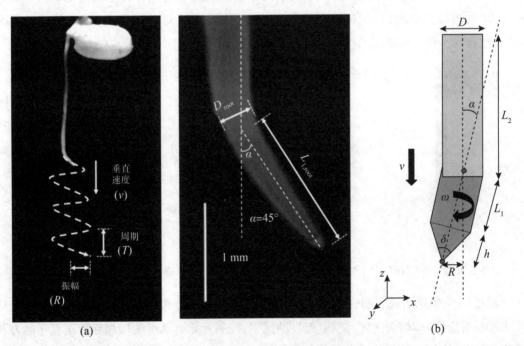

**图5.3.10** (a)以周期、垂直速度、运动幅度和叶尖几何形状为特征的水稻根系圆周运动[11];(b) DEM 模拟环激运动探头示意图(注:全局 z 轴为垂直方向,全局 x 轴和 y 轴为垂直的两个水平方向)[12]

　　通过 DEM 模拟探针穿透过程中穿透末端总颗粒位移的空间图如图 5.3.11 所示,其中颗粒的颜色与其大小成正比。可以发现在垂直穿透(NRP)的情况下大的位移发生在试样表面附近，在那里形成了一个锥形楔，以及沿着探针的表面在更深的深度。随着相对速度的增加，表面楔形的尺寸减小，并且在更深的深度，大颗粒位移区域遵循尖端的轨迹。相对速度为0.25π的针尖环绕穿透（CIM）模拟中，由于在穿透过程中只有2.4转，而在2π模拟中则为19.2转，因此相对速度为0.25π的CIM模拟中，弯曲扰动区要比2π模拟中稀疏得多。

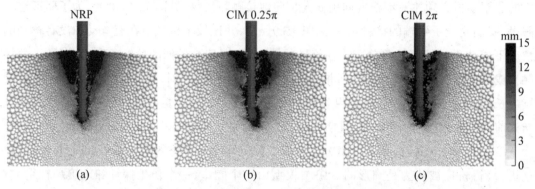

图5.3.11 （a）NRP、(b)和(c)相对速度为0.25π和2π的CIM穿透结束时的总颗粒位移量[12]

在穿透过程中，接触力链也表现出探针与粒子之间相互作用的差异。图5.3.12描绘了力链图中大于5N的法向接触力，其中线条的厚度和颜色与接触力大小成正比。与CIM相比，NRP的接触力更大，且在0·25π和2π范围内，接触力的大小呈现减小的趋势。结果表明，接触力大小和尖端周围的接触次数随着相对速度的增加而减小。

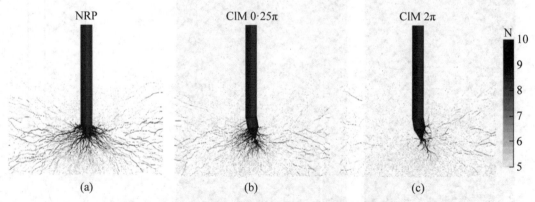

图5.3.12 （a）NRP、(b)和(c)相对速度为0.25π和2π的CIM穿透时的末端法向接触力[12]

通过DEM模拟研究表明在CIM期间，移动的垂直穿透力和扭矩以及由此产生的机械功由尖端相对速度（即切向速度与垂直速度的比率）控制。相对速度的增加导致垂直穿透力和垂直机械功的减少，其代价是动员扭矩和旋转功的增加。CIM渗透可以调动垂直渗透力，其强度仅为NRP期间产生的力的10%。与NRP相比，CIM穿透可以调动较小的垂直穿透力和总机械功，总的来说，尖端的环绕运动会通过改变土壤结构和扩散探针周围的力链来降低渗透阻力。

除此以外,关于根系启发钻探的离散元模拟方面,重庆大学仇文岗教授团队基于根系生长的上述特征,引入了一种在 DEM 建模中模拟根系的新方法,利用球链表示法来模拟根系的径向生长。球单元的膨胀被用作根系径向生长的替代特征。根据以往对根系生长策略的研究,影响根系生长方向的因素被简化为三个不同的要素:重力、土壤阻力和生长力。该算法通过综合考虑根系受到的重力、阻力和生长力,判断根系颗粒下一步的生长方向,如图 5.3.13所示,同时,在生成根颗粒时采用了分阶段扩展,以模拟实际根系的径向生长。前一个颗粒的膨胀会引起周围土壤颗粒的重新排列,从而帮助后一个颗粒找到生长阻力最小的路径。

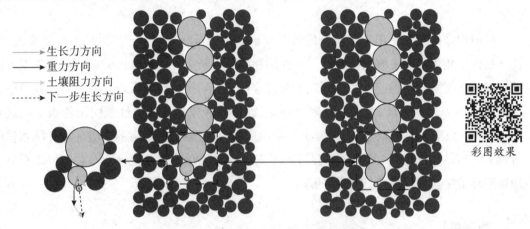

图 5.3.13　根系生长自主方向算法示意图

在以往的实验研究中,由于根系生长的不可见性以及根系与土壤相互作用的复杂性,量化根系生长引起的局部应力和土壤孔隙率变化是一项重大挑战。然而,如图 5.3.14(a)~(b)所示,利用前一节建立的离散元素模型,实时观测根系生长过程中的力链传递和周围土壤颗粒的位移是可行的。此外,如图 5.3.14(c)所示,测量圆的设置还有助于监测生长过程中土壤孔隙和应力的变化。对模拟结果的分析表明,土壤上层受到根系生长的影响更大,导致土块整体呈倒三角形位移分布。此外,土壤的平均孔隙度呈下降趋势,表明根系生长导致了土壤的压实,而平均应力则呈上升趋势,这归因于根系的扩张增加了土壤的应力水平。

彩图效果

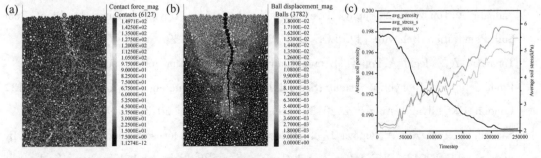

图 5.3.14　(a)根系生长力链图;(b)根系土壤颗粒位移图;(c)根系生长后土壤孔隙度和应力变化图

根据建立的模型,研究发现根系的粗细和模量会影响其在土壤中的生长路径,从而导致不同程度的土壤压实和应力增加。此外,在不同粒径分布、密度、硬度和孔隙度的土壤中,相同的根系会产生不同的生长路径,并对土壤产生不同的影响,这凸显了根系与土壤之间错综复杂的相互作用。利用离散元素模型进行的剪切试验模拟进一步证实了根系对土壤剪切强度的加固作用,主要表现在土壤内聚力上。此外,研究还注意到不同类型的根和土壤特性对根-土复合材料的剪切强度有显著影响。后续可以通过实验校准不同土壤和根系的强度参数、进行拉拔模拟以及深入研究根系与土壤的相互作用机制,从而为工程应用提供更准确的见解。

目前根系已经发展出很多特殊的形态特征和机械策略来改变土壤结构并促进穿透,并设计制作出相当多的土壤钻探机器人。受植物根系生长启发的机器人领域的研究重点可以进一步放在提高这些机器人系统的效率和适应性上。后续的机器人设计方面不仅仅考虑其穿透土壤的能力,还可以考虑一些附属功能,如感知和采样土壤特性或向植物根部输送养分。此外,还需要为这些机器人开发更坚固耐用的材料,以抵御恶劣的土壤环境。随着软体机器人领域的不断发展,我们可能会看到更先进、更复杂的植物启发设计,它们可以在复杂的地下环境中实现更精确、更可控的运动。

**【思考题】**

1.植物根系的钻探策略包括哪些? 它们分别对应哪些仿生策略?

2.根系钻探仿生机器人的应用场景包括哪些? 尤其是在土木工程以及基础设施建设中。

**【参考文献】**

[1]Del Dottore E,Mondini A,Sadeghi A,et al.An efficient soil penetration strategy for explorative robots inspired by plant root circumnutation movements[J].Bioinspiration & Biomimetics,2017,13(1):015003.

[2]Sadeghi A,Tonazzini A,Popova L,et al.A Novel Growing Device Inspired by Plant Root Soil Penetration Behaviors[J].PLOS ONE,2014,9(2):e90139.

[3]Tonazzini A,Sadeghi A,Popova L,et al.Plant root strategies for robotic soil penetration[C]// Biomimetic and Biohybrid Systems:Second International Conference,Living Machines 2013, London,UK,July 29-August 2,2013.Proceedings 2.Springer,2013:447-449.

[4]Sadeghi A,Tonazzini A,Popova L,et al.Robotic mechanism for soil penetration inspired by plant root[C]//2013 IEEE International Conference on Robotics and Automation.Karlsruhe,

Germany：IEEE，2013：3457-3462.

［5］Clark L J，Whalley W R，Barraclough P B.How do roots penetrate strong soil?［C］//Roots：The Dynamic Interface between Plants and the Earth：The 6th Symposium of the International Society of Root Research，11-15 November 2001，Nagoya，Japan.Springer，2003：93-104.

［6］Bengough A G，McKenzie B M，Hallett P D，et al.Root elongation，water stress，and mechanical impedance：a review of limiting stresses and beneficial root tip traits［J］.Journal of experimental botany，2011，62（1）：59-68.

［7］Migliaccio F，Tassone P，Fortunati A.Circumnutation as an autonomous root movement in plants［J］.American Journal of Botany，2013，100（1）：4-13.

［8］Sadeghi A，Mondini A，Dottore E D，et al.A plant-inspired robot with soft differential bending capabilities［J/OL］.Bioinspiration & Biomimetics，2016，12（1）：015001.

［9］Naclerio N D，Karsai A，Murray-Cooper M，et al.Controlling subterranean forces enables a fast，steerable，burrowing soft robot［J］.Science Robotics，2021，6（55）：eabe2922.

［10］Han G，Seo D，Ryu J H，et al.RootBot：root-inspired soft-growing robot for high-curvature directional excavation［J］.Acta Geotechnica，2024，19（3）：1365-1377.

［11］Taylor I，Lehner K，McCaskey E，et al.Mechanism and function of root circumnutation［J］.Proceedings of the National Academy of Sciences，2021，118（8）：e2018940118.

［12］Chen Y，Martinez A.DEM modelling of root circumnutation-inspired penetration in shallow granular materials［J］.Géotechnique，2023：1-18.

## 5.4　蚯蚓和沙蜥：蠕动式和起伏式钻探

### 5.4.1　蚯蚓蠕动的特性及其仿生应用

#### 5.4.1.1　蚯蚓的结构与运动模式

节肢动物和环节动物主要依靠蠕动来完成地下隧道的建设、捕食、生存和后代繁殖，例如蚯蚓、多毛纲环节蠕虫和尺蠖等。这类生物没有刚性骨骼，例如典型的蚯蚓的身体结构是由多个充满液体的节段组成，这些节段被隔膜、具有肌肉层的内壁和用于产生摩擦的刚毛分开。蚯蚓的运动可以用静水结构和双层肌肉的同步来解释，静水骨骼是一种软骨系统，其中内部流体支撑外部肌肉膜，并且由于流体的不可压缩性，单个段在一个方向上的收缩将导致在正交方向上的伸长，如图5.4.1所示，蚯蚓身体内壁有两层肌层，分别为纵向肌层和环向肌层。当纵向肌肉轴向收缩时，节段会变得更厚、更短，以便更好地锚定；当环形肌肉径向收缩时,节段会变薄以钻探土壤。因此,通过这样锚-钻探-锚的循环,从前部到后部区域产生逆行蠕动波来实现运动[1]。图5.4.2展示了蚯蚓的运动模式,具体的运动方式如下:

(1)纵向肌提供收缩功能使得蚯蚓的节段收短,并且在运动过程中,较厚的部分与表面接触,接触面之间产生的摩擦力会逐渐增大。

(2)细长段通过环形肌肉轴向延伸,减少与接触面之间的摩擦力,从而保证各部分的光滑运动。此外,当缩短的部分保持与表面接触时,细长的部分可以向前移动。

(3)这种运动模式相较于其他运动模式来说,需要更少的空间,并且能够在不规则地面和狭窄管道内提供稳定性,同时蚯蚓也不太受土压力的影响。据估计,一条重约10g的蚯蚓刺穿土壤的最大力为1N[2],径向扩展洞穴的力约为1N[2]。

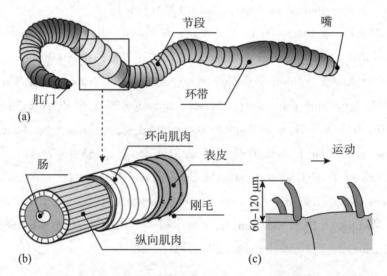

图5.4.1 典型蚯蚓结构:(a)蚯蚓的总体结构;(b)蚯蚓的某部分;(c)蚯蚓的刚毛[1]

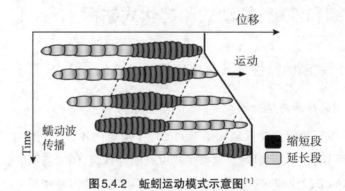

图5.4.2 蚯蚓运动模式示意图[1]

### 5.4.1.2 蚯蚓仿生钻探设备

Ma等[3]提出了通过气球充气和放气来模拟加压的蚯蚓骨骼(见图5.4.3),并开展离散元模拟研究了蚯蚓仿生钻探的可适性。为了了解膨胀过程气球锥体的相互作用,将气球缓慢膨胀,压力以 5kPa 的增量从 10kPa 增加到 1MPa,考虑到气球–沙锥相互作用的行为,膨胀过程可以分为四个不同的阶段。

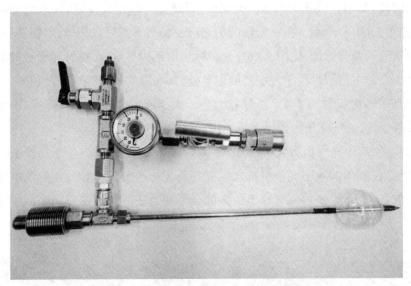

**图 5.4.3　蚯蚓仿生带椭圆气球的地质探针[3]**

在第一阶段中,压力小于 0.4MPa,气球轻微膨胀,气球–土颗粒界面处的外部接触力由气球内部压力平衡。从图 5.4.4(a) 所示的位移场中,识别出一个蝴蝶形区域,其中土颗粒在膨胀过程中在垂直方向上被压缩。在这里,我们将气球上方的区域定义为前翼,将气球下方的区域定义为后翼。前翼中的沙粒倾向于向上移动,从而对锥轴施加正摩擦力。相反,后翼中的颗粒对锥体施加负摩擦力。因此,总摩擦力是两者的合力。而总锥体力由两部分组成,接触界面上的摩擦力和尖端处的法向接触力。事实上,在这个阶段,尖端处的法向接触力可以忽略不计,见图 5.4.5。通过将负的气球力添加到正的锥体力中,锥体的总钻探阻力在这个阶段基本平衡。此外,土颗粒的剪切错位很小,只能在气球的顶部和底部附近观察到,见图 5.4.6(a),接触力链如图 5.4.7(a) 所示。

在第二阶段,其中压力为 0.4~0.6MPa 时,探针界面和蝶形区域边界处开始出现剪切位错,见图 5.4.6(b)。当发生相对滑动时,探针力由动摩擦控制,动摩擦由法向接触力和摩擦系数决定,之后探针力在此阶段变得恒定。然而,剪切变形并不显著,剪切强度高于当前应力状态以防止气球漂浮。因此,气球的力不断增加,总合力变成负值并指向下方,这表明气球的膨胀有助于探针钻探土体。然而,蝴蝶形区域中土颗粒的竖向位移很小,表明颗粒压实在改变的应力状态方面还不显著,如图 5.4.4(b) 所示。当剪切位错发生时,探针锥尖处的法向接触力开始随时间几乎线性增加。锥尖处接触力的积累与两个后翼区域中土体变得更密实有关。当气球膨胀时,由于接触力链的土拱效应,锥尖下方的颗粒受到侧向应力,如图 5.4.7(b) 所示。因此,该区域中的土颗粒倾向于向上移动,从而对探针施加正法向接触力。然而,由于圆锥探针的限制，以及气球下方相对较密集的区域，法向接触力逐渐增大，直到气球放气，如图5.4.5所示。

在第三阶段，其中充气压力为0.6~0.9MPa，蝴蝶形区域充分发育，气球上方的散砂发生明显变形，如图5.4.4(c)所示。第三阶段的剪切应变场与第二阶段相似，但幅度更大，表明已经形成了明确的局部剪切带，见图5.4.6(c)。并且，由于边界效应，探针界面处的剪切应变仅发生在气球上方。主剪切带位于左前翼的边界处，其厚度大约与气球长度相同。另一方面，界面处的剪切带厚度仅约为2~3个土颗粒大小。由于宏观尺度的整体破坏，探针力在此阶段表现出显著变化，而气球压力保持大致恒定。

在第四阶段，其中充气压力大于0.9MPa，剪切破坏发生在气球-沙子和沙子-锥体(气球上方)界面处。前翼中的沙子无法抵抗气球充气所施加的负载，然而，在后翼中没有观察到明显的剪切破坏。因此，施加到气球上的力的合力变为正值并且随着膨胀而增加。也就是说，气球倾向于漂浮在沙子中。

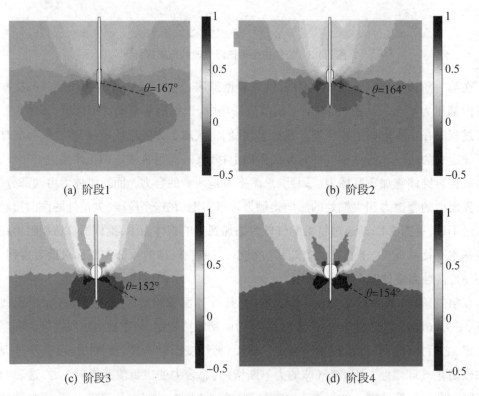

(a) 阶段1　　　　　　　　　　　(b) 阶段2

(c) 阶段3　　　　　　　　　　　(d) 阶段4

图5.4.4　每个阶段结束的累计竖向位移场[3]

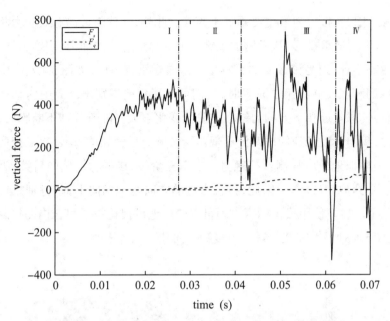

**图5.4.5　探针界面摩擦力与尖端法向接触力的比较**[3]

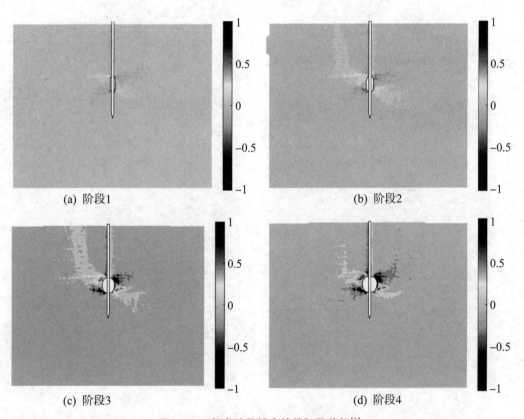

(a) 阶段1　　　　　　　　　　　　　(b) 阶段2

(c) 阶段3　　　　　　　　　　　　　(d) 阶段4

**图5.4.6　每个阶段结束的剪切位移场**[3]

图5.4.7显示了球体膨胀过程中接触力链的变化。在第一阶段,球体轻微膨胀时,其主

要沿横向膨胀。因此,接触力链主要垂直于探针。此外,气球附近的有效应力相当均匀。在探针界面处,接触力链呈拱形,从而增加了锥体上的抓地力。然而,在圆锥尖端下方,这种拱形效应可以忽略不计,因为该区域的力链主要定向在垂直方向,如图5.4.7(a)中的放大视图所示。当气球的膨胀发展到第二阶段时,我们可以清楚地识别出前翼中向临空面传播的集中力链。同时,气球附近和下方的力链在此阶段变化不大。随着气球不断膨胀,气球附近的力链不再均匀,我们可以看到气球两侧出现锥形区域。尽管如此,探针界面处的拱形接触力链仍然存在,表明抓地效应控制着接触力。在第三阶段,接触力链偏向后翼,因为前翼中的松散土颗粒会受到剪切破坏。 因此,接触力链的方向稍微朝向下部,特别是在第四阶段气球漂浮在沙子中之后。使用极坐标直方图可以最好地可视化粒子集合内的接触和力分布的各向异性,如图5.4.8所示,在充气过程中接触方向几乎保持不变。

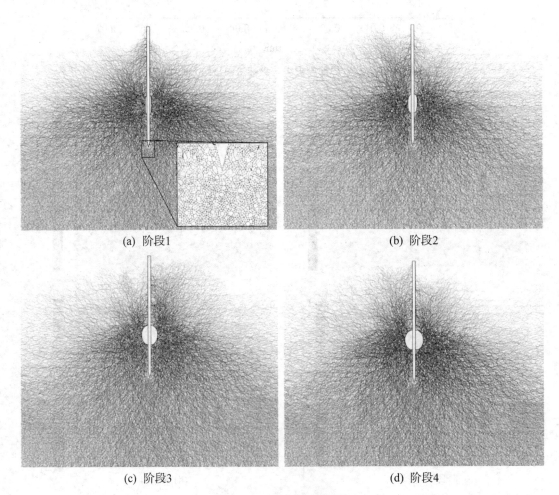

(a) 阶段1　　　　　　　　　　　　　　　　(b) 阶段2

(c) 阶段3　　　　　　　　　　　　　　　　(d) 阶段4

图5.4.7　接触力链网络[3]

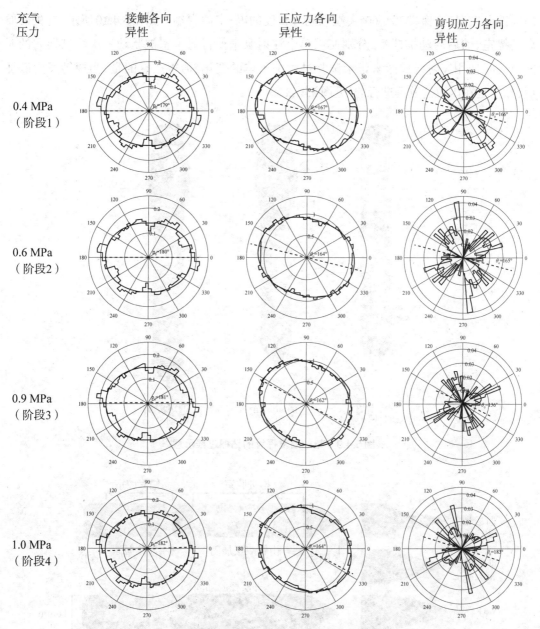

图 5.4.8   气球膨胀过程中接触和法向力各向异性的演变[3]

Borela 等[4]利用 X 射线研究了受蚯蚓启发的探针的运动行为和对土体密实程度的敏感性。探针推动器均由通过注射泵启动的软执行器组成,如图 5.4.9 所示,由两个以刚性连接器隔开的硅橡胶圆柱形腔室所组成。后腔室则径向膨胀到土体中并起到锚固作用,它由连接到注射器供应管线的刚性斜面组件密封;前腔室充当推动器,并在圆周方向上加固,因此液体注入导致其轴向延伸,将刚性尖端推进到土壤中。加固主要采用了两种形式,双螺旋结构的嵌入式尼龙单丝和丁晴 O 形圈,再连接三种不同形式的刚性尖端,分别包括顶角为 30°

的圆锥形尖端，阶梯式30°~60°尖端和同等长度的冯·卡门尖端。如图5.4.10所示，首先需要启动锚室，然后启动推杆室，分别使用单个注射泵来使得每个室被驱动一次测试期间的时间。同时使用X射线成像来记录试验过程中土体的变化，值得注意的是，当探针发生破坏后，扫描是在压力消散后进行的（见图5.4.11）。

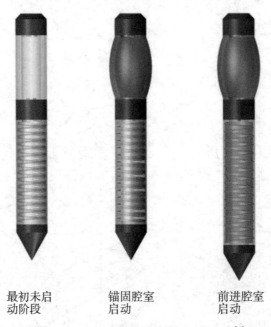

最初未启
动阶段　　　锚固腔室
　　　　　　启动　　　　前进腔室
　　　　　　　　　　　　启动

图5.4.9　蚯蚓启发探针的钻探过程示意[4]

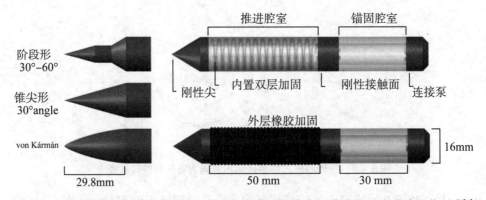

图5.4.10　机器模拟设计，其中透明元件采用橡胶制成，灰色元件采用3D打印光固化制成[4]

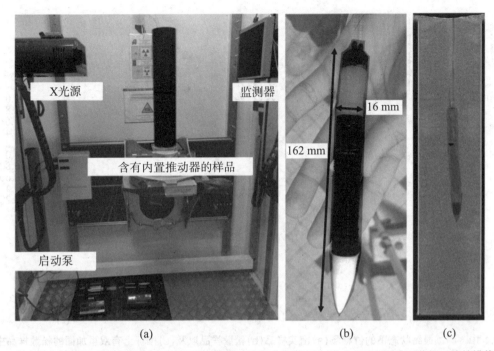

图5.4.11 (a)完整的测试装置;(b)配置丁晴O形圈和卡门尖端进行加固;(c)处理图像后获得重建的横截面[4]

图5.4.12和图5.4.13展示了测试最终状态下的土体位移场。在所有测试中均观察到显著的应力松弛,例如内部压力的降低,如图5.4.14所示。虽然在前后腔室中都能观察到这种现象,但在推杆室中非常明显,在松散样品中为50kPa,而在密室样品中为100kPa。通过比较在密实土样中的两组试验,执行器埋深分别为168mm和213mm,可以看出,靠近地表的锚驱动能够形成覆盖层土体的运动块,限制锚的动员。由于靠近容器边界,较低的界面还会加剧这种情况,由于摩擦力的原因表面会产生滑动,进一步导致了锚固段内压力的突然下降。当推杆室被驱动时,尽管有嵌入的加固措施,但仍然会产生径向膨胀。然而,土体阻力能够阻止过度的径向膨胀产生的损害。

其余四项测试是在较松散的样品中进行的,埋深约为195mm左右,在较松散样品中探针能够导致相较于密实样品中更大的径向膨胀。此外,位移场也表明,受探针影响最大的区域是限制在距腔室3mm范围内。与密实样品相比,当加固策略仅使用内嵌的加固纤维时,径向膨胀和驱动效率损失会更显著。当内部压力超过约75kPa时,周围土体产生的径向阻力不足,流体会积聚在增强纤维之间的空间中(如图5.4.15所示)。进一步注入将导致这些部位的体积膨胀,如图5.4.16所示,而不是引起内部压力的更大幅度增加,作用于尖端可促进探针前进。因此,O形圈提供的额外加固是尽量减少这种影响的人为措施。

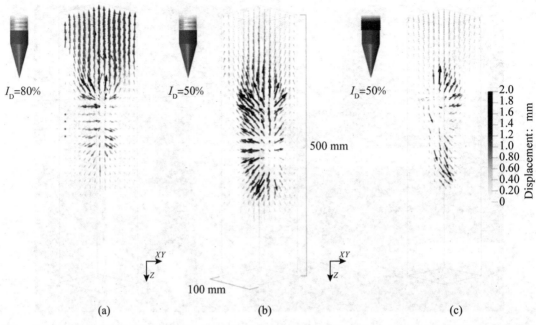

图5.4.12　测试最终状态下的位移场(a)密实样品(b)松散样品以及(c)推杆上有双重加固的松散样品中的探针[4]

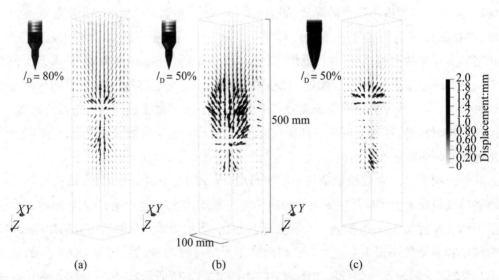

图5.4.13　测试最终状态下的位移场阶梯型端头在(a)密实样品(b)松散样品以及(c)推杆上有双重加固的松散样品中的探针[4]

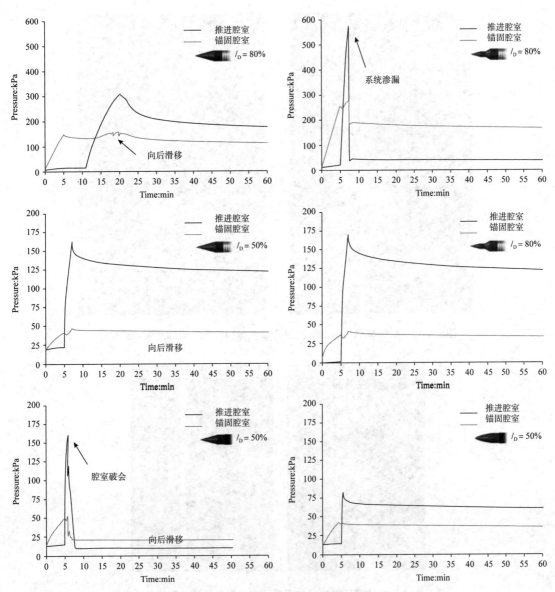

图5.4.14 测试中的各腔室的压力[4]

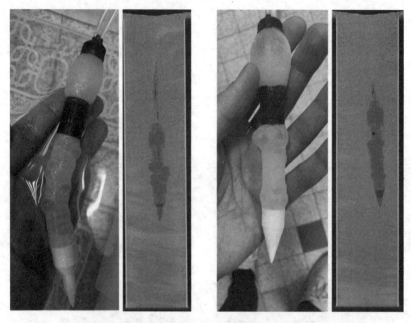

图5.4.15　松散样品中推动器高压导致液体在样品之间的间隙中聚集[4]

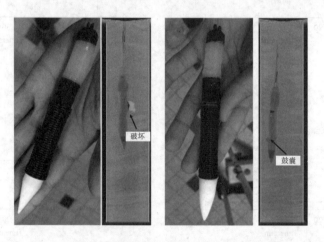

图5.4.16　松散样品中外层加固导致推动器出现不同形式的失效[4]

Naziri 等[5]提出的仿生探头主要由三个部件组成,通用加载框架(Universal loading frame,ULF)取代环形肌肉以提供向前推力,液压系统取代纵向肌肉以提供径向扩张,以及将所有部件连接在一起的探头主体。这种仿生探针旨在模拟蚯蚓的前端,将一根外径为9.53mm,长度为300mm的中空不锈钢管加工成两个O形环支架,用于固定柔性膜,膜周围有20个小孔用于作为连接传感器的端口。探头尖端的详细信息如图5.4.17所示。

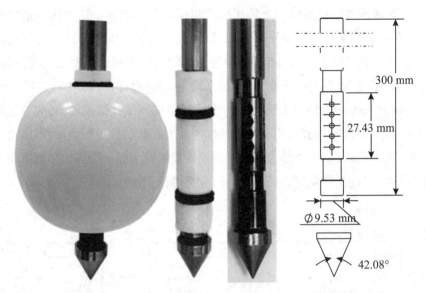

**图5.4.17　蚯蚓启发的风化层钻探探头的详细示意图**[5]

　　在测试之前,通过线性驱动器来对探头膜放气,直到两者齐平(见图5.4.18)。然后,将探针降低到干燥的土体介质中,直到固定膜的下部O形环位于风化层模拟物的表面,即尖端和O形环下方的部分嵌入模拟物中。此时的深度设置为零,并在位移控制条件下开始钻探。将探头以0.2cm/s的恒定速度推入10cm的预设深度,同时记录钻探阻力(见图5.4.19)。液压系统中的压力传感器可以确定给膜充气所需的压力。之后,膜进行放气,并将探针更深地推入风化层床中。

**图5.4.18　仿生钻探器钻探月球风化层模拟样本**[5]

第一系列测试探讨了恒定体积下钻探深度间隔变化的影响。这些仿生钻探测试是在70mL的恒定膨胀体积和分别为10mm、50mm和100mm的钻探深度间隔下进行的。仿生钻探测试的结果与对照测试一起在图5.4.19中进行比较。仿生测试根据最大充气体积（以毫升为单位）和渗透深度间隔（以毫米为单位）来命名。因此，Bio-70-100是指在充气量为70mL、钻探间隔为100mm的情况下进行的仿生钻探测试。试验结果表明，减少深度间隔的长度会导致钻探阻力随深度而降低。然而，钻探能随着膨胀的数量而增加，即压力-体积功。膨胀发生在恒定的深度，因此，能量与深度的关系曲线实际上是一个逐步函数。当探针在膨胀-收缩后再发生钻探时，功耗达到峰值；然而，它仍然低于0.2W。

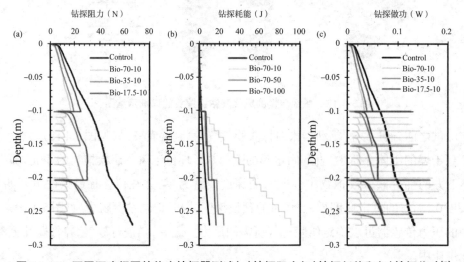

图5.4.19　不同深度间隔的仿生钻探器测试(a)钻探阻力(b)钻探耗能和(c)钻探作功[5]

第二系列测试旨在探索通过降低目标充气量来降低钻探能的潜力。该系列使用的膜体积为70mL（全）、35mL（半）和17.5mL（四分之一），所有测试均使用10mm钻探深度间隔进行，该间隔表现出钻探阻力最显著的降低。图5.4.20所示的结果表明，当使用较短的钻探深度间隔（10mm）时，无论充气量如何，都可以实现类似水平的钻探阻力降低。考虑到两个极端膨胀量之间的钻探阻力能存在五倍的差异，这一观察结果是值得注意的。当比较图5.4.19和5.4.20中的结果时，突出了钻探深度区间的相对影响。即使由于短深度区间（Bio-17.5-10）所需的大量钻探步骤而导致能量显著增加，但当钻探深度较大时，钻探耗能没有显著区别（Bio-70-50和Bio-70-100）。然而，与Bio-70-50或Bio-70-100相比，Bio-17.5-10在25cm深度处的钻探阻力降低了55%。

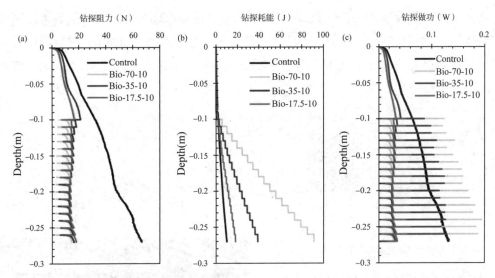

图5.4.20 10mm深度间隔下的仿生钻探器测试:(a)钻探阻力;(b)钻探耗能;(c)钻探作功[5]

结果表明,在17.5mL最大充气量下使用10mm钻探深度间隔会导致在最小能量输入下出现最大钻探阻力下降。最初,仿生设计的目的是探索一种更节能的钻探月球风化层的方法。然而,测试结果表明相反。每次膨胀时都会消耗能量,虽然调整充气量可能会导致更节能的过程,但总体而言,仿生工艺比传统的推入钻探法更加耗能。与蚯蚓不同,设计的设备并不完全灵活,这导致摩擦阻力和剪切区的形成。钻探阻力是尖端阻力和套筒摩擦力的组合,尖端阻力是探头之前在先前未受干扰的风化层模拟物中失效的结果,而套筒摩擦则是由于尖端被迫通过后残留的受干扰材料的剪切而产生的。此外,尖端设计的改变可能会导致尖端阻力的减少,并且通过使用自挖掘设计可以大大减少套筒摩擦。因此,仿生钻探方法仍有潜力实现节能。

## 5.4.2 沙蜥钻探的特性及其仿生应用

### 5.4.2.1 沙蜥简介

沙蜥是一种生活在沙漠中的蜥蜴(见图5.4.21),其在地面以上通过双肢交替滑动,来进行对角线形运动,而一旦在地下时,四肢将收缩并折叠在身体侧,采用起伏式运动的模式[6]。起伏式运动是一种大振幅正弦行波振荡,其频率接近3Hz,振幅为沙蜥体长的一半,通过推进推力使得沙蜥周围局部的土颗粒重新排列[7]。在过去几十年中,学者通过阻力理论(Resistive force theory,RFT)和离散元建模对

图5.4.21 沙蜥[6]

沙蜥的运动学进行建模,研究表明在振幅和波长之比达到0.2的最佳条件下,起伏振荡传播效率最高可以达到0.5以上,并且其与土体孔隙度和土颗粒尺寸是无关的,并且沙蜥形态的长细比发挥着很大的作用,较长的身体能够更好地应对头部阻力,细长的形态在起伏波动方面存在一定优势[8-10]。

巨型蚯蚓启发式隧道机器人可以更快、更高效地挖掘地下隧道

### 5.4.2.2 沙蜥仿生钻探机器人

Maladen等[11]提出了一种类似于先前开发的蛇形机器人的沙蜥仿生钻探机器人,由重复的模块组成,每个模块都有一个关节,允许在平面上进行角度偏移,并且通过相同的铰链连接。在他们的设计中,每个模块都装有一个连接到铝支架的伺服电机,并通过铝连接器连接到相邻的电机,如图5.4.22所示。

像沙蜥一样,仿生机器人在颗粒介质中运动,通过向后传播行进的正弦波,从头到尾,无需使用肢体。然而,机器人并没有向前移动得那么快,也没有与实际沙蜥相同的波传播效率,通过之前开发的模型来预测机器人的运动模式发现(见图5.4.23),增加机器人节段数目可以使器件的运动模式更好地匹配正弦波轮廓并增加运动效率,这表明运动轨迹与正弦曲线的平滑形式的偏差会降低运动性能。此外,沙蜥在土体中挖洞时,还能通过楔形体头部来调节在运动过程中所受到的上浮力,向上的头部还可以产生正向的上升力以帮助沙蜥重新浮出地面,这可以对土木工程中某些开挖器械提供灵感。

图5.4.22 沙蜥仿生机器人(a)基本结构
(b)紧身乳胶内层(c)莱卡氨纶外层[11]

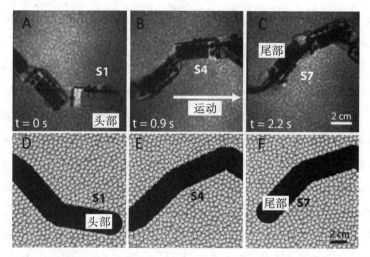

图5.4.23 试验和模拟中的沙蜥机器人运动:(a)-(c)机器人在6mm颗粒中运动的连续X射线图像;(d)-(f)模拟中的机器人运动[11]

【思考题】

1.蚯蚓和沙蜥的运动模式有什么相似之处?

2.沙蜥在运动过程中会受到向上的拖曳力,除了通过楔形头部调节上浮力和调正运动方式以外还有其他改良策略吗? 并且沙蜥的楔形头部能在土木工程有哪些其他的应用?

【参考文献】

[1]Isaka K,Tsumura K,Watanabe T,et al.Development of underwater drilling robot based on earthworm locomotion[J].Ieee Access,2019,7:103127-103141.

[2]Calderón A A,Ugalde J C,Zagal J C,et al.Design,fabrication and control of a multi-material-multi-actuator soft robot inspired by burrowing worms[C]. 2016 IEEE international conference on robotics and biomimetics(ROBIO),2016:31-38.

[3]Ma Y,Evans T M,Cortes D D.2D DEM analysis of the interactions between bio-inspired geo-probe and soil during inflation-deflation cycles[J].Granular Matter,2020,22:1-14.

[4]Borela R,Frost J,Viggiani G,et al.Earthworm-inspired robotic locomotion in sand:An experimental study with x-ray tomography[J].Géotechnique Letters,2021,11(1):66-73.

[5]Naziri S,Ridgeway C,Castelo J A,et al.Earthworm-inspired subsurface penetration probe for landed planetary exploration[J].Acta Geotechnica,2024:1-8.

[6]Maladen R D,Ding Y,Li C,et al.Undulatory swimming in sand:subsurface locomotion of the sandfish lizard[J].science,2009,325(5938):314-318.

[7]Goldman D I.Colloquium：Biophysical principles of undulatory self-propulsion in granular media[J].Reviews of Modern Physics，2014，86（3）：943.

[8]Sharpe S S，Koehler S A，Kuckuk R M，et al.Locomotor benefits of being a slender and slick sand swimmer[J].Journal of Experimental Biology，2015，218（3）：440-450.

[9]Maladen R D，Ding Y，Umbanhowar P B，et al.Mechanical models of sandfish locomotion reveal principles of high performance subsurface sand-swimming[J].Journal of The Royal Society Interface，2011，8（62）：1332-1345.

[10]Astley H C，Mendelson Iii J R，Dai J，et al.Surprising simplicities and syntheses in limbless self-propulsion in sand[J].Journal of Experimental Biology，2020，223（5）：jeb103564.

[11]Maladen R D，Ding Y，Umbanhowar P B，et al.Undulatory swimming in sand：experimental and simulation studies of a robotic sandfish[J].The International Journal of Robotics Research，2011，30（7）：793-805.

**他山之石**

论文：Recent advances in bio-inspired geotechnics：From burrowing strategy to underground structures

本文从仿生开挖钻探策略和机制、仿生特征接触面和仿生地下结构这三个角度，回顾了仿生岩土工程的基本原理与应用前景。最后，还介绍了潜在的研究趋势和未来前景，并强调了工程师和科学家合作参与对促进仿生岩土技术发展的重要意义。